张 涛 徐明洁 ◎ 著

青藏高原
高寒草地碳水通量过程研究

中国农业科学技术出版社

图书在版编目（CIP）数据

青藏高原高寒草地碳水通量过程研究 / 张涛，徐明洁著. --北京：中国农业科学技术出版社，2024.9

ISBN 978-7-5116-6835-6

Ⅰ.①青… Ⅱ.①张…②徐… Ⅲ.①青藏高原-寒冷地区-草地植被-碳循环-研究 Ⅳ.①S812.29

中国国家版本馆 CIP 数据核字（2024）第 103766 号

责任编辑　马维玲
责任校对　李向荣
责任印制　姜义伟　王思文

出 版 者　中国农业科学技术出版社
　　　　　北京市中关村南大街 12 号　　邮编：100081
电　　话　(010) 82109194 (编辑室)　　(010) 82106624 (发行部)
　　　　　(010) 82106624 (读者服务部)
网　　址　https://castp.caas.cn
经 销 者　各地新华书店
印 刷 者　北京建宏印刷有限公司
开　　本　185 mm×260 mm　1/16
印　　张　12.25
字　　数　306 千字
版　　次　2024 年 9 月第 1 版　2024 年 9 月第 1 次印刷
定　　价　68.00 元

前　言

　　全球气候变化已受到国际社会的广泛关注，大气 CO_2 浓度增加，淡水资源的减少，使得陆地生态系统碳水通量过程变化成为国际上关注的热点问题。青藏高原高寒草地面积约为 $1.59×10^6\ hm^2$，占青藏高原总面积的 60 %以上，涵养着黄河、长江、澜沧江、怒江、雅鲁藏布江五大水系。同时也是"世界第三极"重要的碳库，具有重要的生态战略地位。由于其"高、寒、旱"的特征，高寒草地生态系统对气候变化的响应极为敏感。鉴于青藏高原地理位置及作用的特殊性，高寒草地生态系统碳水通量过程的改变将对区域乃至整个北半球的气候产生重要影响。

　　除了气候变化会给青藏高原草地生态系统带来不可预估的影响，人类活动也深刻影响着高寒草甸生态系统。放牧是青藏高原上人类活动的主要形式，也是高寒草地主要的土地利用方式。放牧的频度和强度都会在很大程度上影响高寒草地生态系统的碳水通量过程，直接影响高寒草甸生态系统对气候变化的响应和反馈。

　　本书以青藏高原高寒草地生态系统为对象，基于长期观测数据，系统分析了青藏高原几种典型高寒草地生态系统碳水通量的季节与年际变化特征及其环境与生物学控制机制。在此基础上，分析了高寒草甸生态系统的最适光合环境，并提出水分条件对高寒草地生态系统的重要影响。进而，在准确识别干旱事件的基础上，围绕干旱对高寒草甸生态系统碳水过程的重要影响、干旱对高寒草甸生态系统稳定性的影响等问题开展了一系列成体系的研究，研究成果认为未来气候变化所伴随的水分格局改变将在很大程度上影响整个青藏高原的碳汇功能。同时，在人类活动的影响方面，本书通过放牧地和禁牧地的平行观测和对比研究，发现放牧未必全然对高寒草甸生态系统产生负面影响，由于高寒草甸生态系统特殊的结构——草毡层的存在，适度放牧对土壤水分表现出了不同于预期的影响。适度放牧可减少蒸腾耗水，因而在放牧地，由于蒸腾减少，同时草毡层下的水分又不易蒸发，反而产生了一定的保水作用，这或许是青藏高原高寒脆弱生态系统应对未来气候变化的一条可行的生态学途径。最后，本书又进一步研究了全球变化背景下，环境因子将如何通过影响生长季长度和生态系统最大光合能力影响高寒草地生态系统的碳汇功能，为预测气候变化对高寒草地生态系统的影响奠定了基础。

　　本书围绕全球变化背景下的气候变化和人类活动两大核心问题，系统阐述了干旱事件和人类放牧活动对高寒草地生态系统碳水通量过程的影响及其驱动机制。全书共八章，分别从研究背景和意义、高寒草地碳通量的季节变化与年际变异特征、气象和生物因子对高寒草地碳通量的控制作用、藏北典型高寒草甸蒸散的变异特征及驱动机制、藏北典型高寒草甸最适光合环境分析、干旱改变高寒草甸碳水交换过程、放牧对高寒草甸碳水过程的影响、气候变化背景下的高寒草地生态系统八个方面进行阐述。研究成果加深了我们对高寒生态系统对气候变化及人类活动的响应及适应性的认知和理解，为准确预测未来全球变化背景下高寒生态系统生产力及稳定性的演变趋势提供科学依据，有助于我们对高寒生态系统做出准确预测以及采取合理的管理措施，对于了解我国陆地生态系统碳水收支实际状况，保护高原生态具有重要的理论和现实意义。

感谢国家自然科学基金国际合作研究项目（32061143037）、辽宁省教育厅青年项目（JYTQN2024006）、国家自然科学基金青年基金项目（31600362）和中国博士后科学基金面上项目（2018M631819 和 2021M692230）的资助。

感谢中国陆地生态系统通量观测研究网络数据中心（China FLUX）和中国生态系统研究网络数据中心（CERN）的数据支持。

著 者
2024 年 1 月

目　　录

第一章　绪论

第一节　研究背景及意义

一、研究背景

工业革命带动了现代工业的迅速发展，矿物燃料的过度开采利用导致地下贮碳大量释放，同时森林的过度砍伐、草地的不合理开垦及过度放牧等人类活动对全球固碳系统造成严重破坏，打破了地球原有的碳收支平衡，引起地球大气中 CO_2 浓度以空前的速度升高（周广胜和王玉辉，2003）。美国夏威夷 Mauna Loa 观测站（19.539° N，155.578° W）的观测结果表明：从 1958 年国际地球观测年开始，大气中的 CO_2 浓度始终处于不断升高的状态，若依照目前的 CO_2 排放率，到 21 世纪末期，大气中 CO_2 浓度升高导致的温室效应将使全球的平均气温升高 1.8~4 ℃（SOLOMON et al.，2007），有可能超出各国政府承诺保持的临界值 2℃（STOCKER et al.，2013）。全球气候变暖及由此引发的高山及极地冰川融化、海平面升高、降水格局改变、植被带迁移及生态系统退化等一系列全球性环境问题将对人类的生存和发展产生深远影响，应对全球气候变化已成为各国政府共同面临的严峻挑战。

青藏高原拥有除极地外最大的冰冻圈，是对气候变化响应最为敏感的地区之一。自 19 世纪 50 年代以来，青藏高原气温明显升高，约每 10 年升高 0.32 ℃（张法伟 等，2009）。研究表明，全球平均气温每升高 1 ℃，大气中的水汽含量约增加 0.03 %（BOER，1993），随之地表的能量平衡将发生变化，改变水汽通量，使水分循环过程受到影响（刘少华，2017）。同时，青藏高原拥有丰富的冰川、积雪、地下蓄水层和湖泊等（郑度和姚檀栋，2006），其作为"亚洲水塔"，河流、湖泊密集，不仅是长江、黄河和澜沧江的源头，也是亚洲十几条重要河流的发源地（杨浩 等，2019），这些河流作为"输水管道"向下游各地输送水分（徐祥德 等，2019）。所以，青藏高原的气候变化及碳水循环过程时刻影响着我国乃至东亚各地的水分、物质与能量平衡。研究青藏高原高寒生态系统碳水循环对气候变化的响应，不仅有利于认清中国与东南亚地区降水及季风环流的变化，而且有助于深入认识全球气候变化进程对高寒脆弱生态系统的影响（YAO et al.，2008），对我国参与国际气候变化外交谈判等事务具有重要的理论和现实意义。

二、研究意义

全球气候变暖已成为全人类共同关注的问题（秦大河，2014）。联合国政府间气候变化专门委员会（The Intergovernmental Panel on Climate Change，IPCC）第五次评估报告发布后，国际社会对增汇减排的问题愈发重视。在这样的国际形势下，对全球碳循环开展研究意义重大。生物圈碳循环是关系温室气体排放、气候变暖和土地利用变化等重大全球性环境问题的纽带（DIXON et al.，1994）。增加陆地生态系统的碳吸收是减缓气候变化的重要举措（刘燕华 等，2008），因而，对生态系统碳源汇特征及其变化机制的研究逐渐成为全球变化研究中的重中之重。草地生态系统是陆地生态系统的重要组成部分，占地球陆地面积的 40.5 %（ADAMS et al.，1990），并且其生命周期短、更新速度快，对气候变化响应较为敏感（FU et al.，2013），碳源汇性质存在一定的不确定性（NOVICK et al.，2004；陈智 等，2014）。因此，对草地生态系统碳收支及其对全球变化响应特征及其机制的研究在全球变化研究中备受瞩目。

水分循环对人类生存和人类社会的生产活动极其重要（沈柏竹 等，2012）。一方面，由于水分循环的存在，人类赖以生存的水资源才能不断更新，成为一种可重复利用的再生能源（由懋正和袁小良，1986）。另一方面，水分循环作为四大圈层的纽带，是各圈层之间进行物质循环和能量输送的动力和载体，它深刻地影响着全球水量的总平衡，影响着自然生态系统中一系列的物理、化学和生物学过程。

蒸散（Evapotranspiration，ET）作为陆地水分循环中最为重要的环节之一，是指土壤中的水分经由植物的茎、叶的蒸腾及植株间的土壤蒸发转移到大气中生的过程，其不但受气候变化的影响，也与生态系统中植被的构成与生长发育状况密切相关（JOINER et al.，2018）。同时，蒸散是陆地与大气之间能量和物质交换的载体，其将水分循环、能量循环与碳循环耦合起来，时刻调节着地表的水分与能量平衡（WEBSTER，1983），影响着局部的天气状况，甚至影响大气环流（VERGOPOLAN and FISHER，2016）。蒸散驱动的陆面水分内循环是降水的主要水分来源，占全球陆地降水的 60 % ~ 65 %（尹云鹤 等，2012），对地区水分平衡有重要影响。因此，明确蒸散的变化规律及其对气候变化的响应特征，可为深刻理解地区内水热平衡提供理论依据，为提出有效的水资源管理措施提供依据。

青藏高原拥有我国面积最大的天然草地（李文华和周兴民，1998），青藏高原高寒生态系统由于海拔高、干旱寒冷等独特的地理、气候特点（刘兴元，2012），对气候变化极为敏感（HU et al.，2016）。深刻理解青藏高原草地生态系统碳水通量的时空动态及其驱动机制，是研究该区域地表物质迁移和能量流动、地球生物化学循环等重大问题的基础，有助于深刻理解我国陆地生态系统的碳源汇性质及水分供需平衡。此外，可明晰青藏高原高寒生态系统对未来气候变化的响应和适应特征，进而为科学管理高寒脆弱生态系统提供有力的科技支撑。

第二节　碳水通量的概念及测算方法

一、碳通量的概念及测算方法

通量是指因湍流运动在单位时间内通过单位面积的某变量的多少，表示变量的输送强度。净生态系统交换量（Net Ecosystem Exchange，NEE）为地表与大气之间碳交换通量的直接量度，表示了单位时间内单位面积上生态系统与大气之间的净碳交换量。在忽略了干扰作用的中小尺度研究中，可认为净生态系统生产力（Net Ecosystem Productivity，NEP）在数值上等于 NEE，但符号相反。NEP 直接表征了生态系统净碳固定或释放量，为生态系统总初级生产力（Gross Primary Productivity，GPP）与生态系统呼吸（Ecosystem Respiration，Re）的差值，也可表示为净初级生产力（Net Primary Productivity，NPP）与异养呼吸（Heterotrophic Respiration，Rh）的差值。当 NEP>0 时，表明生态系统是大气 CO_2 的汇；当 NEP<0 时，表明生态系统是大气 CO_2 的源；当 NEP=0 时，表明生态系统的 CO_2 排放与吸收达到平衡状态（常顺利 等，2006）。

估算生态系统碳通量的方法主要有三大类：生物量调查法、通量观测法和模型估算法。

生物量调查法是指利用生态系统生物量动态变化的监测数据对生态系统碳通量进行估算。宏观上 NPP 相当于单位时间内单位面积上生态系统植被生物量的增长量，包括植物地上冠层生物量、地下根系生物量及凋落物的形成量（李文华，1980）。在此基础上减去凋落物及土壤有机质量等变化引起的异养呼吸，即可求得生态系统的 NEP（于贵瑞和孙晓敏，2006）。

通量观测法是直接对生态系统与大气之间 CO_2 交换量进行测定的一种方法。它主要包括同化箱测定法和涡度相关法（郑泽梅 等，2008）。同化箱测定法是采用同化箱罩住下垫面，通过测定箱内 CO_2 浓度变化来估算生态系统与大气间的碳交换量。其中红外 CO_2 分析仪法被认为是目前最理想的一种方法，该方法可对同化箱内下垫面进行不同的处理，以此获得生态系统碳交换、土壤呼吸等不同含义的气体交换量（于贵瑞和孙晓敏，2008）。这种方法的优点是设备成本低，并且便于进行不同实验处理间的碳通量比较，但无法应用于高大植被的生态系统。气相色谱法是另一种较为经济可靠的测定方法（SCHÜTZ et al.，1989；WASSMANN et al.，1994），但在使用过程中下垫面物理状态及箱内气压的改变均会造成测定偏差。而之前普遍采用的碱吸收法不能进行短时间内连续测定且测定结果也与红外气体交换法存在差异（COLEMAN，1973；KUCERA and KIRKHAM，1971）。涡度相关技术（Eddy Covariance Technique，EC）是利用响应快速的红外气体分析仪和三维超声风速仪直接非破坏性的测定生态系统与大气间 CO_2 和水热通量的一种微气象通量观测技术，是测定 NEE 最为直接的方法。此项技术得到了国际及国内相关领域专家的一致认可，现已成为国际通量观测网的主要观测技术手段（BALDOCCHI et al.，2001），也是目前世界上测定 CO_2 和水热通量的标准方法（BALDOCCHI et al.，1996）。

然而，直接观测区域或全球尺度碳通量在技术上是难以实现的。为了探明全球生态系统碳源汇性质以及生态系统碳汇能力的时空分布特征，较为可行的方法是基于站点上的原位观测数据，结合适用于大尺度上的模型，从而对区域乃至全球碳通量进行模拟。早期的统计模型是根据植被生产力与气候因子的相关性，通过统计的方法来进行大尺度上生产力估算（LIETH，1975），例如：Miami 模型、Chikugo 模型等。这类模型大多只考虑温度和降水，对其他气候因子考虑不足，模拟结果可靠性仅为 66%~75%（孙睿和朱启疆，1999）。随着遥感、地理信息系统和计算机技术的发展，参数模型逐渐兴起。MONTEITH

（1972）首先提出根据植被利用的光合有效辐射的量来估算生产力。参数模型基于光能利用率理论，遵循资源平衡法则，具备一定的机理性。并且模型结构简单，很多参数可通过遥感技术直接获取，在模拟区域和全球碳通量方面有着其他模型难以比拟的优势，是生产力模型的主要发展方向之一，例如 CASA 和 GLO-PEM 等。过程模型从机理上模拟了生态系统的生态学过程，具有严密的生理生态理论基础，很好地反映了生态系统的现实状况，例如 BEPS 和 TEM 等。但也正因为过程模型结构严谨，机理复杂，因此涉及参数众多，运用于大尺度研究时，很多参数很难获取，使其在空间尺度推广上受到很大限制（冯险峰 等，2004）。大多数过程模型对小时及日尺度上的碳通量模拟效果较好，但在年尺度上则与涡度相关观测到的碳通量值存在较大差异（李忠佩，2003），可见用过程模型对时间尺度进行外推同样存在风险。因此对生态系统碳通量的季节变化与变异特征及其控制机制进行深入的研究，将有助于准确估算生态系统的碳收支。

二、水通量的概念及测算方法

生态系统水通量主要是指生态系统蒸散，对生态系统水通量的主要研究方法有水量平衡法、微气象法、遥感法。

水量平衡法的原理是黑箱理论，根据流域水分收支来推算生态系统蒸散量。虽然其可以测定不同空间尺度（流域、区域）的蒸散量（邓东周 等，2008），但是由于蒸散是通过流域水分收支的其他分量计算的，在大尺度上可以取得较准确的结果，但是其所需测定周期较长，并且小尺度上测定误差较大（王华田和马履一，2002）。

微气象法包括涡度相关法和波文比法，是通过观测植被和大气间水热交换来测定植被蒸散。该方法结果精确可靠，能够较好地体现森林植被蒸散过程及其对气象因子的响应特征。但是这种观测方法要求下垫面均匀，观测结果容易受风速的影响。此外运行维护所需成本较高，限制了这种方法在复杂植被生态系统的广泛应用。

遥感法是利用植被的光谱特性，结合微气象参数计算下垫面蒸散量，克服了微气象法因下垫面不均匀造成的限制和水量平衡法在时间分辨率上的不足（王华田，2003）。

三大类方法中，涡度相关技术可以直接观测生态系统蒸散量。蒸散（ET）包含了不同的水通量组分，一般研究中，主要考虑其两大组成成分，即植被蒸腾（Transpiration，T）和土壤表面蒸发（Evaporation，E）。为深入了解气象因子和生物因子对蒸散的影响，应明晰 ET 不同组分的变化状况。常用的拆分蒸散组分的方法有模型法、树干液流法和蒸渗仪法。

第三节　气象因子对碳水通量的影响

气象因子是生态系统碳水通量季节变化和年际变异的直接驱动力。气象因子包括：光合有效辐射（Photosynthetically Active Radiation，PAR）、空气温度（Air Temperature，Ta）、降水（Precipitation，PPT）、土壤温度（Soil Temperature，Ts）、土壤含水量（Soil Water Content，SWC）及饱和水汽压差（Vapor Pressure Deficit，VPD）等因子都会在不同程度上影响生态系统碳水交换过程。

一、气象因子对碳通量的影响

太阳辐射是地球上一切生命活动最根本的能量来源，是植物进行光合作用的必要条件。生态系统通过光合作用实现其碳汇功能。目前有大量关于光照如何影响生态系统碳通量的报道，并已形成较为完善的知识体系（FU et al.，2006；王博轶和冯玉龙，2005）。在没有环境胁迫的情况下，生态系统生产力主要取决于光照（FALGE et al.，2002）。日动态曲线也主要依赖于光照强度的变化。在低光照条件下，生态系统固碳能力会随着光强的增加而迅速增加，而在高光强条件下，则会出现光饱和现象。研究人员已建立了从叶片尺度到生态系统尺度的多种普适性模型，可以较为准确地描述生态系统碳通量的光响应模式（钱莲文 等，2009）。目前较为公认的 Michaelis-Menten 方程很好地模拟了生态系统对光强的响应，并可通过拟合出的光响应参数来评估生态系统的光合能力。

温度也是影响草地碳通量的重要因子，很多研究认为高寒草地生态系统的碳收支主要受到温度的制约（FU et al.，2006；KATO et al.，2006；岳广阳 等，2010）。植被光合作用需要在酶系统的参与下完成，而温度条件与酶活性密切相关。酶活性与植被对温度的响应相同，存在三基点温度，即最低温度、最适温度和最高温度。低温和高温都会影响生态系统的光合作用速率，同时也会影响生态系统呼吸。关于昼夜温差对碳过程影响的研究认为，较大的昼夜温差并不利于生态系统碳固定（SHI et al.，2006；赵亮 等，2008）。土壤呼吸受土壤微生物活性影响较大，因此土壤呼吸速率与表层土壤温度密切相关（齐玉春等，2003），可以用温度敏感系数 Q_{10} 表达温度与土壤呼吸之间的关系（刘绍辉和方精云，1997）。不同类型草地生态系统对温度的响应也不同（BRYLA et al.，2001）。青藏高原典型嵩草草甸 NEP 始终与温度呈显著正相关（ZHANG et al.，2007），而灌丛草甸 NEP 在暖季的白昼对温度响应不敏感（徐世晓 等，2007）。

水分对碳通量的影响比较复杂，研究表明降水量、降水分配格局、降水频次，土壤水分条件等都会在不同程度上影响生态系统碳通量，并且在不同生态系统间存在较大差异。降水通常会提高生态系统生产力（王义凤和姜恕，1982；马树岐，1987），但在高寒草甸生态系统中，降水却使生态系统碳汇功能有所降低（SHI et al.，2006；张法伟 等，2008）。降水格局影响着高寒生态系统生长季的长短以及生态系统呼吸，是影响高寒生态系统的重要因素，其作用大于年降水总量（ZHAO et al.，2006）。降水频次对生态系统生产力同样存在巨大的影响，其作用在一些生态系统中甚至高于降水量的直接作用（PARTON et al.，2012；王义东 等，2010）。此外，降水可以通过影响草地生态系统的物候及生长季长度影响碳通量。生长季降水量及其季节分配模式可以影响生态系统物候期，进而影响生态系统的碳源汇转换（伏玉玲 等，2006）。

当研究的时间尺度扩展到较长时间尺度或生态系统受到环境胁迫时，碳通量的主控气象因子及其控制作用会发生变化。生物因子的控制作用会有所体现。例如：水分条件会严重影响生态系统对温度的敏感性。在水分胁迫下，无论在小时、日、还是月尺度上，羊草草地生态系统碳交换量均与温度没有显著相关性（郝彦宾，2006）。在不同物候期，生产力的主控因子也不同，生长关键期的降水量通常是决定生物量大小的关键因子（马树岐，1987）。对于同一生态系统，在不同时间尺度上其主控气象因子也会发生改变（ZHAO et al.，2006）。张弥（2011）利用小波分析及回归分析的方法从多时间尺度分析了中国几种典型森林生态系统碳收支的环境控制机制，发现随着时间尺度的延长，碳收支对气象因子的响应方式不断转变，日尺度上光合有效辐射起主导作用，温度和水分的控制作用在周尺度和年尺度上明显增强。

此外，还有大量的研究结果表明，不同空间尺度上生态系统碳通量的主控因子亦不同（RODEGHIERO and CESCATTI，2005；STOY et al.，2009；耿绍波 等，2010）。处于不同气候带上的生态系统，气象因子对碳通量的影响存在较大差异甚至表现出相反的作用（LUYSSAERT et al.，2007；王勤学 等，2004）。地处温带大陆性半干旱气候区的内蒙古羊草草原地上初级生产力与降水密切相关（王玉辉和周广胜，2004），干旱胁迫会显著降低该草地生态系统碳汇功能（HAO et al.，2008）。而热带雨林在降水充足的雨季却有可能表现出微弱的碳源效应（张一平 等，2006）。而在副热带高压控制下，高温干旱的伏旱天气常是影响亚热带生态系统碳收支的关键（WEN et al.，2010）。这些现象均可用资源平衡假说解释，即植物的生长和进化是各种可利用性资源共同作用的结果且这些作用趋于平等，当自然条件无法满足这种平等时，植被生产力直接受控于限制因子。

二、气象因子对蒸散的影响

在生物圈中，随着时间和空间的改变，气象因子自身也存在着周期性的变化规律和变异特征。不同的气候条件孕育出不同的生态系统，在不同的生态系统中，气象因子对蒸散的影响也不尽相同。在草地生态系统的生长季，土壤水分是蒸散的主要驱动因子（SU et al.，2011），这是因为土壤水分是蒸散所需水分的直接来源。同时，土壤含水量也会在一定程度上影响土壤温度和空气温度，进一步调控蒸散（SUN et al.，2016）。而在湿地生态系统中，辐射作为蒸散的直接能量来源，是月尺度蒸散的主控因子（WANG et al.，2012）。但在不同类型的湿地生态系统中，与辐射共同起作用，影响蒸散的因子略有不同（CAO et al.，2020）。例如：在湖泊生态系统中，辐射与叶面积指数（Leaf Area Index，LAI）共同解释了 96 % 的蒸散变异（CAO et al.，2020）。而在沼泽生态系统，辐射与VPD、风速（Wind Speed，WS）等共同影响蒸散（HUANG et al.，2019）。其中，VPD 是衡量大气水分亏缺程度的指标，主要通过影响植物的气孔行为影响蒸腾（PATANÈ，2011），进而实现对蒸散的影响。风速从 2 个方面驱动蒸散：一方面，风速能够促进水汽交换，加强湍流扩散（宋长春 等，2005），增加生态系统的土壤蒸发；另一方面，风速的增加会使叶片与外界之间的水汽压梯度增大（STUART et al.，2002），增强蒸腾拉力，促进植被蒸腾。

过去的几十年间，青藏高原的气候条件发生了较为明显的改变（LIU and CHEN，2000）。研究表明，高原的平均气温呈现明显的升高趋势（WU and LIU，2004），降水量微弱增加（于惠，2013），风速略有降低（李庆 等，2018）。不同地区各气象因子配置的差异也造成了蒸散调控机制的差异。青藏高原整体上在逐渐变暖变湿（徐丽娇 等，2019）。青藏高原气温的明显升高（WU and LIU，2004），会导致植被物候期提前（ZHENG et al.，2016），影响植被生长发育的同时，延长了植被进行蒸腾作用的时间，改变了季节尺度上的生态系统蒸散。同时，温度也会影响植被的呼吸作用，温度升高，呼吸增强。在水分充足时，则有更多的水分通过气孔散失，蒸散量升高（HU et al., 2016）。而青藏高原东缘正在经历变暖变干的气候变化（徐丽娇 等，2019）。HEINZ 等（2016）的研究表明，在青藏高原东南部的草原生态系统中，蒸散的主控因子为土壤水分（CONERS et al., 2016）。若降水量较低，更暖的气候会导致土壤水分匮缺，进而降低生态系统蒸散。可见，不同生态系统中气象因子对蒸散的调控机制相差较大，还需要进行进一步的研究。

第四节 生物因子对碳水通量的影响

随着涡度相关技术的迅速发展和广泛应用，目前对于生态系统水平的碳水通量研究已经得到了长足的发展。研究人员对于气象因子如何影响碳水通量进行了较为详尽和具体的研究。然而，在生态系统尺度上，生物因子的变化较为复杂和难以观测，因此对于生物因子如何对碳水通量进行影响，还需要进一步的研究。

一、生物因子对碳通量的影响

气候变化引起的温度升高和降水格局的改变对全球生态系统碳通量有着巨大的影响。同时，生态系统对气候变化也存在着反馈作用。说明生态系统碳通量的变异不仅受气象因子的直接驱动，还要受到生态系统内生物因子的影响（MARCOLLA et al., 2011；ZHANG et al., 2016）。

目前，由世界各地的通量站点观测到的数据表明，除气象因子外，生态系统碳通量时空变异还受到几类生物因子的影响，例如：其一，生态系统结构（如叶面积指数、冠层导度等）（赵亮 等，2005；FU et al., 2006；岳广阳 等，2010）；其二，与生理生态过程相关的因子（如物候、氮素使用策略等）（BOTTA et al., 2000；GRIFFIS et al., 2000）；其三，光合和呼吸之间的动态平衡（POTTER et al., 2001；SCHIMEL et al., 2001）。但很难将这些生物因子的作用分离出来做研究（HUI et al., 2003）。因此，可将碳通量的年际变异来源统分为两大类：非生物因子（气象因子）驱动的变异和生物因子（本书中所有生物因子的变化等同于生态系统响应的变化）驱动的变异。这两大类驱动碳通量变化的因子对碳通量变异的贡献量会随着时空尺度的改变而变化（STOY et al., 2009）。而要从中分离出生物因子的驱动作用仍是一个较为复杂的问题，需要用到多种统计方法（SHAO et al., 2014；XU et al., 2014）或过程机理模型（POLLEY et al., 2010；RICHARDSON et al., 2007）。随着研究的不断深入，生物因子的重要性受到越来越多的关注。XU 等（2014）和 POLLEY 等（2010）分别利用了统计和模型的方法，将生态系统碳通量的变异来源拆分为由气象因子引起的和由生态系统响应引起的，研究认为生态系统响应对生态系统碳通量变异的驱动作用不容忽视。且随着时间尺度的延长，生态系统响应的驱动作用会越来越强，其对年际变异的影响甚至超过了气象因子对年际变异的直接作用（STOY et al., 2009）。

二、生物因子对蒸散的影响

气候变化引起的温度升高、降水格局的改变会造成生态系统中生物因子的变化。而生物因子的改变也对生态系统的蒸散具有明显的控制作用。即蒸散既由气象因子调控，又受生物因子调控。与对碳通量的研究类似，越来越多的研究开始关注生物因子对蒸散的重要影响（柳艺博 等，2017；王亚蕊 等，2016；IGARASHI et al., 2015；STOY et al., 2006）。

气孔导度、叶面积指数、植被覆盖等均对蒸散有重要的影响。但在不同时空条件下，蒸散对各生物因子的响应程度各不相同。在半干旱区的农田生态系统中，蒸散主要受气孔导度调控（董军，2017）。气孔导度可以反映气孔行为，而气孔是陆生植物与外界环境交换水分和气体的主要通道及调节器官，气孔行为主要通过调节植被蒸腾影响蒸散。而在青藏高原地区的高寒生态系统中，辐射充足，植被低矮，裸露的地表常使蒸发迅速增加，因此土壤蒸发反而常会受到植被盖度的抑制（ZIMMERMANN et al., 1967），高植被覆盖有时会使蒸散减小，起到一定保水作用。与此同时，在水热条件正常的情况下，高叶面积指数意味着更多的气孔分布在单位面积上，使植被通过蒸腾散失的水分增多。而在高光强或水分匮缺的条件下，气孔导度迅速减小（AN et al., 2019），光合作用或呼吸作用受到抑制的同时，蒸腾耗水降低（FARQUHAR and SHARKEY, 1982），使蒸散发生明显波动。要研究蒸散的变化规律与变异特征，这些生物因子的影响不容忽视，仍需要深入的研究。

第五节 放牧对碳水通量的影响

草地生态系统与其他类型生态系统的最大不同点在于人类活动——放牧对其存在着特殊的影响。在放牧过程中，牲畜的采食、践踏会改变土壤孔隙度等物理结构，牲畜粪便的分解会造成土壤有机碳、氮等化学性质的改变，从而使生态系统的结构和功能发生变化，进而影响碳水交换过程（MCSHERRY and RITCHIE, 2013；OWENSBY et al., 2006）。因此，合理的管理和经营草地生态系统是维持其可持续发展的关键。本书的研究还发现合理放牧可能会有效的缓解气候变化对草地生态系统所带来的冲击，甚至有可能减缓气候变化进程。

一、放牧对碳通量的影响

人类活动在很大程度上会对生态系统碳通量产生影响。而放牧是最为常见的人为干扰形式，它广泛发生于草地生态系统中。放牧的频度和强度都会在很大程度上改变生态系统碳通量及能量平衡，在不同地区的草地生态系统，其影响具有一定的差异性（WANG et al., 2011；李冰 等，2014）。LECAIN 等（2002）的研究表明放牧会降低群落优势种的优势度，从而改变群落组成，影响植被碳库。长期放牧还会引起土壤理化性质的改变，不仅直接影响土壤碳库，还会对植物生长造成影响，从而间接影响植被碳库（FU et al., 2014；LU et al., 2015）。放牧会对植被造成机械损伤，从而改变了冠层结构及能量平衡，影响土壤温度和土壤水分等微气象环境（ZHOU et al., 2007），进而影响植被生长及微生物活动（SHAO et al.，2012），最终导致生态系统净碳吸收的改变（MCSHERRY and RIT-CHIE，2013）。然而，一些研究表明，尽管放牧造成植被地上生物量的损失，但其对群体光合能力的削弱并不明显，甚至植被会出现补偿性增长，反而提高了生态系统生产力（ZHANG et al.，2015b）。植被会对放牧做出响应，进而发生生理生态上的改变（BREMER et al.，2001），例如：虽然未受干扰的叶片具有更大的叶面积，但适当干扰后新长出的叶子要比未受到干扰的叶子的光合能力更强（OWENSBY et al.，2006）。因此，ZHANG 等（2015）指出合理放牧不仅不会使草地退化，反而有可能增强草地生态系统的固碳能力。放牧减少地上生物量，降低植被对光、温等气候条件的敏感性，有可能会减弱高寒草地碳通量对气候变化的响应（POLLEY et al.，2008）。

二、放牧对蒸散的影响

在一些河流密集的地区，放牧对蒸散的影响巨大。放牧的频度和强度都会在很大程度上影响生态系统蒸散。放牧对蒸散的影响主要通过其对生态系统生物因子与非生物因子的影响实现。

放牧可通过对生态系统结构、功能的影响进而影响地表和大气之间的水分交换。其中对生态系统结构和功能的影响包括对植被构成、群落结构、物种丰富度、土壤酸碱度、生物量、叶面积指数（Leaf Area Index，LAI）等的影响（岳广阳 等，2010）。同时，不同的放牧模式对蒸散的影响也各不相同。研究表明，联户放牧与单户放牧相比，放牧地高原鼠兔种群密度更低，植被高度更高。即联户放牧对草地造成的破坏更低（冯峰 等，2019）。但放牧仍会造成 LAI 降低，进行蒸腾作用的植被面积减少，进而影响蒸散（TONY and SCOTT，1987）。此外，放牧强度会影响草原物种丰富度、植被的光合能力等。在内蒙古呼伦贝尔草甸草原中，放牧会改变草场优势种的优势度。轻度放牧增加了物种丰富度，使草地群落组成发生变化。但此时植被的水分利用效率却达到最高值，羊草、贝加尔针茅的光合能力增强（王炜琛，2018），这会同时影响植被的蒸腾能力，使生态系统蒸散发生改变。而对于沙质草地生态系统，放牧加速了土地的退化，植被覆盖度、物种丰富度等均明显降低，生态系统蒸散量减少（孙殿超 等，2015）。放牧也对草地群落结构和生物量有重要的影响（范永刚 等，2008）。放牧使群落高度及盖度降低（赵彬彬，2008），改善了群落内部的光温条件，提高了植被的生理活性，对蒸腾有促进作用（YATES et al.，2000）。牲畜对地上植被的啃食，使地上生物量减小（李凤霞 等，2015），直接降低植被蒸腾。也有研究表明，放牧不仅使地上生物量减小，也会使植被的根冠比增大（苏淑兰 等，2014），即植被生物量趋于向根部发展，植物根部可利用更深层的土壤水分进行蒸腾作用（董全民 等，2005）。而蒸散所需水分一部分取决于由土壤表层含水量控制的蒸发，另一部分取决于由下层土壤含水量控制的蒸腾（康绍忠 等，1997），所以地上地下生物量的配比不同也会影响蒸散。

另一方面，放牧对非生物因素的影响，主要表现为对微气象条件的扰动。土壤含水量、净辐射、地表反射率和温度等因子的改变会在一定程度上影响蒸散。土壤含水量作为蒸散的重要影响因子，在加拿大草原生态系统中，其随着放牧强度的增大而迅速减小，减弱了土地与大气之间能量与水分的传输，进而减小蒸散（NAETH and CHANASYK，

1995）。但在海北高寒草甸生态系统中，适度放牧有利于水分涵养，使得更多的土壤水分为蒸散提供直接水源（贺慧丹 等，2017）。放牧也会改变能量分配，地表反射率随着放牧强度的增加而增大，使地面净辐射减少（李胜功 等，1999）。驱动蒸散发生的能量降低，也就导致蒸散的下降。此外，长期放牧会造成植被的机械损伤，从而改变冠层结构及能量平衡，造成草地环境温度上升，蒸散量增大（DU et al.，2004；ROBERT，1989）。综上所述，放牧在不同的地区，均会通过影响生物因子与气象因子影响生态系统蒸散，但是影响随着放牧强度、方式、生态系统类型的不同，影响强度和机制有所差异，需要进一步广泛和深入的研究。

第二章　高寒草地碳通量的季节变化与年际变异特征

草地生态系统是全球分布最广的生态系统类型之一，在陆地生态系统物质循环和能量流动中起重要作用。草地也是畜牧业的重要基地，为人类提供农牧产品并具有重要的生态服务功能。由于草地生态系统多分布于降水较少的地区，植被生命周期短、更新速度快，生态系统相对脆弱、低效，与其他陆地生态系统相比对气候变化的敏感性更强。本章选取了青藏高原三种典型的草地生态系统作为研究对象，基于多年涡度相关观测数据，明确高寒草地生态系统碳水通量的季节变化与年际变化特征，并在第三章对其控制机制开展深入的研究和探讨，以期加深对青藏高原高寒生态系统对气候变化的响应及适应性的认识和理解，有助于在未来气候变化情景下对高寒脆弱生态系统做出准确合理的预测和管理。

第一节　草原化嵩草草甸碳通量的季节变化与年际变异特征

一、气象因子的季节变化与年际变异特征

气象因子是生态系统碳循环过程的推动力，因此有必要对研究区的主要气象因子的季节变化和年际变异情况进行分析概述，以便理解生态系统碳通量的变化。当雄草原化嵩草草甸生态系统的气温（Air Temperature，Ta）、净辐射（Net Radiation，Rn）、光合有效辐射（Photosyntically Active Radiation，PAR）、土壤温度（Soil Temperature，Ts）、饱和水汽压差（Vapor Pressure Deficit，VPD）、降水量（Precipitation，PPT）以及 5cm 土壤体积含水量（Soil Water Content，SWC）的季节变化与年际动态如图 2-1 所示。2004 年 1—2 月出现明显的低温天气，而 2006 年 1—2 月温度较高。2006 年、2009 年和 2010 年生长季均出现高温少雨天气，其中 2010 年生长季末的异常高温，可能是导致该生态系统成为碳源的原因。土壤温度与气温变化表现出较高一致性。而土壤湿度的变化规律与降水表现出较高一致性。2004 年和 2008 年降水丰富，因此土壤含水量较高。尤其是在 2008 年，整个生长季乃至生长季后期，均保持着较高的 SWC 值。VPD 受温度和水分条件共同影响，在 2007 年、2009 年和 2010 年有较高值。2004 年、2008 年和 2011 年生长季均有较好的辐射条件，PAR 的变化与 Rn 变化基本一致。

当雄的温度变异程度要远小于水分变异（图 2-2）。温度年际变异从 9 月开始迅速增加，到 10 月达最大。这将直接影响该生态系统生长季的结束时间。生长季 6—9 月，水分条件的年际变异均较非生长季大。说明在生长季，水分条件有可能会制约生态系统的生产力。VPD 受温度和水分的共同作用，因此各月均存在较大的年际变异。PAR 的变异明显

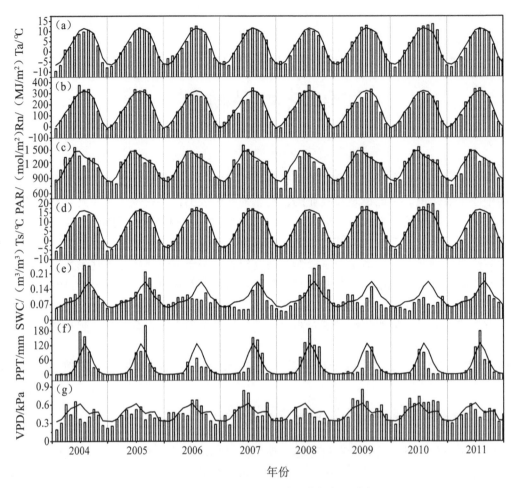

图 2-1　当雄主要气象因子的季节与年际动态

注：柱形表示各月值，曲线表示多年均值。

大于 Rn 变异，且 Rn 在 6 月年际变异达最大，说明在生长季初，Rn 将有可能限制该地区生态系统的发展。PAR 在 4 月变异程度最大。

二、NEP 的季节变化与年际变异特征

净生态系统生产力（NEP）与净生态系统碳交换量（NEE）大小相等，符号相反，在涡度相关观测中可以直接观测获得。生态系统为碳汇时，NEE 符号为负，NEP 符号为正。NEP（NEE）与总初级生产力（GPP）和生态系统呼吸（Re）相比，具有较小的量级。

前人研究表明，该草原化嵩草草地生态系统 NEP 具有明显的日变化特征，变化呈单峰曲线，在中午出现峰值。冬季为负，生长旺季在气象因子适宜的情况下，可表现为正。但是由于观测时间长度的限制，对季节变化和年际变化缺乏深入的研究。因此本节侧重于 NEP 的季节与年际变异特征的分析，旨在定量把握该生态系统的 NEP 变异特征，为进一

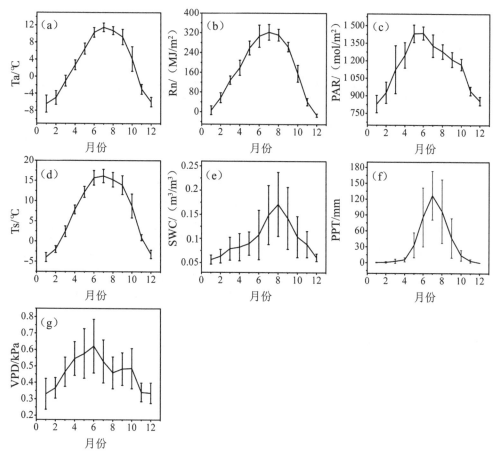

图 2-2 当雄主要气象因子的年际变异

注：误差棒代表年际变异量。

步探讨其控制机制奠定基础。

图 2-3 表示了当雄 NEP 的季节与年际变化趋势。具体表现为非生长季 NEP 为负，生长季 NEP 为正，表明在非生长季该生态系统表现为碳源，而在生长季表现为碳汇。当雄生长季较短，通常每年仅有 4 个月（6—9 月）时间表现为碳吸收，生长旺季在 7—8 月。而 2006 年由于高温少雨的生长季条件，使得该年 8 月 NEP 出现极低值，仅为 1.33 g C/(m² · month)。而 2007 年在较好的水热条件下，该生态系统生产力迅速恢复到了正常水平。2008 年由于生长季优越的水分条件，使其在 10 月仍保持高达 27.88 g C/(m² · month) 的碳汇能力。然而，从 2009 年到 2011 年，非生长季 NEP 负值明显增加，其中 2010 年 4 月由于过分缺水造成了观测期间 NEP 的最低值，为 −23.18 g C/(m² · month)。同时生长季 NEP 正值也明显降低。2009 年和 2010 年连续 2 年生长季同样出现了高温少雨的天气，极大地削弱了高寒植被的生产力水平，并有可能对生态系统造成了一定的不可逆损伤，甚至导致在水热条件较适中的 2011 年，植被生产力尚未恢复。以上原因导致草原化嵩草草地生态系统在 2009—2011 年表现为明显的碳源。

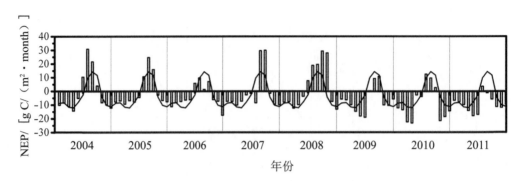

图 2-3 当雄 NEP 的季节与年际动态

注：柱形表示各月值，曲线表示多年均值。

由图 2-4 中 NEP 各月年际变异曲线可知，在非生长季 NEP 年际变异较小，生长季变异增大，在 6—10 月年际变异始终维持在较高水平，均在 10 g C/m² 以上，与气象因子的年际变异规律基本一致。这表明生长季水热条件的变异直接影响着生态系统的固碳能力。10 月 NEP 的年际变异最高，达 14.35 g C/m²。这主要是由于 2008 年 10 月 NEP 的极高值造成的。

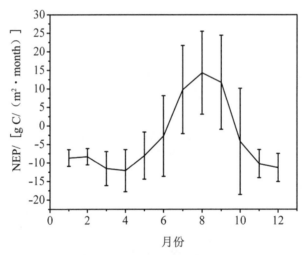

图 2-4 当雄 NEP 的年际变异

注：误差棒代表年际变异量。

本节通过累积 NEP 的变化曲线从整体上更清晰地表达生态系统碳源汇性质及变异特征（图 2-5a）。由图可见，2004—2011 年，当雄草地累积 NEP 为 -329.44 g C/m²，年平均 NEP 为（-41.18±50.08）g C/m²，整体表现为碳源。只有 2008 年累积 NEP 为正，表现为碳汇。因为该年生长季温度适宜，且在生长季有较充足降水，降水滞后效应仅 1 个月，生长季 GPP 明显高于其他年份。

NEP 累积曲线并没有很清楚地表达出其年际变异的动态。为了能够更清楚地表达各物候期对 NEP 年际变异的相对重要性，分析了各月累积 NEP 的平均曲线，并以其标准差

（Standard Deviation，StDev）作为 NEP 年际变异的量度（图 2-5b）。同时利用前后 2 个月间标准差的差值（Difference of Standard Deviation，DStDev）来量化各月对 NEP 年际变异的贡献量。

平均累积 NEP 曲线清晰的表达了 NEP 的季节动态（图 2-5b）。在当雄，1—4 月，NEP 处于不断下降状态。5—6 月植被复苏，但光合能力很低，呼吸高于光合，该生态系统 NEP 动态依旧由呼吸主导。6—9 月逐渐进入植被生长旺季，光合能力逐渐变强，NEP 值持续上升，但由于之前积累过多负值，故累积 NEP 始终为负。10—12 月，植被凋亡，呼吸再占主导，NEP 逐渐下降。

在生长季初期，DStDev 曲线急剧上升。然而当雄 5 月的 DStDev 值突然降低且为负，这是由于 2010 年 4 月由于水分条件的限制使得 NEP 值过低。而 10 月的峰值是因为 2008 年该月 GPP 明显偏高导致。然而，NEP 是由 2 个生理生态过程共同作用产生的结果，一是生态系统的光合作用，二是生态系统呼吸。因此，著者进一步分析了碳通量的这 2 个组分，在后面 2 个小节分别分析了生态系统总初级生产力（GPP）与生态系统呼吸（Re）的季节与年际变异规律。

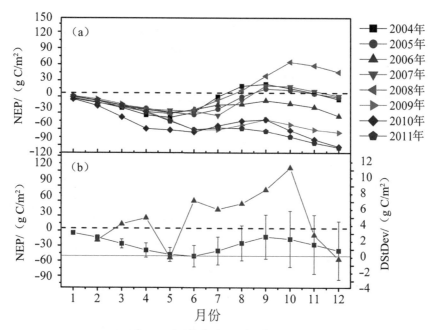

图 2-5 当雄累积 NEP 变化特征及各月对年际变异的贡献量

注：b 中左轴为累积 NEP 多年均值，误差棒为年际变异量；
右轴 DStDev 为各月对 NEP 年际变异的贡献。

三、GPP 的季节变化与年际变异特征

GPP 表示生态系统的总初级生产力，是绿色植物通过光合作用所固定的有机碳总量。其季节变化模式没有 NEP 复杂，在年内呈单峰曲线变化。从 GPP 的季节与年际动态曲线（图 2-6）可以看出当雄草原化嵩草草甸植被生产力主要集中在 7 月、8 月。在非生长季

GPP 均为 0 g C/（m² · month）。尽管 2004 年初出现异常低温，但这并没有对当年生长季 GPP 造成明显影响，表明此时的低温天气对该生态系统的限制作用并不明显。2006 年干旱的生长季明显降低了当年的 GPP，同时对 2007 年上半年的 GPP 也产生了一定的负面影响。而 2008 年生长季水分条件优越，使整个生长季的 GPP 均明显高于年均水平，7 月达 GPP 最高值，为 99.23 g C/（m² · month）。较高的 GPP 一直持续到 10 月，在一定程度上延长了生长季长度。2009 年和 2010 年生长旺季的 GPP 峰值明显低于年均水平。2011 年整个生长季的 GPP 值均较低。

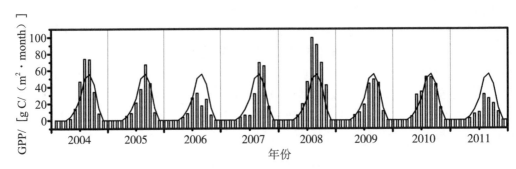

图 2-6　当雄 GPP 的季节与年际动态

注：柱形表示各月值，曲线表示多年均值。

图 2-7 中可以看出，GPP 在生长旺季年际变异达最大，7 月年际变异为 24.55 g C/m²，8 月为 24.8 g C/m²。生长季初和生长季末年际变异均较小，这与水热条件的年际变异趋势一致。到非生长季 GPP 为 0 g C/（m² · month），其变异也为 0 g C/m²。

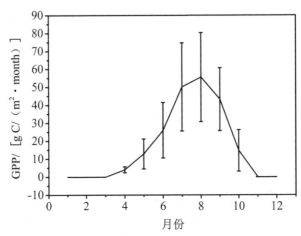

图 2-7　当雄 GPP 的年际变异

注：误差棒代表年际变异量。

图 2-8a 中各年份累积 GPP 通量始终是正值，全年均表现为累加的过程。观测期间，该高寒生态系统总累积 GPP 为 1 652.43 g C/m²。平均每年固碳（206.55 ± 83.87）g C/m²。其中 2008 年固碳最多，累积 GPP 高达 373.16 g C/m²。

图 2-8b 中为观测期间累积 GPP 的平均变化趋势。年初 1—4 月，植被仍处过冬休眠

状态，尚未返青，GPP 为 0 g C/m^2，曲线斜率不变。进入 5—9 月生长季，植被返青并开始光合作用，累积 GPP 迅速增加，生态系统进入固碳状态。10—12 月生长季结束，植被枯黄，光合作用停止，累积 GPP 曲线斜率基本维持不变。

　　DStDev 表现为单峰曲线（图 2-8b），生长旺季前各月对 GPP 年际变异的贡献量不断增加。在生长旺季达到 DStDev 最大值，即对年际变异贡献量达最大值。随后各月对 GPP 年际变异的贡献量逐渐减小。其中 10 月对年际变异贡献量的突然增加，是由 2008 年 10 月的 GPP 高值造成的。一年中，DStDev 曲线几乎始终为正，表明该高寒生态系统 GPP 的年际变异处于不断累加的状态。

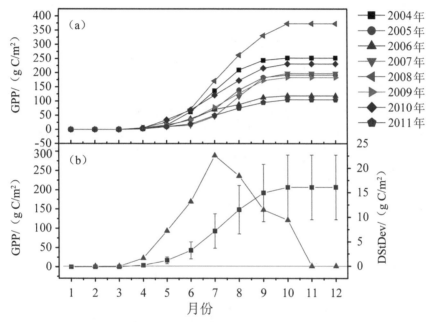

图 2-8　当雄累积 GPP 变化特征及各月对年际变异的贡献量
注：b 中左轴为累积 GPP 多年均值，误差棒为年际变异量；
右轴 DStDev 为各月对 GPP 年际变异的贡献。

四、Re 的季节变化与年际变异特征

　　生态系统呼吸（Re）作为碳通量的重要组分，表征生态系统释放 CO_2 的多少。因此，研究作为生态系统碳支出的 Re 的变化规律，对深入研究生态系统的固碳潜力、固碳能力有至关重要的作用。当雄 Re 表现出单峰曲线变化模式（图 2-9）。非生长季植被处于休眠状态，Re 值很低。生长季 Re 值逐渐增加，到生长旺季植被最为繁茂，Re 值也达最大，随后随着植被的枯萎 Re 值逐渐降低。同理，2004 年初的低温天气也没有对生态系统的 Re 造成明显影响。2006 年生态系统受水分条件制约，不仅造成当年的 Re 值偏低，甚至影响到 2007 年前半年的 Re 值。2008 年雨水充沛，地上植被生长茂盛，Re 值也明显增大。Re 最高值与 GPP 最高值出现时间一致，也发生在 2008 年 7 月，为 80.36 g C/（m^2·month）。由于 2008 年积累了大量地上凋落物，导致接下来的 2009 年

和 2010 年呼吸值均较高。而 2011 年则由于前两年的干旱天气制约了生态系统的发展，造成较低 Re 值。

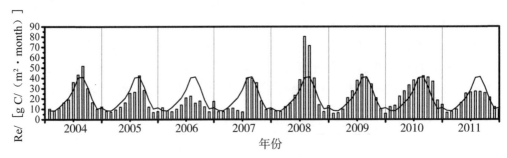

图 2-9 当雄 Re 的季节与年际动态

注：柱形表示各月值，曲线表示多年均值。

Re 各月的年际变异与 NEP 和 GPP 相似（图 2-10），同样是生长季高，非生长季低，与气象因子年际变异趋势一致。Re 年际变异的最大值发生在 7 月，为 18.13 g C/m^2，主要是 2008 年 7 月 Re 值过高所致。最小值发生在 2 月，为 2.24 g C/m^2。NEP、GPP 和 Re 的各月的年际变异情况均说明，较大的年际变异发生在植被活跃的生长季，表明该高寒生态系统碳通量的年际变异主要来源于生长季的植被状况。

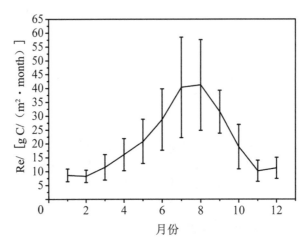

图 2-10 当雄 Re 的年际变异

注：误差棒代表年际变异量。

观测期间，各年份累积 Re 通量同样始终是正值，全年表现为累加的过程（图 2-11a）。该高寒生态系统在观测的 8 年中，总累积 Re 为 1 981.87 g C/m^2，比总累积 GPP 高 329.44 g C/m^2，直接导致该生态系统表现为碳源。年平均 Re 为（247.73±63.21）g C/m^2。各年份累积 Re 的升高趋势均较平缓。只有 2008 年的生长季，从 6 月的 105.23 g C/m^2 突然升高到 9 月的 296.97 g C/m^2，升幅为 191.74 g C/m^2。

图 2-11b 中平均累积 Re 曲线表明，年初 1—4 月生态系统处于非活跃状态，Re 累加缓慢。5—9 月植被返青并进入活跃的生长季，植被呼吸贡献大量的 CO_2，Re 值迅速累加。

10月生长季结束，生态系统再度进入非活跃状态，累积 Re 缓慢增加。Re 的 DStDev 曲线表明，在生长旺季前各月对年际变异的贡献量持续缓慢增加。其中 3 月和 6 月的年际变异贡献量分别出现了小峰值。尽管 7 月 Re 的年际变异最大，但对年际变异贡献最大的月份是 8 月，其值为 12.39 g C/m²。而 7 月的贡献量仅为 9.73 g C/m²。表明 Re 年际变异最大的月份，不一定是对 Re 年际变异贡献量最大的月份。从 9 月开始各月份对年际变异的贡献量迅速减小。一年中，DStDev 曲线始终为正，表明 Re 的年际变异处于不断累加的状态，这也是造成年际变异最大的月份与年际变异贡献量最大的月份不一致的原因。

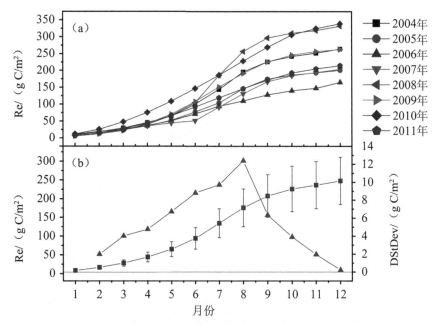

图 2-11 当雄累积 Re 变化特征及各月对年际变异的贡献量
注：b 中左轴为累积 Re 多年均值，误差棒为年际变异量；
右轴 DStDev 为各月对 Re 年际变异的贡献。

第二节 灌丛草甸碳通量的季节变化与年际变异特征

一、气象因子的季节变化与年际变异特征

如图 2-12 所示，海北各年生长季气温波动较平缓，2007 年初的气温要明显低于多年平均水平，2006 年初和 2008 年末的气温要明显高于多年平均水平。各年份 Rn 变化不大，PAR 则有较大变异。2003 年的 PAR 值相对较高，而 2004 年生长季末和 2007 年、2008 年的 PAR 值较低。PAR 的峰值出现在生长旺季前，而 Rn 的峰值正好出现在生长旺季。2007 年初的 Rn 和 PAR 均要低于多年平均水平，表明造成该年初低温的原因可能是较多阴天造成的。土壤温度与空气温度变化趋势一致。受气温的影响，土壤温度也同样在

2007年初出现低值，在2006年初及2008年末出现高值。而土壤湿度则表现出双峰特征，其中春季的峰值是由冬季积雪融化造成的，而生长季末的峰值是由生长季的强降水造成的，这也反映出了SWC的变化总要较降水有一定的滞后，即降水的改变带动了SWC的改变。2006年和2008年5月均出现土壤湿度的极高值。2008年末的土壤湿度也要高于年均水平。2003年到2006年生长季降水均比较丰富，其中2003年8月出现降水极高值。2007年和2008年生长季降水相对较少，但这2年的VPD相对较高，这可能与较低的辐射强度有关。

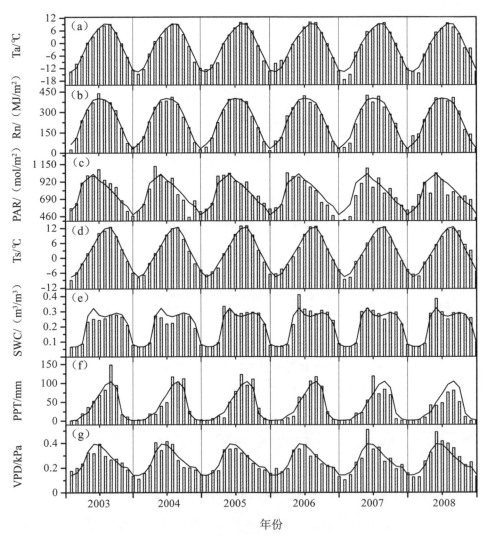

图 2-12 海北主要气象因子的季节与年际动态

注：柱形表示各月值，曲线表示多年均值。

图2-13反映了海北主要气象因子各月的年际变异情况。海北空气温度和土壤温度均只在年初1—2月和秋末有较大变异，在生长季变异均很小。Rn各月的年际变异均很小，但PAR各月的年际变异则相对较大，春季PAR的年际变异要更大些。高的降水年际变异

主要集中在 6—9 月的生长季，SWC 的年际变异最大值发生在 5 月，为 0.065 m^3/m^3。非生长季降水和 SWC 年际变异均很小。这表明生长季的水分状况有可能影响着该生态系统的碳通量（赵亮 等，2006）。VPD 各月年际变异大小较一致，在 5 月达最大，为 0.083 kPa。

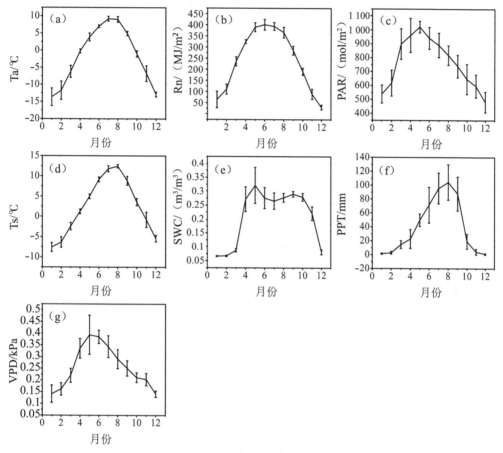

图 2-13 海北主要气象因子的年际变异
注：误差棒代表年际变异量。

二、NEP 的季节变化与年际变异特征

海北高寒灌丛草甸生态系统生长季有很高的 NEP 值，表现出较强的碳汇能力（图 2-14）。而在生长季开始前及刚结束后，表现为较强的碳源。因为此时生态系统光合能力很弱，而呼吸却因灌丛较多的地上生物量及较好的水热条件并没有降至很低，还保持着较强的呼吸能力。在温度较低的非生长季，呼吸同样受到抑制，NEP 有所回升，表现为弱碳源。2004 年和 2007 年生长季均有较高的 NEP 值，且均在 7 月出现 NEP 极高值，分别为 79.09 g C/（m^2·month）和 79.12 g C/（m^2·month）。这可能与当时较好的辐射条件有关。而 2003 年生长季的 NEP 值要低于年均水平。2005 年生长旺季和 2006 年生长季初的 NEP 值也都较低。2008 年末出现较高的 NEP 负值，这可能是当时较高的温度和土壤

湿度促进了呼吸的结果。

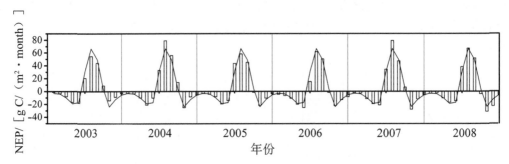

图2-14　海北NEP的季节与年际动态

注：柱形表示各月值，曲线表示多年均值。

图2-15可以看出，海北1—4月NEP年际变异很小，平均仅为1.43 g C/m²。从生长季开始，NEP年际变异突然变大，在6月达最大，值为10.78 g C/m²。这种较大的变异一直持续到11月。12月变异很小，仅为1.86 g C/m²。年均NEP的最大值出现在7月，为66.68 g C/(m²·month)，表明该生态系统在每年的7月有最强的固碳能力。

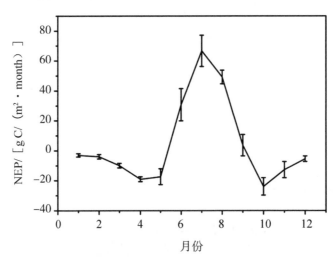

图2-15　海北NEP的年际变异

注：误差棒代表年际变异量。

图2-16a反映了各年累积NEP的动态趋势。2003—2008年，海北灌丛总的累积NEP为330.04 g C/m²，年平均NEP为（55.01±26.25）g C/m²，各年累积NEP均为正，表现为明显的碳汇。其中，2004年表现出最强的碳吸收能力，NEP值为94.86 g C/m²。2006年固碳最少，NEP值仅为14.52 g C/m²。

从平均累积NEP曲线来看（图2-16b），1—4月累积NEP持续下降，碳源效应不断加强，到5月累积NEP达最低值，为−53.22 g C/m²。从5月开始累积NEP迅速上升，于6月中旬转负为正，标志着该生态系统由碳源转为碳汇，上升趋势一直持续到9月，此时累积NEP高达97.01 g C/m²。之后累积NEP曲线缓慢下降，但始终高于0 g C/m²。多年观测结果表明，该生态系统整体上表现为碳汇。

不同月份对 NEP 年际变异的贡献量如图 2-16b 所示，DStDev 曲线大致表现为先增加后减小的趋势。从 4 月开始，各月份对 NEP 年际变异的贡献量迅速升高，到 6 月达最大值，为 8.61 g C/m²。7 月和 8 月对 NEP 年际变异的贡献量迅速降低，到 10 月降至最低，为 -2.36 g C/m²。这里负值表示 10 月起到了缩小 NEP 年际变异的作用，这可能与 10 月各气象因子年际变异均较小有关。同时也暗示了碳通量的年际变异不仅受气象因子的驱动，同时还存在其他驱动力，将在后续章节继续讨论。

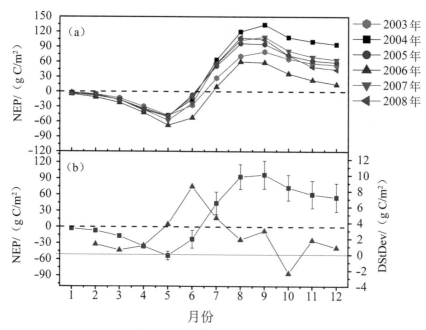

图 2-16 海北累积 NEP 变化特征及各月对年际变异的贡献量
注：b 中左轴为累积 NEP 多年均值，误差棒为年际变异量；
右轴 DStDev 为各月对 NEP 年际变异的贡献。

三、GPP 的季节变化与年际变异特征

图 2-17 反映了观测期间海北 GPP 的动态。可以看出，该高寒灌丛草甸生态系统每年生长季均有较高的 GPP，这是导致其常年表现为碳汇的根本原因。GPP 在每年 7 月达到最高值，7 月多年平均 GPP 为 162.31 g C/(m²·month)，与 NEP 的峰值出现时间一致。2005 年到 2007 年生长季 7 月、8 月 GPP 值均较高。其中 2007 年最高，7 月、8 月 GPP 分别为 185.35 g C/(m²·month) 和 163.29 g C/(m²·month)。而 2003 年生长季 GPP 值要低于年均水平。

图 2-18 描述了海北灌丛草甸生态系统各月 GPP 的年际变异情况。图中可以看出，该生态系统从 5 月开始 GPP 年际变异迅速增加，到 7 月生长旺季增至最大，为 18.6 g C/m²。8 月 GPP 年际变异降至 12.54 g C/m²。生长季末年际变异迅速减小。9 月、10 月 GPP 的年际变异分别为 4.48 g C/m² 和 4.25 g C/m²。

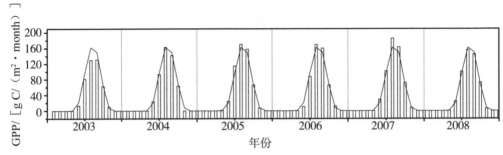

图 2-17 海北 GPP 的季节与年际动态

注：柱形表示各月值，曲线表示多年均值。

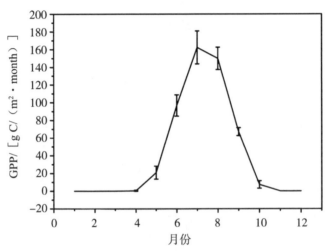

图 2-18 海北 GPP 的年际变异

注：误差棒代表年际变异量。

海北灌丛草甸生态系统累积 GPP 通量在各个观测年均表现为正累加的过程（图 2-19a）。2003—2008 这 6 年中该生态系统总累积 GPP 达 3 026.44 g C/m²。平均年固碳量为（504.41±46.2）g C/m²。其中 2007 年固碳最多，年总 GPP 为 560.08 g C/m²。2003 年固碳最少，年总 GPP 为 428.56 g C/m²。

图 2-19b 反映了累积 GPP 的多年年均变化趋势。年初 1—4 月 GPP 基本为 0 g C/m²，累积 GPP 曲线保持水平不变。5—9 月进入生长季，累积 GPP 迅速增加，此时是全年中生态系统重要的碳固持阶段。10—12 月进入非生长季，GPP 基本为 0 g C/m²，累积 GPP 曲线再次趋于水平。

DStDev 曲线描述了各月份对 GPP 年际变异的贡献情况（图 2-19b）。可以看出，从 4 月开始，各月份对 GPP 年际变异的贡献量明显增加。7 月对 GPP 年际变异的贡献量最大，为 14.89 g C/m²。从 9 月开始，各月份对 GPP 年际变异贡献量迅速降低，10 月 DStDev 值降为负值。

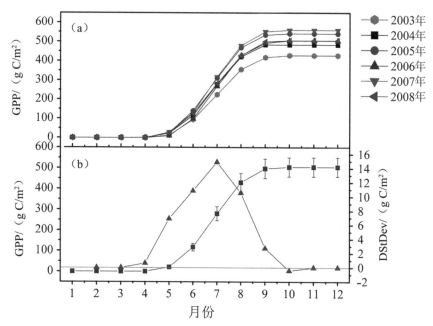

图 2-19　海北累积 GPP 变化特征及各月对年际变异的贡献量

注：b 中左轴为累积 GPP 多年均值，误差棒为年际变异量；
右轴 DStDev 为各月对 GPP 年际变异的贡献。

四、Re 的季节变化与年际变异特征

Re 的季节动态曲线也表现为单峰曲线（图 2-20），年均呼吸最大值出现在 8 月，为 100.8 g C/（m^2·month）。2005—2007 年生长季 Re 均高于平均值，3 年中 7 月、8 月生长旺季的 Re 要明显高于其他年份同期 Re 值。其中 2007 年 8 月 Re 值为 115.84 g C/（m^2·month），为观测年间最高。而 2003 年、2004 年和 2008 年生长季 Re 均低于平均值。但 2008 年末 Re 明显较年均值偏高，这主要归因于当时较高的温度及土壤含水量，极大地促进了该灌丛草甸生态系统的呼吸，同时也直接导致了该年末 NEP 的极低值。

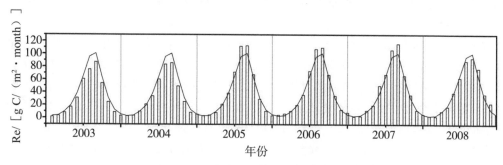

图 2-20　海北 Re 的季节与年际动态

注：柱形表示各月值，曲线表示多年均值。

如图 2-21 所示，该灌丛草甸生态系统年初 1—4 月 Re 的年际变异很小。5 月变异突然增大。随着进入生长季，年际变异不断增加，在 7 月达年际变异最大值，为 14.89 g C/m²。这与 Re 最大值出现的时间并不一致。随后 Re 的年际变异逐渐减小，到 12 月 Re 年际变异降至 1.86 g C/m²。可见，Re 的年际变异主要集中在生长旺季。

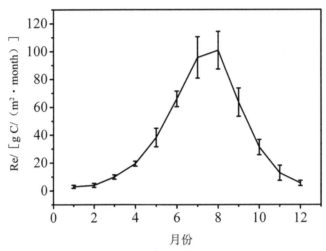

图 2-21　海北 Re 的年际变异

注：误差棒代表年际变异量。

2003—2008 年各年的累积 Re 曲线全年始终表现为上升趋势（图 2-22a），表明全年 Re 值一直处于累加状态。该灌丛草甸生态系统在观测的 6 年中总累积 Re 为 2 696.4 g C/m²。年平均 Re 为（449.4±53.58）g C/m²。2005—2007 年 Re 值均较高，分别为 483.17 g C/m²、490.99 g C/m² 和 496 g C/m²。2003 年和 2004 年相对较低，分别为 374.87 g C/m² 和 389.38 g C/m²。

从图 2-22b 中各年份累积 Re 的平均变化趋势可以看出，1—4 月非生长季植被地上部分处于枯死状态，对整个生态系统呼吸贡献微弱，累积 Re 曲线升高缓慢。5 月植被开始返青，呼吸有所增加。6—9 月生长季，植被进入活跃的生理期，呼吸明显加强，累积 Re 曲线斜率迅速增加。10 月生长季结束，植被地上部分枯萎，呼吸明显减弱，累积 Re 曲线斜率增加缓慢。

从描述各月份对 Re 年际变异贡献量的 DStDev 曲线来看（图 2-22b），生长季开始前，各月份对 Re 年际变异的贡献量均较小。但 5 月的贡献量出现了小峰值，为 4.42 g C/m²，表明春季植被返青的时间对该灌丛草甸生态系统的呼吸有较大影响（李东 等，2005）。7 月的贡献量突然增大到 14.56 g C/m²，是对 Re 年际变异贡献最大的月份。随后 8 月对 Re 年际变异的贡献量依旧很高，为 13.15 g C/m²。从 9 月开始，各月对 Re 年际变异的贡献量逐渐减小。到 12 月贡献量已减至 0.85 g C/m²。各月对 Re 年际变异的贡献量始终为正值，表明 Re 的年际变异全年处于累加状态。

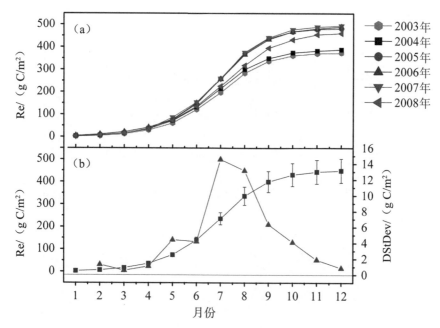

图2-22 海北累积Re变化特征及各月对年际变异的贡献量

注：b中左轴为累积Re多年均值，误差棒为年际变异量；
右轴DStDev为各月对Re年际变异的贡献。

第三节 藏北典型高寒草甸碳通量的季节
变化与年际变异特征

一、气象因子的季节变化与年际变异特征

图2-23反映了2012—2018年藏北高寒草甸生态系统Rn、Ta、Ts、VPD、PPT、SWC等主要气象因子及冠层气孔导度（Canopy Stomatal Conductance，gs）、叶面积指数（Leaf Area Index，LAI）等主要生物因子的季节与年际的动态。多年观测数据显示Rn在年内呈明显的单峰曲线，峰值大多出现在7月，月最高净辐射值出现在2015年7月，为458 MJ/（m² · month），月最低净辐射39 MJ/（m² · month），出现在2013年11月。2012—2018年年均Rn为3 123 MJ/（m² · a），藏北高寒草甸生态系统辐射资源丰富，各月辐射分布不均。Ta呈单峰曲线，最高值出现在6—8月，2015年和2016年出现年初低温，在一定程度影响该生态系统的光合与呼吸，年平均气温为-1.4 ℃。Ts在年内呈单峰曲线变化，年均值为2.26 ℃，高于空气温度年均值。

2013年、2015年、2017年生长季，由于降水的不足，导致干旱现象的发生。在2013年8月，由于连续15日没有降水，导致该年8月降水量比多年平均值低51.9 mm。2015年7月降水量仅为多年平均降水量的29.3 %，且全年的降水量只有289.7 mm，全年降水量仅为正常年份降水量的60 %，使得2015年成为严重的干旱年。相比之下，2012年、

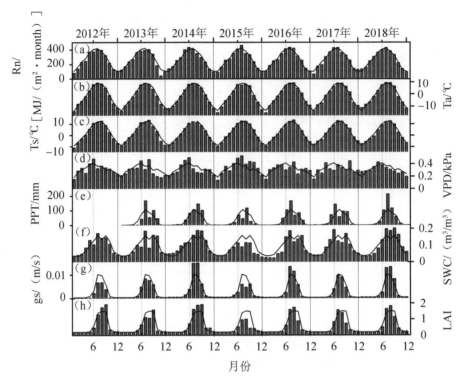

图 2-23 那曲主要气象因子和生物因子的季节与年际动态

注：2012 年的降水数据缺失。柱形表示各月值；曲线表示多年均值。

2014 年、2016 年和 2018 年的降水量相对充足，植被长势良好。多年平均 SWC 为 0.09 m^3/m^3，多年均值在 8 月明显降低。SWC 在 2015 年生长季及后期明显低于多年平均水平，这与同年 7 月极低的降水量有关，虽然 8 月降水高于平均水平，但是后期降水依然较少，土壤水分没有得到雨水的充分补给，SWC 依然较低。2015 年 SWC 均值为 0.069 m^3/m^3，仅为多年均值的 76 %。可见，水分胁迫在生长季频繁出现。VPD 受温度和水分的共同影响，月均值为 0.31 kPa，VPD 一般在 6 月达到峰值，因此该生态系统可能在生长季开始时容易遭受大气干旱。

生物因子 gs 与 LAI 的季节与年际动态呈单峰曲线变化。2012 年，生长季内的 LAI 高于多年平均值，但 gs 低于多年平均值。在 2014 年、2016 年与 2018 年等水热条件较好年份，gs 与 LAI 在生长季内高于多年平均值。在 2015 年等干旱年份，整个生长季节内 LAI 低于多年平均值。在生长季干旱的 2013 年，7—8 月 LAI 值低于多年平均，gs 受干旱的影响程度略低于 LAI。2017 年的干旱导致生长季后期 LAI、gs 均低于多年平均值。

图 2-24 反映了藏北高寒草甸生态系统主要气象因子与生物因子的季节与年际变异特征。气象因子 VPD、PPT 与 SWC 等水分变量年际变异最大，生物因子 gs 与 LAI 年际变异次之，气象因子 Rn、Ta 与 Ts 年际变异最小，各因子的年际变异在植被生长季内较为明显。Rn 全年的变异程度较小，年际变异最大值出现在 8 月。温度（Ta、Ts）年际变异程

度较小。水分因子（PPT、SWC）在生长季内年际变异最大，因而，水分因子在生长季内有可能会制约植被的生长。VPD 由于同时受温度和水分的影响，各月的年际变异均较大。生物因子 gs 与 LAI 在非生长季变异较小，在生长季的 7 月、8 月年际变异达最大。

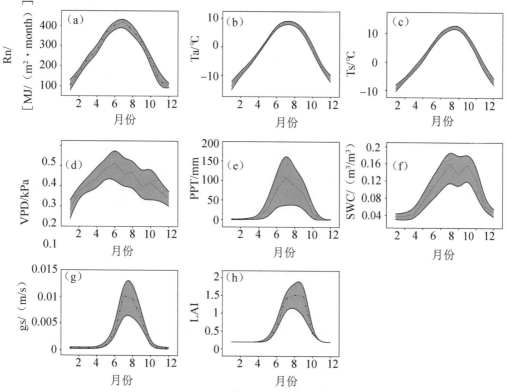

图 2-24　那曲主要气象因子与生物因子的年际变异

注：阴影表示年际变异范围。

二、NEP 的季节变化与年际变异特征

图 2-25 反映了藏北高寒草甸生态系统 NEP 的季节与年际动态。在气象因子的驱动下，NEP 的季节动态呈单峰曲线变化。2012—2018 年 NEP 的多年平均值为（3.31±26.9）g C/(m² · a)，峰值大多出现在 7 月、8 月，多年月平均值为（0.28±4.2）g C/(m² · month)。NEP 在非生长季为负，表现为碳源，NEP 在生长季为正，表现为碳汇。2012 年 6 月 NEP 高于多年 6 月均值-1.02 g C/(m² · month)，为-0.23 g C/(m² · month)，表明 2012 年 6 月生态系统光合作用与呼吸作用近似相等。5 月 NEP 远低于多年 5 月均值 4.62 g C/(m² · month)。2013 年由于生长季降水量少，导致生长季内 NEP 低于多年均值。2014 年生长季水分条件优越，使 NEP 值在 2014 年 7 月高达 45.17 g C/(m² · month)，整个生长季内 NEP 均较高。2015 年由于 7 月的干旱造成了观测期间生态系统 NEP 出现最低值，使得本应表现为碳汇的 8 月，最终表现为明显的碳源。值得注意的是 2016 年 6 月该生态系统表现为明显的碳源，原因是早春充沛的降水对呼吸的促进作用明显强于对 GPP 的促进作用。2017 年、2018 年生态系统 NEP 值趋于多年平均水平。

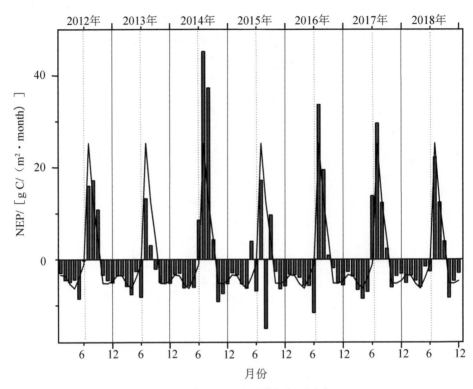

图 2-25　那曲 NEP 的季节与年际动态

注：柱形表示各月值，曲线表示多年均值。

图 2-26 反映了藏北高寒草甸生态系统 NEP 的季节与年际变异特征。基于 2012—2018

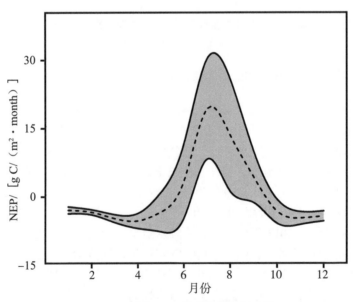

图 2-26　那曲 NEP 的季节与年际变异

注：阴影表示年际变异范围。

年的多年平均值来看，NEP 受到 GPP 和 Re 的共同影响，所以表现出较大的年际变异。多年观测数据显示 NEP 具有明显的季节与年际变异特征，NEP 在非生长季年际变异较小，生长季变异增大，在 7 月、8 月年际变异始终维持在较高水平，均在 10 g C/(m² · month) 以上。与气象因子和生物因子的年际变异规律基本一致，这表明生长季水热条件的变异直接影响着生态系统的固碳能力（ZHANG et al., 2023b）。7 月 NEP 的年际变异最高，达25.27 g C/(m² · month)，这主要是由于 2014 年 7 月 NEP 的极高值造成的。

三、GPP 的季节变化与年际变异特征

图 2-27 反映了藏北高寒草甸生态系统 GPP 的季节与年际动态。2012—2018 年生态系统 GPP 的多年平均值为 210.18 g C/(m² · a)，标准差为 48.35 g C/(m² · a)。多年观测数据显示 GPP 在年内呈单峰曲线，峰值大多出现在 7 月，非生长季内 GPP 均为0 g C/(m² · month)。2012 年 GPP 在生长季内低于多年均值，GPP 月最高值出现在 7 月，为 58.53 g C/(m² · month)，为多年 7 月 GPP 均值的 82 %。干旱会影响生态系统 GPP 的季节动态，2013 年由于 8 月降水较少导致同年的 GPP 在生长季后期低于多年均值。在2015 年初出现低温天气，对生长季内 GPP 影响并不大，表明年初低温对该生态系统生产力的影响较小。2015 年 7 月降水骤减，仅为多年平均降水量的 29.3 %，虽然降水在 8 月得以补充，仍严重影响到该生态系统生长季后期的生产力水平。2017 年 7 月降水量为56.6 mm，仅为多年均值的 38 %，干旱发生时间为 7 月中旬到 8 月中旬。从图 2-27 可知，在月尺度上 7 月 GPP 近似于多年平均值，这与 6 月和 8 月下旬降水充足有关。2014 年、2016 年和 2018 年这 3 年由于生长季内降水充足，土壤含水量较大，使得这 3 年生长季内

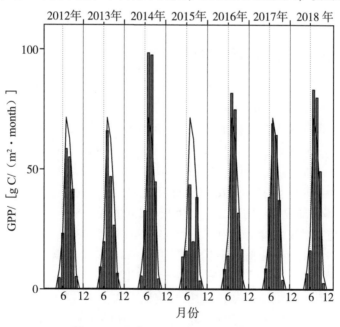

图 2-27 那曲 GPP 的季节与年际动态
注：柱形表示各月值，曲线表示多年均值。

GPP 值均高于多年平均值，其中最高值出现在 2014 年 7 月，为 98.54 g C/（m² · month）。生态系统 GPP 在气象因子的驱动下，呈有规律的季节与年际动态。

图 2-28 反映了藏北高寒草甸生态系统 GPP 的季节与年际变异特征。GPP 具有明显的季节与年际变异特征，生长季初期年际变异较小，在生长旺季年际变异程度最大，生长季末期年际变异减小，非生长季内生态系统 GPP 年际变异为 0 g C/（m² · month）。

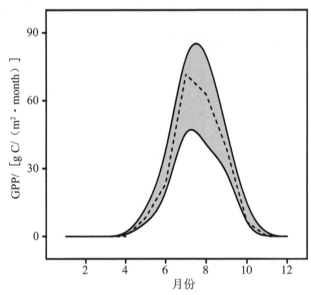

图 2-28 那曲 GPP 的季节与年际变异

注：阴影表示年际变异范围。

四、Re 的季节变化与年际变异特征

图 2-29 反映了藏北高寒草甸生态系统 Re 的季节与年际动态曲线。2012—2018 年该生态系统 Re 多年平均值为 206.88 g C/（m² · a），标准差为 28.45 g C/（m² · a）。Re 在气象因子的驱动下，多年观测数据显示 Re 的季节动态呈单峰曲线变化。各年 Re 的季节变化范围在 2.66 g C/（m² · month）到 67.63 g C/（m² · month）之间，峰值大多出现在 7 月、8 月，月平均值为（17.24±3.47）g C/（m² · month）。藏北高寒草甸生态系统 Re 在非生长季时较低，因为在非生长季内，Re 以土壤呼吸为主，且由于温度低，呼吸受到明显抑制。2012 年是该草场禁牧围封的第二年，生长季 Re 值低于多年均值可能与该时期较小的冠层气孔导度对植被呼吸的抑制作用有关（BALL et al.，1987）。2013 年生长季水分受到限制，导致生长季 8—9 月 Re 值低于多年平均值。2015 年 7 月降水骤减，使得该月份 Re 值明显低于多年平均值。而 8 月较为充足的降水使得生态系统 Re 值略有回升。在 2016 年年初出现的低温天气，对生长季内 Re 的值影响也不大，表示非生长季低温对该生态系统呼吸的影响与对该生态系统生产力的影响均较小（ZHANG et al.，2018b）。2017 年 7 月降水量较少，导致 7 月生态系统 Re 值较低，这与对 GPP 产生的影响略有不同，这可能归因于光合作用与呼吸作用对水分的敏感性不同。2014 年、2016 年和 2018 年由于生长季内水

分条件充足，Re 的值高于多年均值。

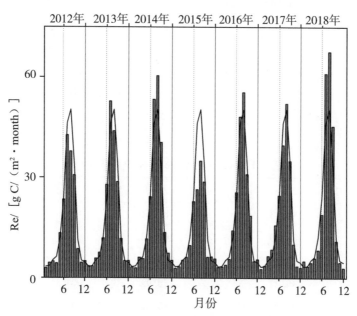

图 2-29 那曲 Re 的季节与年际动态

注：柱形表示各月值，曲线表示多年均值。

图 2-30 反映了藏北高寒草甸生态系统 Re 的季节与年际变异特征。Re 具有明显的季节与年际变异特征，各月份的年际变异与 GPP 相似，同样是生长季年际变异高，非生长季年际变异低。Re 年际变异的最大值发生在 8 月，主要是 2018 年 8 月 Re 值过高所致。

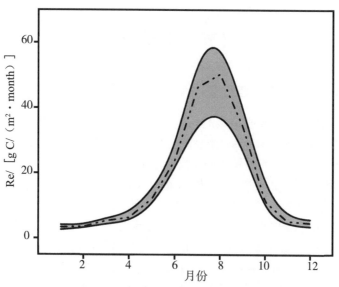

图 2-30 那曲 Re 的季节与年际变异

注：阴影表示年际变异范围。

五、藏北高寒草甸的碳源汇性质分析

那曲高寒草甸生态系统在 2012 年、2014 年、2016 年、2017 年表现为碳汇，2013 年、2015 年、2018 年这 3 年为碳源（表 2-1）。那曲高寒草甸生态系统总体上表现为一个弱碳汇，NEP 多年均值为 3.31 g C/（m² · a），GPP 和 Re 多年均值分别为 210.18 g C/（m² · a）和 206.88 g C/（m² · a）。那曲高寒草甸生态系统碳通量（GPP、Re 和 NEP）年际变异相对较大，分别为 48.35 g C/（m² · a）、28.45 g C/（m² · a）和 26.9 g C/（m² · a）。

表 2-1 那曲 GPP、Re 和 NEP 的年总量

年份	GPP/[g C/（m² · a）]	Re/[g C/（m² · a）]	NEP/[g C/（m² · a）]
2012	188.23	182.81	5.52
2013	175.19	207.53	−32.34
2014	283.89	234.6	49.29
2015	135.22	158.92	−23.71
2016	227.92	219.84	8.08
2017	222.25	205.33	16.92
2018	238.55	239.11	−0.56
AVG	210.18	206.88	3.31
IAV	48.35	28.45	26.9

注：AVG 表示 7 年平均值。IAV 表示年际变异。

第四节 小结与讨论

一、水分条件影响高寒草地生态系统碳源汇性质

草地生态系统表现为碳源或是碳汇与气候条件密切相关（李国栋 等，2013；朴世龙 等，2019；王常顺 等，2013）。海北灌丛草甸生态系统水分条件充沛，整体表现为较强的碳汇（李英年 等，2006）。而当雄草原化嵩草草甸生态系统和那曲高寒草甸生态系统因常受水分胁迫，碳源汇性质表现出了较大的不确定性（SHI et al.，2006；XU et al.，2022b）。在当雄，2008 年生长季有很好的水热条件，因此在这一年其表现为碳汇，而在其他年份均表现为碳源。当雄 2007 年 1—4 月降水几乎为 0 mm，到 4 月 SWC 值已降至 0.037 m³/m³，这导致了该年 4 月的 NEP 大幅度低于多年平均的 4 月 NEP 值。那曲高寒草甸生态系统在生长季开始时容易遭受大气干旱（XU et al.，2021）。在水分条件良好的年份，GPP 与 Re 均较高。在干旱年份，GPP 与 Re 生长季低于多年平均值。在 2012 年、2014 年和 2018 年的生长旺季（7 月和 8 月），GPP 和 Re 高于多年均值。在干旱的 2015 年，GPP 和 Re 均较低。在生长季，NEP 甚至从正转为负，这表明干旱引起高寒草地由碳

汇向碳源转换。本研究进一步证实了高寒草地生态系统碳源汇性质与水分条件密切相关（WYLIE et al.，2007；柴曦 等，2018），较干旱的地区易发展为碳源，而较湿润的地区易发展为碳汇（PIAO et al.，2008；RICHARDSON et al.，2013）。

二、影响生态系统碳通量年际变异的关键时期

前人研究结果表明年内不同时期均对碳通量年际变异有贡献，但贡献大小存在差异（HUI et al.，2003；XU et al.，2014）。找到对碳通量年际变异影响的关键时期，有助于了解和调控全球变化对生态系统碳通量的作用。NEP 的 DStDev 曲线表明随着生态系统由碳源转为碳汇，碳通量的年际变异会立即降低。也就是说，生长季对 NEP 年际变异的贡献量很小。但在生长季刚开始时对 NEP 年际变异的贡献量达最大，这支持了是生长季伊始的气候条件对碳通量年际变异有很大影响的假设（HOLLINGER et al.，2004）。尽管海北灌丛草甸生态系统的 NEP 的 DStDev 在生长季前期达最大值，但这并不能轻易下结论说春末夏初的水热条件对生态系统碳交换影响最大。因为从 GPP 和 Re 来看，DStDev 均在生长旺季达最大，也许只是由于二者变异量的相互作用，才导致 NEP 的 DStDev 最大值有所提前。因此，虽然 NEP 在生长季刚开始时变异最大，但气候因子对生态系统作用最强的时期是在生长旺季（穆少杰 等，2014；徐世晓 等，2004）。通过本章的分析，可见不同生态系统的年际变异关键贡献期有所差异。因此，对于不同的生态系统，需进一步开展研究，并需要对其影响机制开展研究。

第三章 气象和生物因子对高寒草地碳通量的控制作用

本章在第二章明晰了环境条件季节变化与年际变异以及高寒草地生态系统碳通量及其各组分季节变化与年际变异规律的基础上，分析气象因子和生物因子在影响高寒草地生态系统碳通量及其各组分方面起到的作用。从光合光响应参数，呼吸对温度的响应等方面开展研究，明确生态系统对气象因子驱动的响应特征，并使用统计方法，量化生物因子对高寒草地碳通量年际变异的贡献量。旨在揭示高寒草地生态系统对气象因子响应的特征，并明确生物因子在影响高寒草地碳通量年际变异方面的重要作用，以期为模型精确化研究提供数据和理论基础。

第一节 气象和生物因子对草原化蒿草草甸碳通量的控制作用

一、气象因子对草原化蒿草草甸碳通量的控制作用

本研究选取了对碳通量及其各组分影响较大的辐射、温度、降水、土壤含水量等气象因子，对其在不同时间尺度上与碳通量及其各组分的相关性进行了分析和拟合，以期明确不同时间尺度上气象因子对碳通量及其各组分的控制作用，以及这种控制作用随研究时间尺度的扩展的变化特征。

表3-1反映了当雄高寒草甸生态系统 NEP 在各时间尺度上受气象因子的控制情况。在日尺度和月尺度上，当雄 NEP 与 SWC 相关性最高。在月尺度上，除 VPD 外，其他气象因子与 NEP 的相关系数均有所升高，其中 PPT 与 NEP 的相关系数升高幅度最大，但 P 值均有所下降（对于很小的 P 值，本书中仅以<0.01表示，未列出具体数值）。年尺度上，只有 PPT 与 NEP 的相关性达显著水平，为该生态系统年尺度上的主控气象因子。总的来说，当雄 NEP 主要受水分条件影响，且随着研究时间尺度的延长，大多数气象因子的控制作用明显降低，而降水的主控效应逐渐显现出来。

表3-1 当雄 NEP 与主要气象因子的相关性分析

			Ta/℃	Rn/ (MJ/m²)	PAR/ (mol/m²)	Ts/℃	SWC/ (m³/m³)	PPT/mm	VPD/kPa
NEP/ (g C/m²)	日尺度	R	0.43	0.44	0.09	0.41	0.67	0.36	−0.09
		P	<0.01	<0.01	<0.01	<0.01	<0.01	<0.01	<0.01
	月尺度	R	0.52	0.56	0.25	0.48	0.76	0.67	−0.06
		P	<0.01	<0.01	0.01	<0.01	<0.01	<0.01	0.56
	年尺度	R	−0.53	0.45	−0.44	−0.49	0.65	0.73	−0.6
		P	0.17	0.26	0.28	0.22	0.08	0.04	0.11

如表 3-2 所示，当雄草甸生态系统 GPP 在日尺度上与 SWC 相关性最高，与 Ta、Rn 和 Ts 也均有较高相关性。在月尺度上，各气象因子与 GPP 的相关系数均有所提高，但 P 值均有所下降，此时 GPP 与 PPT 的相关性最高。在年尺度上，GPP 未显著受气象因子的控制。当雄 GPP 在日尺度和月尺度上均主要受水分条件影响。然而气象因子却无法解释年尺度上 GPP 的变异。那么 GPP 的年际变异是由什么因子驱动的，这便是本章后续要讨论到的生物因子（生态系统响应，Ecosystem Responses）在年际变异中的重要作用。

表 3-2　当雄 GPP 与主要气象因子的相关性分析

			Ta/℃	Rn/(MJ/m^2)	PAR/(mol/m^2)	Ts/℃	SWC/(m^3/m^3)	PPT/mm	VPD/kPa
GPP/(g C/m^2)	日尺度	R	0.67	0.67	0.32	0.65	0.72	0.38	0.11
		P	<0.01	<0.01	<0.01	<0.01	<0.01	<0.01	<0.01
	月尺度	R	0.73	0.75	0.45	0.69	0.77	0.81	0.15
		P	<0.01	<0.01	<0.01	<0.01	<0.01	<0.01	0.16
	年尺度	R	-0.13	0.64	-0.51	-0.11	0.43	0.66	-0.33
		P	0.76	0.09	0.19	0.8	0.28	0.08	0.42

当雄草甸生态系统 Re 与各气象因子的相关性同样随着时间尺度的延长而减弱（表 3-3）。日尺度上，Re 与 Ta、Rn 和 Ts 的相关性明显高于其他气象因子。月尺度上，Re 与 PPT 相关性最高。可见，降水对该生态系统 Re 的主控作用同样也是在月尺度上开始突显出来。年尺度上，各气象因子与 Re 的相关性均未达显著水平。此时，生态系统 Re 的年际变异很可能已由气象因子这种外部驱动力的控制转变为来自生态系统内部的驱动力——生态系统响应的控制。

表 3-3　当雄 Re 与主要气象因子的相关性分析

			Ta/℃	Rn/(MJ/m^2)	PAR/(mol/m^2)	Ts/℃	SWC/(m^3/m^3)	PPT/mm	VPD/kPa
Re/(g C/m^2)	日尺度	R	0.67	0.67	0.43	0.68	0.55	0.28	0.25
		P	<0.01	<0.01	<0.01	<0.01	<0.01	<0.01	<0.01
	月尺度	R	0.75	0.75	0.53	0.72	0.63	0.76	0.29
		P	<0.01	<0.01	<0.01	<0.01	<0.01	<0.01	<0.01
	年尺度	R	0.28	0.47	-0.3	0.28	0.02	0.25	0.08
		P	0.5	0.24	0.46	0.51	0.96	0.55	0.86

二、草原化嵩草草甸昼间光合能力对气象因子的响应特征

本研究采用当雄生长季（Day of Year，DOY：167—259）白天实测有效数据，得到不同环境条件下的光合参数，以此来评价该生态系统光合能力对气象因子的响应。

表 3-4 反映了观测年间当雄草甸生态系统各年份生长季植被的平均光合能力，表中 Ta、VPD、Ts 和 SWC 分别表示相应时间段内各气象因子的平均值（以下同此）。该生态系统的初始光量子效率 α 的变化范围为 0.000 308 2～0.001 104 5 mg CO$_2$/μmol Photon，多年平均 α 值为 0.000 544 mg CO$_2$/μmol Photon。达光饱和时的最大光合作用速率 P$_{max}$ 的

变异范围为 0.11~0.19 mg CO_2/($m^2 \cdot s$)，多年平均 P_{max} 值为 0.13 mg CO_2/($m^2 \cdot s$)。在水分条件优越的 2004 年和 2008 年，该生态系统的 α 和 P_{max} 值均很高，表现出较强的光合能力。在水分条件较差的 2006 年，生态系统 P_{max} 值仅为 0.11 mg CO_2/($m^2 \cdot s$)，表明该生态系统所能达到的最大固碳速率受到明显的抑制。然而该年的 α 值为所有观测年份中最高，表明在光合机制刚启动时，该生态系统便有很高的光量子利用效率，以此来尽量补偿已被降低的 P_{max} 值。这反映了生态系统自身对环境胁迫的调节适应机制。但在同样干旱的 2010 年，其 P_{max} 值也为 0.11 mg CO_2/($m^2 \cdot s$)，而 α 值也同样很低。这可能是因为该年生长季较高的温度造成的。对于适应了长期低温的高寒生态系统来说，过高的温度会抑制其光能利用效率，从而降低生态系统的固碳能力。

表 3-4 当雄各年植被光合能力对比分析

年份	α/ (mg CO_2/μmol Photon)	P_{max}/ [mg CO_2/($m^2 \cdot s$)]	Re/ [mg CO_2/($m^2 \cdot s$)]	R^2	P	Ta/ ℃	VPD/ kPa	Ts/ ℃	SWC/ (m^3/m^3)
2004	0.000 958 4	0.17	0.052	0.33	<0.01	12.53	0.63	15.73	0.226 4
2005	0.000 640 9	0.12	0.028	0.21	<0.01	13	0.71	17.33	0.156 6
2006	0.001 104 5	0.11	0.047	0.1	<0.01	13.81	0.86	18.66	0.097 1
2007	0.000 468 3	0.14	0.021	0.15	<0.01	13.26	0.73	17.74	0.151 6
2008	0.000 926 8	0.19	0.059	0.28	<0.01	12.66	0.69	16.99	0.198 2
2009	0.000 392 1	0.12	0.014	0.09	<0.01	14.25	0.89	19.16	0.105 3
2010	0.000 308 2	0.11	0.001	0.2	<0.01	18.78	0.86	19.39	0.085 4
2011	0.000 685 9	0.12	0.034	0.01	0.02	13.63	0.71	17.97	0.175 9
年均值	0.000 544	0.13	0.023	0.17	<0.01	13.26	0.75	17.6	0.155 4

表 3-5 表现了不同温度水平下当雄高寒草甸生态系统的光合能力差异。总的来说，α 和 P_{max} 值首先会随着温度的升高而增加，当增加到一定程度，便随温度的升高而下降，说明中间存在一光合最适温度。α 值在温度范围为 12~15 ℃时达最大，P_{max} 值在 9~12 ℃时达最大，因此我们认为该生态系统的最适光合温度为 12 ℃左右。而当温度小于 3 ℃或大于 18 ℃时，该生态系统均表现出较低的光合能力。

表 3-5 当雄植被光合能力对温度的响应

气温分组/ ℃	α/ (mg CO_2/μmol Photon)	P_{max}/ [mg CO_2/($m^2 \cdot s$)]	Re/ [mg CO_2/($m^2 \cdot s$)]	R^2	P	VPD/ kPa	Ts/ ℃	SWC/ (m^3/m^3)
Ta<0	—	—	—	—	0.97	0.2	4.2	0.148 8
0≤Ta<3	0.000 054	0.19	0.003	0.19	0.04	0.23	6.91	0.105 7
3≤Ta<6	0.000 219 8	0.19	0.017	0.26	<0.01	0.19	8.5	0.128 6
6≤Ta<9	0.000 342 5	0.21	0.016	0.4	<0.01	0.23	10.35	0.163 2
9≤Ta<12	0.000 412 2	0.22	0.022	0.38	<0.01	0.4	12.93	0.167 6
12≤Ta<15	0.000 431 6	0.17	0.018	0.27	<0.01	0.65	17.05	0.168 6

气温分组/ ℃	α/ (mg CO_2/μmol Photon)	P_{max}/	Re/	R^2	P	VPD/ kPa	Ts/ ℃	SWC/ (m^3/m^3)
		[mg CO_2/($m^2 \cdot s$)]						
$15 \leq Ta < 18$	0.000 398 9	0.12	0.022	0.12	<0.01	1.01	21.08	0.148 7
$18 \leq Ta < 21$	0.000 203 5	0.11	0.078	0.11	<0.01	1.45	25.03	0.117 8
$Ta \geq 21$	—	—	—	—	0.51	1.89	28.19	0.083 6

表 3-6 反映了不同 SWC 条件下生态系统的光合能力差异。可见，当 SWC 大于 0.16 m^3/m^3 时，随着土壤含水量的升高，生态系统的光合能力迅速提升。在 SWC 大于 0.25 m^3/m^3 的分组中，α 和 P_{max} 值均达最大，光合能力最强。在 SWC 小于 0.1 m^3/m^3 时的干旱环境下，生态系统的 P_{max} 值很低，但 α 值很高，表明生态系统可能是通过提高资源利用效率的方式来适应水分胁迫。

表 3-6　当雄植被光合能力对土壤水分的响应

SWC 分组/ (m^3/m^3)	α/ (mg CO_2/μmol Photon)	P_{max}/	Re/	R^2	P	Ta/ ℃	VPD/ kPa	Ts/ ℃
		[mg CO_2/($m^2 \cdot s$)]						
SWC<0.07	0.001 230 5	0.1	0.074	0.04	<0.01	13.36	0.89	17.98
$0.07 \leq SWC < 0.1$	0.001 163 7	0.1	0.04	0.08	<0.01	14.52	0.99	19.84
$0.10 \leq SWC < 0.13$	0.000 579 8	0.1	0.025	0.11	<0.01	13.79	0.82	18.8
$0.13 \leq SWC < 0.16$	0.000 325 7	0.1	0.017	0.15	<0.01	13.48	0.79	18.18
$0.16 \leq SWC < 0.19$	0.000 431 2	0.13	0.022	0.23	<0.01	12.72	0.67	16.66
$0.19 \leq SWC < 0.22$	0.000 755 4	0.17	0.036	0.34	<0.01	12.68	0.62	16.31
$0.22 \leq SWC < 0.25$	0.000 785 6	0.21	0.033	0.38	<0.01	12.65	0.61	16.18
$SWC \geq 0.25$	0.001 268 2	0.24	0.06	0.5	<0.01	11.58	0.46	14.84

表 3-7 比较了不同 VPD 分组下生态系统的光合能力差异。随着 VPD 值的升高，生态系统的 P_{max} 值逐渐降低，而 α 值却逐渐升高。这同样也反映了生态系统自身的补偿机制，同时也表明，与 Ta 和 SWC 相比，VPD 缺乏对植被光合能力的绝对控制力。在各 VPD 分组中，温度和土壤含水量也存在较明显的梯度。当 VPD 在 1.2~1.5 kPa 时，SWC 值同样很低，此时生态系统具有高的 α 值和低的 P_{max} 值。

表 3-7　当雄植被光合能力对 VPD 的响应

VPD 分组/ kPa	α/ (mg CO_2/μmol Photon)	P_{max}/	Re/	R^2	P	Ta/ ℃	Ts/ ℃	SWC/ (m^3/m^3)
		[mg CO_2/($m^2 \cdot s$)]						
VPD<0.3	0.000 316 7	0.29	0.016	0.49	<0.01	8.13	11.2	0.172 2
$0.3 \leq VPD < 0.6$	0.000 388 2	0.21	0.018	0.36	<0.01	11.86	15.3	0.174 6

续表

VPD 分组/ kPa	α/ (mg CO$_2$/μmol Photon)	P$_{max}$/ [mg CO$_2$/ (m^2 · s)]	Re/	R^2	P	Ta/ ℃	Ts/ ℃	SWC/ (m^3/m^3)
0.6≤VPD<0.9	0.000 405 5	0.14	0.02	0.2	<0.01	14.18	18.47	0.158
0.9≤VPD<1.2	0.000 683 3	0.1	0.036	0.19	<0.01	15.85	21.38	0.140 4
1.2≤VPD<1.5	0.001 181 8	0.1	0.071	0.13	<0.01	17.54	23.77	0.117 5
VPD≥1.5	—	—	—	—	0.37	19.28	26.72	0.090 6

三、草原化嵩草草甸夜间呼吸对气象因子的响应特征

本研究筛选当雄生态系统呼吸较活跃的时期（DOY：137—259）夜间实测 Re 及 Ts 数据，计算出不同年份及不同水分梯度下生态系统呼吸对温度的响应敏感系数 Q$_{10}$。以此来评价该生态系统夜间呼吸对气象因子的响应。

表 3-8 表达了观测年间当雄草甸生态系统各年份夜间呼吸对温度的敏感性。2004—2011 年，Q$_{10}$ 的波动范围为 1.24~2.07，多年平均值为 1.58。总的来说，在土壤水分较好的 2004 年、2005 年、2006 年、2008 年和 2011 年，其夜间呼吸的温度敏感性均较高。其中 2004 年 SWC 值为历年最高，其 Q$_{10}$ 值也为历年最高。表明 SWC 可能对该高寒草甸生态系统呼吸的温度敏感性影响较大。

表 3-8　当雄各年份植被夜间呼吸的温度敏感性对比分析

年份	Q$_{10}$	a	b	R^2	P	Ta/ ℃	VPD/ kPa	Ts/ ℃	SWC/ (m^3/m^3)
2004	2.07	0.018 2	0.072 9	0.28	<0.01	8.76	0.37	12.44	0.201 2
2005	1.6	0.022	0.026 4	0.24	<0.01	9.36	0.5	14.55	0.127 4
2006	1.55	0.012 2	0.043 9	0.21	<0.01	9.5	0.51	14.96	0.108 6
2007	1.24	0.014 9	0.031 4	0.13	<0.01	9.25	0.56	14.9	0.089 9
2008	1.38	0.033 1	0.032 2	0.12	<0.01	9.15	0.36	13.41	0.180 5
2009	1.24	0.031 8	0.024 4	0.06	0.01	9.72	0.53	15.37	0.087 1
2010	1.25	0.039 4	0.025 2	0.05	0.01	10.14	0.52	15.81	0.081 8
2011	1.53	0.013	0.054 8	0.09	0.02	4.52	0.29	10.5	0.101
年均值	1.58	0.020 4	0.047 8	0.21	<0.01	9.4	0.48	14.28	0.125 2

表 3-9 反映了生态系统夜间呼吸的温度敏感性随土壤水分条件的递变规律。随着 SWC 值的升高，生态系统呼吸的敏感性逐渐升高。当 SWC 为 0.18~0.21 m^3/m^3 时，Q$_{10}$ 值达最高，此时生态系统的呼吸对温度的变化最为敏感。当 SWC 大于 0.21 m^3/m^3 时，Q$_{10}$ 值有所降低，但依旧保持着较高的温度敏感性。可见，适宜的土壤水分条件是保证该高寒草甸生态系统呼吸有较高温度敏感性的必要条件。

表 3-9　当雄植被夜间呼吸的温度敏感性对土壤水分的响应

SWC 分组/（m³/m³）	Q_{10}	a	b	R^2	P	Ta/℃	VPD/kPa
SWC<0.06	≈1	—	—	—	0.96	8.91	0.62
0.06≤SWC<0.09	1.3	0.019	0.026	0.11	<0.01	9.94	0.56
0.09≤SWC<0.12	1.44	0.014 6	0.055 7	0.12	<0.01	9.81	0.49
0.12≤SWC<0.15	1.75	0.021	0.036 4	0.14	<0.01	9.17	0.41
0.15≤SWC<0.18	1.96	0.018 6	0.067 3	0.15	<0.01	9.39	0.4
0.18≤SWC<0.21	4.18	0.007 5	0.143 1	0.35	<0.01	9.26	0.36
0.21≤SWC<0.24	2.16	0.018 9	0.077	0.18	<0.01	9.33	0.32
SWC≥0.24	2.72	0.013 4	0.100 2	0.19	<0.01	8.65	0.26

四、草原化嵩草草甸碳通量对气象因子的滞后响应分析

气象因子对碳通量各组分的影响不仅存在即时效应，还可能存在滞后效应，因此本书著者还对气象因子对碳通量各组分的影响的滞后效应进行了分析。当雄主要气象因子对高寒草甸生态系统碳通量驱动的滞后性如图 3-1 所示。可以看出，Ta 与生态系统 NEP 的相关性并不是在当月表现的最强，而是随着时间的推移逐渐加强，在 4 个月后达最强，即

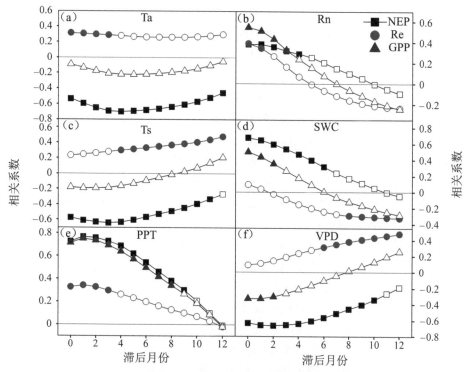

图 3-1　当雄主要气象因子对碳通量影响的滞后效应分析

注：实心符号表示相关性达极显著水平（$P<0.01$）。

Ta 对 NEP 存在 4 个月的滞后作用。这里 Ta 与 NEP 呈负相关，主要是因为 Re 对 Ta 的响应较 GPP 更强，表明气温的升高将导致该高寒生态系统碳吸收的降低。Ta 对 Re 的正相关性随着时间的推移逐渐减弱，这种极显著的正效应可持续 4 个月。同样，Ts 也与 NEP 呈负相关且存在 3 个月的滞后效应。但 Ts 对 Re 的正效应则是在 4 个月后才明显体现出来。PPT 对 NEP、GPP 和 Re 均表现为正相关，且存在 1 个月的滞后。Rn 对 NEP、GPP 和 Re 均表现出了很强的即时正效应，且随着时间的推移相关性迅速下降。SWC 和 VPD 对 NEP 和 GPP 的作用几乎不存在滞后现象，但对 Re 则均存在半年以上的滞后效应，这可能与呼吸底物的消耗有关。

五、草原化嵩草草甸碳通量年际变异的来源分析

上文在分析不同时间尺度上气象因子对生态系统碳通量各组分的影响时发现，气象因子的作用随着时间尺度的推移，作用逐渐变弱。尤其对于年际变异的控制作用较弱，这可能是由于随着时间尺度的延长，碳通量变异由气象因子主控转变为生物因子主控（RICHARDSON et al.，2007；STOY et al.，2009）。所以在长时间尺度上，气象因子对碳通量各组分变异的解释力是有限的，如经典假说中的内稳态机制所述（ODUM，1969）。因此，我们有必要对生态系统碳通量的年际变异来源进行更为深入的探讨。

本书著者使用统计方法对碳通量年际变异的来源进行了拆分。首先将 30 min 通量数据和气象数据整合到日尺度。基于多年数据，选取对碳通量影响较大的 2 个气象因子建立索引表，通过索引表，可用气象因子查到碳通量值。并由此来估算 3 种情况下的碳通量：第 1 种方法，用每年的气象和通量数据建立用气象因子分组的表格，再用每年完整时间序列的气象数据去查每一年的表格，查表得出每一年的通量值，并求年总量。此种方法求算出的碳通量等于实测值［记为：气象因子和生态系统响应都变化的情况下得到的碳通量（Variance Climatic Factors and Variance Ecosystem Responses，VC_VER）］。第 2 种方法，按时间序列日序数（Day of Year，DOY）计算气象和通量数据的多年平均值，建立一个平均数据表。再用平均数据表的气象和通量数据建立索引表。用每年完整时间序列的气象数据去查基于平均表格建立的索引表，重建每一年的通量值，并求年总量。此种方法求算出的碳通量可理解为气象因子变化，生态系统响应不变情况下的通量值（Variance Climatic Factors and Constant Ecosystem Responses，VC_CER）。第 3 种方法，用方法二中平均数据表的气象数据查在方法一中建立的基于每年数据的索引表，查表重建每一年的通量值，并求年总量。此种方法求算出的碳通量可理解为气象因子不变，生态系统响应变化情况下的通量值（Constant Climatic Factors and Variance Ecosystem Responses，CC_VER）。更详细的信息可参见著者所发表的论文（XU et al.，2022b；ZHANG et al.，2016）。通过 3 种方法获得的年碳通量的标准差表示不同变异来源造成的年际变异。基于此，我们可分析气象因子和生态系统响应对生态系统碳通量年际变异的贡献量及二者的相互作用。

如图 3-2 中所示，2004—2008 年，当仅考虑气象因子驱动条件下的年总 NEP 要小于实际 NEP 值。其中，在 2004 年、2005 年、2007 年和 2008 年，仅考虑气象因子变化的情况下，驱动对 NEP 年总值出现明显低估。尤其在 2008 年，由气象因子引起的 NEP 为负，

而实际的 NEP 为正，此时若只考虑气象因子的驱动作用则会对该生态系统碳源汇性质做出错误判断。2009—2011 年，仅考虑气象因子变化得出的 NEP 要大于实际 NEP。其中在2011 年在仅考虑气象因子变化的情况下，对 NEP 造成了明显的高估。然而当仅考虑生态系统响应驱动时，各年份的 NEP 年总值均与实测 NEP 值较接近且具有较为一致的变化趋势。

2007 年和 2009 年仅考虑气象因子或生态系统响应驱动所引起的 GPP 与实际值均很接近。但 2008 年当仅考虑气象因子时则会对 GPP 有明显的低估。2004 年和 2011 年，气象因子引起的 GPP 也均与实际值存在较大偏差。同样各年份由气象因子引起的 Re 也与实际值有不同程度的偏差。其中 2008 年和 2010 年的气象因子均对 Re 值造成了明显的低估。当仅考虑生态系统响应驱动时各年份的 GPP 和 Re 均与实际值差异较小。

总的来说，生态系统响应引起的各年份碳通量值波动较大，且与实际变异情况相似，而由气象因子引起的碳通量值波动较小，各年份间差异不大。

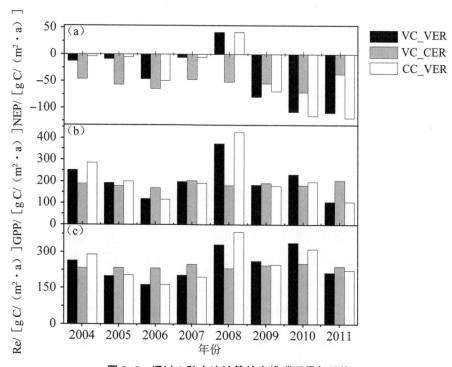

图 3-2　通过 3 种方法计算的当雄碳通量年总值

注：VC_VER 表示气象因子和生态系统响应都变化的情况下计算出来的碳通量值，其值相当于实测值；VC_CER 表示气象因子变化，生态系统响应不变的情况下计算出来的碳通量值；CC_VER 表示气象因子不变，生态系统响应变化的情况下计算出来的碳通量值。

表 3-10 为通过 VC_VER、VC_CER 和 CC_VER 3 种方法计算出的当雄草甸生态系统多年碳通量的统计信息。通过 VC_VER 方法得出的历年的 NEP、GPP 和 Re 与相应年份的实测值完全一致，并且通过 VC_CER 和 CC_VER 方法算出的碳通量的平均

值（Average，AVG）与 VC_VER 的计算结果无显著差异，表明用上文中所述拆分方法对当雄草甸生态系统碳通量的年际变异来源进行拆分是实际可行的。表中可以看出，通过 VC_CER 方法计算出的碳通量的年际变异（Inter-annual Variance，IAV）值很小，说明假设生态系统响应不变的情况下，会极大地削减碳通量的 IAV。而假定气象因子不变的情况下（CC_VER），碳通量的 IAV 值与实际情况较接近。从变异系数（Coefficient of Variation，CV）来看，仅由气候因子造成的年际变异很小，说明气候因子对各年碳通量的贡献较为一致。而当仅考虑生态系统响应时，变异系数与真实情况表现出高度的一致性。这些结果均表明，生态系统响应主控当雄生态系统碳通量的年际变异。

表 3-10　通过 3 种方法计算出的当雄碳通量　　　　　单位：[g C/（m² · a）]

	NEP			Re			GPP		
	VC_VER	VC_CER	CC_VER	VC_VER	VC_CER	CC_VER	VC_VER	VC_CER	CC_VER
AVG	−41.18	−53.52	−40.91	247.73	239.81	252.84	206.55	186.29	211.93
IAV	54.08	10.72	57.62	63.21	7.71	71.89	83.87	11.86	102.71
CV	1.31	0.2	1.41	0.26	0.03	0.28	0.41	0.06	0.48

注：AVG 为多年平均值；IAV 为年际变异量；CV 为变异系数。VC_VER 表示气象因子和生态系统响应都变化的情况下计算出来的碳通量值，其值等于实测值；VC_CER 表示气象因子变化，生态系统响应不变的情况下计算出来的碳通量值；CC_VER 表示气象因子不变，生态系统响应变化的情况下计算出来的碳通量值。

为进一步确定生态系统响应的主控效应，著者比较了只考虑气象因子变化和只考虑生态系统响应变化情况下的生态系统碳通量与实际碳通量的相关性。表 3-11 可以看出，由 CC_VER 算出的生态系统碳通量与实际碳通量（VC_VER）呈极显著相关，由 VC_CER 算出的生态系统碳通量与实际碳通量相关性不显著。再次证明了当雄草甸生态系统碳通量的年际变异主要由生态系统响应驱动。

表 3-11　当雄 VC_CER 和 CC_VER 计算出的碳通量与 VC_VER 的相关性

单位：[g C/（m² · a）]

	NEP		Re		GPP	
	VC_CER	CC_VER	VC_CER	CC_VER	VC_CER	CC_VER
VC_VER	0.16	0.99**	0.22	0.94**	−0.19	0.98**

注：* 表示在 95 % 置信区间上相关达显著；** 表示在 99 % 置信区间上相关达显著。VC_VER 表示气象因子和生态系统响应都变化的情况下计算出来的碳通量值，其值等于实测值；VC_CER 表示气象因子变化，生态系统响应不变的情况下计算出来的碳通量值；CC_VER 表示气象因子不变，生态系统响应变化的情况下计算出来的碳通量值。

图 3-3 反映了 VC_VER、VC_CER 和 CC_VER 3 种算法情况下当雄草甸生态系统碳通

量的年际变异。当雄由气象因子引起的 NEP、GPP 和 Re 的年际变异（VC_CER）均远小于由生态系统响应引起的年际变异（CC_VER），说明生态系统响应是该高寒生态系统碳通量的主要变异来源。同时，由 2 个变异来源引起的碳通量的年际变异量的总和要大于实际年际变异量（VC_VER），其差值以 offset 表示。说明生态系统本身对外部驱动力有缓冲和抵消的作用，直观表现为气象因子与生态系统响应之间存在负相互作用。生态系统响应对 GPP 年际变异的削弱作用较对 NEP 和 Re 的削弱作用更强。

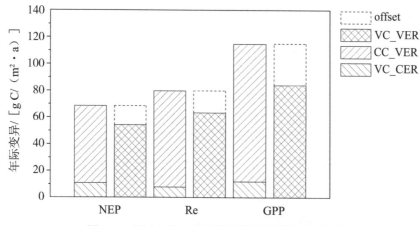

图 3-3　通过 3 种方法计算的当雄碳通量年际变异

注：VC_VER 表示气象因子和生态系统响应都变化的情况下计算出来的碳通量值，其值等于实测值；VC_CER 表示气象因子变化，生态系统响应不变的情况下计算出来的碳通量值；CC_VER 表示气象因子不变，生态系统响应变化的情况下计算出来的碳通量值；offset 表示生态系统响应对气象因子驱动的削弱作用。

第二节　气象和生物因子对灌丛草甸碳通量的控制作用

一、气象因子对灌丛草甸碳通量的控制作用

本小节对海北灌丛草甸 NEP、GPP、Re 与各个气象因子的关系做了相关分析，选取对碳通量及其各组分影响较大的气象因子，并结合前人的研究结果，选取了辐射、温度、降水量、土壤含水量、VPD 与碳通量及其各组分做了多时间尺度上的相关和拟合分析。

表 3-12 表达了日尺度、月尺度、年尺度上海北灌丛草甸生态系统主要气象因子与 NEP 的相关性。该生态系统 NEP 在日尺度上与 Ts 相关性最高，与 Ta 和 Rn 也存在着很高的相关性，与 PPT 的相关性最低。然而在月尺度上，NEP 与 PPT 相关性最强，达极显著水平，PPT 为该生态系统月尺度上碳收支的主控因子。此时，NEP 与 PAR 和 SWC 的相关性已有明显降低，仅达显著水平。年尺度上，NEP 与且仅与 Ta 相关性达极显著水平，且呈负相关。可见，高温年份并不利于该高寒生态系统的固碳。

表 3-12 海北 NEP 与主要气象因子的相关性分析

			Ta/℃	Rn/ (MJ/m²)	PAR/ (mol/m²)	Ts/℃	SWC/ (m³/m³)	PPT/mm	VPD/kPa
NEP/ (g C/m²)	日尺度	R	0.46	0.47	0.26	0.53	0.15	0.08	0.25
		P	<0.01	<0.01	<0.01	<0.01	<0.01	<0.01	<0.01
	月尺度	R	0.58	0.49	0.22	0.63	0.21	0.72	0.35
		P	<0.01	<0.01	0.06	<0.01	0.08	<0.01	<0.01
	年尺度	R	−0.93	−0.52	0.18	−0.73	−0.69	0.12	−0.15
		P	0.01	0.29	0.73	0.1	0.13	0.82	0.78

各时间尺度上生态系统 GPP 受气象因子的控制情况如表 3-13 所示。日尺度上，GPP 主要受温度和辐射条件的控制，其中 Ts 与 GPP 相关性最高。月尺度上，尽管各气象因子与 GPP 的相关系数均有所升高，但从 P 值来看，显著性水平均有所下降，此时 GPP 主要受温度和降水的控制，其中降水的控制力最强。年尺度上，各气象因子均无法解释 GPP 的变异性，再次强调了生态系统响应对 GPP 年际变异的重要驱动作用。

表 3-13 海北 GPP 与主要气象因子的相关性分析

			Ta/℃	Rn/ (MJ/m²)	PAR/ (mol/m²)	Ts/℃	SWC/ (m³/m³)	PPT/mm	VPD/kPa
GPP/ (g C/m²)	日尺度	R	0.74	0.61	0.3	0.81	0.43	0.23	0.35
		P	<0.01	<0.01	<0.01	<0.01	<0.01	<0.01	<0.01
	月尺度	R	0.8	0.68	0.36	0.85	0.48	0.86	0.51
		P	<0.01	<0.01	<0.01	<0.01	<0.01	<0.01	<0.01
	年尺度	R	−0.21	−0.25	−0.37	0.1	0.69	−0.31	−0.01
		P	0.69	0.64	0.47	0.86	0.13	0.55	0.99

如表 3-14 所示，在日尺度上，该灌丛草甸生态系统的 Re 主要受温度控制，土壤温度与 Re 的相关性最高。在月尺度上，Re 主要受温度和降水的共同调控，但依旧是土壤温度起主导作用。年尺度上，该生态系统的 Re 仅与 SWC 的相关性达极显著水平，与其他气象因子均未表现出显著的相关性。

表 3-14 海北 Re 与主要气象因子的相关性分析

			Ta/℃	Rn/ (MJ/m²)	PAR/ (mol/m²)	Ts/℃	SWC/ (m³/m³)	PPT/mm	VPD/kPa
Re/ (g C/m²)	日尺度	R	0.86	0.63	0.28	0.93	0.6	0.33	0.38
		P	<0.01	<0.01	<0.01	<0.01	<0.01	<0.01	<0.01
	月尺度	R	0.9	0.76	0.43	0.94	0.66	0.89	0.59
		P	<0.01	<0.01	<0.01	<0.01	<0.01	<0.01	<0.01
	年尺度	R	0.27	0.04	−0.41	0.44	0.93	−0.33	0.07
		P	0.6	0.94	0.43	0.38	0.01	0.52	0.9

二、灌丛草甸昼间光合能力对气象因子的响应特征

选取海北灌丛草甸生长季（DOY：153—274）白天实测有效数据，分析不同温度、

水分条件下的光响应曲线，依据拟合出的光合参数来评价该生态系统光合能力对气象因子的响应。表 3-15 列出了 2003—2008 年海北灌丛草甸生态系统各年份生长季的植被平均光合能力。总的来说，各年中该生态系统的初始光量子效率 α 和达光饱和时的最大光合作用速率 P_{max} 的值均较高。观测的 6 年中，α 值在 0.000 961 2~0.001 454 4 mg CO_2/μmol Photon 之间波动，年平均值为 0.001 171 1 mg CO_2/μmol Photon。P_{max} 值在 0.5~0.7 mg CO_2/($m^2 \cdot s$) 之间波动，年平均值为 0.59 mg CO_2/($m^2 \cdot s$)。2005—2007 这 3 年较其他年份有更高的 α 和 P_{max} 值，直接导致了这 3 年更高的 GPP 值。2003 年的 P_{max} 明显低于其他年份，且 α 值也较低，这使得该年份的 GPP 也明显低于其他年份。

表 3-15 海北各年份植被光合能力对比分析

年份	α/ (mg CO_2/μmol Photon)	P_{max}/ [mg CO_2/($m^2 \cdot s$)]	Re/	R^2	P	Ta/ ℃	VPD/ kPa	Ts/ ℃	SWC/ (m^3/m^3)
2003	0.001 097 5	0.5	0.107	0.48	<0.01	11.1	0.58	10.92	0.260 9
2004	0.001 001 5	0.59	0.098	0.51	<0.01	10.84	0.62	10.61	0.244 4
2005	0.001 251 7	0.7	0.134	0.59	<0.01	11.84	0.61	11.6	0.286 4
2006	0.001 397 4	0.6	0.129	0.44	<0.01	11.87	0.59	11.41	0.298 5
2007	0.001 454 4	0.63	0.061	0.42	<0.01	11.08	0.58	10.46	0.281 7
2008	0.000 961 2	0.57	0.12	0.49	<0.01	10.87	0.66	10.62	0.277 1
年均值	0.001 171 1	0.59	0.105	0.48	<0.01	11.24	0.61	10.91	0.273 9

表 3-16 反映了海北灌丛草甸生态系统的光合能力随温度的递变规律。随着温度的升高，生态系统的 α 和 P_{max} 值均有明显升高，但 α 在温度大于 12 ℃ 以后增幅较小。可见，在温度为 12~21 ℃ 时，植被始终保持较高的初始光量子利用效率。当温度为 18~21 ℃ 时，生态系统的 α 和 P_{max} 值均达最高，此时生态系统有最强的光合能力。但当温度大于 21 ℃ 时，生态系统的 α 和 P_{max} 值骤降，表现出很弱的光合能力。这符合三基点温度定律，即最适温度往往与最高温度比较接近。

表 3-16 海北植被光合能力对温度的响应

气温分组/ ℃	α/ (mg CO_2/μmol Photon)	P_{max}/ [mg CO_2/($m^2 \cdot s$)]	Re/	R^2	P	VPD/ kPa	Ts/ ℃	SWC/ (m^3/m^3)
Ta<-3	—	—	—	—	0.13	0.03	4.62	0.275 9
-3≤Ta<0	0.000 162 5	0.18	0.041	0.14	<0.01	0.04	5.81	0.274 5
0≤Ta<3	0.000 578 2	0.26	0.06	0.39	<0.01	0.07	6.37	0.280 8
3≤Ta<6	0.001 174 3	0.31	0.076	0.44	<0.01	0.15	6.91	0.282 9
6≤Ta<9	0.001 796 3	0.42	0.115	0.45	<0.01	0.28	8.21	0.281 1
9≤Ta<12	0.002 057 6	0.56	0.156	0.45	<0.01	0.47	9.75	0.277 4
12≤Ta<15	0.002 175 8	0.63	0.186	0.34	<0.01	0.72	11.55	0.272 5
15≤Ta<18	0.002 121 3	0.73	0.221	0.35	<0.01	0.96	13.94	0.265 9

续表

气温分组/℃	α/(mg CO$_2$/μmol Photon)	P$_{max}$/	Re/	R^2	P	VPD/kPa	Ts/℃	SWC/(m^3/m^3)
		[mg CO$_2$/(m^2·s)]						
18≤Ta<21	0.002 186 8	0.86	0.308	0.43	<0.01	1.16	16.79	0.260 7
Ta≥21	0.000 320 9	0.21	0.012	0.45	<0.01	1.36	19.89	0.255 1

从表 3-17 中可以看出，各 SWC 分组中，并未出现明显的 α 或 P$_{max}$ 的低值，表明生态系统在各个土壤水分条件下均有较高的光合能力。其中，当 SWC 为 0.24~0.27 m^3/m^{3}时，α 和 P$_{max}$值均达最高，生态系统表现出最强的光合能力。而当 SWC 大于 0.33 m^3/m^{3}时，生态系统光合能力反而有所降低，这可能是由于该分组中温度值较低造成的。

表 3-17　海北植被光合能力对土壤水分的响应

SWC 分组/(m^3/m^3)	α/(mg CO$_2$/μmol Photon)	P$_{max}$/	Re/	R^2	P	Ta/℃	VPD/kPa	Ts/℃
		[mg CO$_2$/(m^2·s)]						
SWC<0.21	0.001 322 1	0.61	0.07	0.51	<0.01	12.77	0.7	12.47
0.21≤SWC<0.24	0.001 393 9	0.53	0.111	0.38	<0.01	12.05	0.69	11.2
0.24≤SWC<0.27	0.001 485 1	0.64	0.137	0.56	<0.01	12.03	0.62	11.57
0.27≤SWC<0.3	0.001 277 3	0.62	0.091	0.51	<0.01	10.68	0.59	10.46
0.3≤SWC<0.33	0.001 150 5	0.58	0.094	0.44	<0.01	10.56	0.56	10.41
SWC≥0.33	0.001 311 3	0.48	0.152	0.23	<0.01	9.32	0.44	9.89

表 3-18 反映了不同 VPD 条件下生态系统光合能力的差异。可以看出，生态系统的光合能力并没有随着 VPD 的升高而降低，而是表现出随着 VPD 的升高，光合能力先增强，再减弱的规律。α 和 P$_{max}$ 的最高值同时出现在 VPD 为 0.6~0.9 kPa 的范围内，并不是出现在 VPD 小于 0.3 kPa 的分组内。这是由于 VPD 越低的分组内，温度也越低，在很大程度上制约了植被的光合作用。

表 3-18　海北植被光合能力对 VPD 的响应

VPD 分组/kPa	α/(mg CO$_2$/μmol Photon)	P$_{max}$/	Re/	R^2	P	Ta/℃	Ts/℃	SWC/(m^3/m^3)
		[mg CO$_2$/(m^2·s)]						
VPD<0.3	0.001 066 9	0.6	0.083	0.57	<0.01	6.2	8.78	0.279
0.3≤VPD<0.6	0.001 589 5	0.68	0.147	0.49	<0.01	10.54	10.18	0.275 3
0.6≤VPD<0.9	0.001 525 3	0.73	0.189	0.45	<0.01	12.88	11.41	0.272 6
0.9≤VPD<1.2	0.001 317 4	0.69	0.208	0.34	<0.01	15.04	12.94	0.270 5
1.2≤VPD<1.5	0.001 488	0.69	0.105	0.23	<0.01	16.92	14.51	0.263 6
1.5≤VPD<1.8	0.001 990 7	0.44	0.119	0.05	0.03	18.69	15.86	0.258 8
VPD≥1.8	0.001 240 2	0.54	0.031	0.81	<0.01	20.16	16.21	0.249 1

三、灌丛草甸夜间呼吸对气象因子的响应特征

使用海北生长季（DOY：153—274）夜间实测碳交换及土壤温度数据，通过Q_{10}值反映该生态系统夜间呼吸对气象因子的响应。表3-19列出了2003—2008年海北灌丛草甸生态系统各年份生长季夜间呼吸对温度的敏感性。观测的6年中，生态系统呼吸始终保持着较高的Q_{10}值且变异范围较小，Q_{10}值仅在2.28~2.56之间波动，多年平均Q_{10}值为2.49。该灌丛草甸生态系统各年份均有充足的土壤水分，这可能是保证其呼吸始终具有较高温度敏感性的直接原因。

表3-19　海北各年份植被夜间呼吸的温度敏感性对比分析

年份	Q_{10}	a	b	R^2	P	Ta/℃	VPD/kPa	Ts/℃	SWC/（m³/m³）
2003	2.28	0.041 1	0.082 6	0.26	<0.01	4.06	0.14	10.16	0.256 3
2004	2.39	0.040 2	0.086 9	0.44	<0.01	3	0.17	9.34	0.244 4
2005	2.56	0.044 1	0.093 9	0.62	<0.01	5.87	0.21	11.18	0.285 4
2006	2.43	0.048	0.089	0.51	<0.01	5.78	0.15	10.85	0.299 7
2007	2.35	0.052 6	0.085 3	0.49	<0.01	5.22	0.2	10.5	0.276 1
2008	2.31	0.046 8	0.083 6	0.33	<0.01	3.64	0.2	10.11	0.283
年均值	2.49	0.042 7	0.091 2	0.44	<0.01	4.26	0.18	10.15	0.271 4

从表3-20可以看出，海北灌丛草甸生态系统生长季夜间呼吸的Q_{10}值并未随SWC表现出明显的递变规律，而是始终保持在2.18以上的高值。当SWC为0.21~0.24 m³/m³时，Q_{10}值最高，表明此时生态系统呼吸对温度的响应最敏感。

表3-20　海北植被夜间呼吸的温度敏感性对土壤水分的响应

SWC分组/（m³/m³）	Q_{10}	a	b	R^2	P	Ta/℃	VPD/kPa
SWC<0.21	2.43	0.039 1	0.089	0.4	<0.01	5.32	0.2
0.21≤SWC<0.24	2.97	0.030 8	0.108 8	0.43	<0.01	4.53	0.22
0.24≤SWC<0.27	2.18	0.053 2	0.077 8	0.39	<0.01	5.28	0.19
0.27≤SWC<0.3	2.52	0.043 1	0.092 5	0.51	<0.01	3.73	0.15
0.3≤SWC<0.33	2.58	0.041 9	0.094 8	0.42	<0.01	3.51	0.16
SWC≥0.33	2.8	0.033	0.124	0.61	<0.01	6.79	0.23

四、灌丛草甸碳通量对气象因子的滞后响应分析

图3-4反映了气象因子对海北灌丛草甸生态系统碳通量驱动的滞后性。NEP与Ta和Ts呈负相关且均存在5个月的滞后效应，这与当雄草甸生态系统的变化趋势相似，其中Ta对GPP的驱动有6个月的滞后性，Ts对Re有2个月的滞后性。SWC对NEP、GPP和Re均存在着较强的长期持续的驱动作用。由于Rn和SWC是一对此消彼长的气象因子，

因此 SWC 强力的驱动作用，直接导致 Rn 对 GPP 和 Re 的驱动作用滞后半年。PPT 和 VPD 对 NEP、GPP 和 Re 的驱动作用均未达极显著水平。

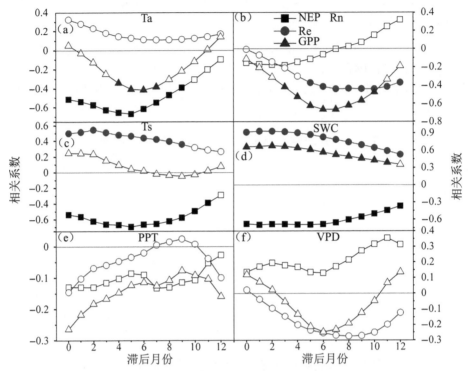

图 3-4　海北主要气象因子对碳通量影响的滞后效应分析

注：实心符号表示相关性达极显著水平（$P<0.01$）。

五、灌丛草甸碳通量年际变异的来源分析

本节使用上一节所述的统计方法对碳通量及其各组分的年际变异来源进行了拆分。拆分为：其一，由气象因子引起的；其二，由生态系统响应的变化引起的。这里所说的生态系统响应，包括生态系统结构的变化，生理过程的变化，以及养分循环的变化等多方面内容。图 3-5 为只考虑气象因子、只考虑生态系统响应和 2 种驱动力全考虑情况下的海北灌丛草甸生态系统各年份的碳通量值。2004 年和 2006 年，在只考虑气象因子驱动的情况下，会分别对这 2 年总 NEP 分别造成过低和过高的估计。然而在 2003 年和 2008 年，由气象因子引起的 NEP 要比由生态系统响应引起的 NEP 更接近真实值。

对于 GPP，只有 2003 年由气象因子引起的 GPP 值更接近实际值，其他年份均是由生态系统响应引起的 GPP 值更接近实际值。2003 年和 2004 年气象因子对生态系统 Re 明显造成了高估。而在 2005 年和 2006 年，由气象因子引起的 Re 值要更接近真实值。2007 年和 2008 年，无论只考虑气象因子还是只考虑生态系统响应，均对生态系统 Re 值造成一定程度的低估，在 2 种统计假设条件下计算得出的 Re 值较为接近。

尽管有个别年份仅考虑气象因子驱动时的生态系统碳通量要比只考虑生态系统响应时

更接近真实值，但绝大多数情况下均是只考虑生态系统响应驱动的结果更接近真实值，且只考虑气象因子容易对碳通量造成更大估计偏差。因此我们初步判断生态系统响应主导着此高寒灌丛草甸生态系统碳通量的年际变异。

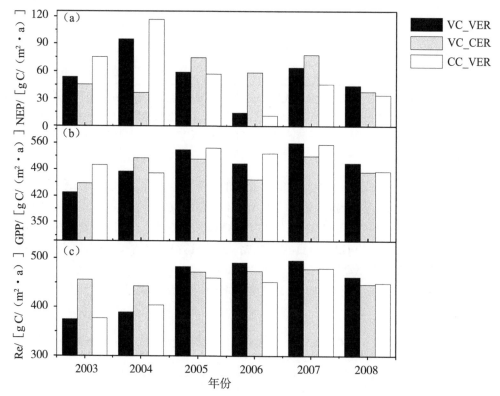

图3-5　通过3种方法计算的海北碳通量年总值

注：VC_VER 表示气象因子和生态系统响应都变化的情况下计算出来的碳通量值，其值等于实测值；VC_CER 表示气象因子变化，生态系统响应不变的情况下计算出来的碳通量值；CC_VER 表示气象因子不变，生态系统响应变化的情况下计算出来的碳通量值。

表3-21 为通过 VC_VER、VC_CER 和 CC_VER 3 种方法重新计算出的海北灌丛草甸生态系统多年碳通量。通过 VC_VER 方法重新算出的观测期间各年份的 NEP、GPP 和 Re 值与相应年份的实测值完全一致，且通过 VC_CER 和 CC_VER 方法算出的碳通量各年份的平均值（AVG）与 VC_VER 的计算结果无显著差异，表明该查表拆分方法在海北灌丛草甸生态系统中同样适用。从年际变异（IAV）来看，只考虑气象因子的变化会极大地削减 NEP 和 Re 的年际变异量。当假定气象因子不变仅考虑生态系统响应的驱动时，Re 的年际变异量与真实值比较接近，但生态系统响应对 NEP 的年际变异贡献量较实际值有一定程度的放大。该生态系统的 GPP 在 2 个变异来源的任意单一源驱动下，其年际变异量均较生态系统实际年际变异量小，且 2 个变异来源对 GPP 年际变异的贡献量相似。从变异系数（CV）来看，由气象因子和生态系统响应引起的 NEP 和 GPP 的变异系数与实际情况有着相似的差异。但由生态系统响应引起的 Re 的变异系数要明显较由气象因子引起的 Re 的变异系数更接近真实值。

表 3-21　通过 3 种方法计算出的海北碳通量　　　　　单位：[g C/(m² · a)]

	NEP			Re			GPP		
	VC_VER	VC_CER	CC_VER	VC_VER	VC_CER	CC_VER	VC_VER	VC_CER	CC_VER
AVG	55.01	55.1	56.58	449.4	461.69	436.92	504.41	493.5	516.8
IAV	26.25	18.19	36.36	43.58	15.05	38.41	46.2	31.55	32.72
CV	0.48	0.33	0.64	0.1	0.03	0.09	0.09	0.06	0.06

注：VC_VER 表示气象因子和生态系统响应都变化的情况下计算出来的碳通量值，其值等于实测值；VC_CER 表示气象因子变化，生态系统响应不变的情况下计算出来的碳通量值；CC_VER 表示气象因子不变，生态系统响应变化的情况下计算出来的碳通量值。AVG 为多年平均值；IAV 为年际变异量；CV 为变异系数。

为了进一步明确该生态系统碳通量年际变异的主要驱动来源，我们对 3 种方法得出的各年份的碳通量值做了相关分析（表 3-22）。可以看出，在假定气象因子不变的情况下，仅由生态系统响应驱动的 NEP 和 Re 值与真实的 NEP 和 Re 值分别达显著和极显著相关，但仅由生态系统响应驱动的 GPP 与真实值的相关性未达显著水平。而当假定生态系统响应不变时，仅由气象因子驱动的 NEP、GPP 和 Re 值均未与实际的生态系统碳通量表现出相关性。总的来说，生态系统响应仍然是该灌丛草甸生态系统碳通量年际变异的主要驱动来源。

表 3-22　海北 VC_CER 和 CC_VER 计算出的碳通量与 VC_VER 的相关性

单位：[g C/(m² · a)]

	NEP		Re		GPP	
	VC_CER	CC_VER	VC_CER	CC_VER	VC_CER	CC_VER
VC_VER	-0.17	0.91*	0.73	0.97**	0.68	0.71

注：* 表示在 95% 置信区间上相关达显著；** 表示在 99% 置信区间上相关达显著。VC_VER 表示气象因子和生态系统响应都变化的情况下计算出来的碳通量值，其值等于实测值；VC_CER 表示气象因子变化，生态系统响应不变的情况下计算出来的碳通量值；CC_VER 表示气象因子不变，生态系统响应变化的情况下计算出来的碳通量值。

图 3-6 反映了气象因子和生态系统响应对生态系统碳通量年际变异的贡献量及其与实际碳通量年际变异量的关系。对于 NEP 和 Re 来说，由生态系统响应造成的年际变异量大于由气象因子造成的年际变异量，说明生态系统响应是 NEP 和 Re 年际变异的主要来源。2 个变异来源对 GPP 年际变异的贡献量相似。与当雄站相似，海北灌丛草甸生态系统中同样存在着生态系统响应与气象因子间的负相互作用，因此仅由生态系统响应造成的生态系统碳通量的年际变异量与仅由气象因子造成的碳通量的年际变异量之和大于该生态系统碳通量的实际年际变异量。从 offset 值可以看出，生态系统响应对 GPP 年际变异的削弱作用要明显强于其对 Re 年际变异的削弱作用，这种对 GPP 和 Re 年际变异削弱强度的不对称性很可能会导致对 NEP 年际变异更强的削弱作用。这是生态系统维持自身稳定性

的一种重要机制。

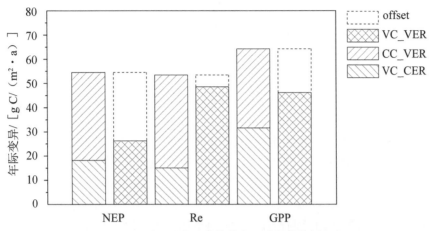

图3-6 通过3种方法计算的海北碳通量的年际变异

注：VC_VER 表示气象因子和生态系统响应都变化的情况下计算出来的碳通量值，其值等于实测值；VC_CER 表示气象因子变化，生态系统响应不变的情况下计算出来的碳通量值；CC_VER 表示气象因子不变，生态系统响应变化的情况下计算出来的碳通量值；offset 表示生态系统响应对气象因子驱动的削弱作用。

第三节 气象和生物因子对藏北典型高寒草甸碳通量的控制作用

一、气象因子对藏北典型高寒草甸碳通量的控制作用

将主要气象因子与藏北典型高寒草甸碳通量进行相关性分析，明确气象因子在不同时间尺度上对碳通量的控制作用。表3-23反映了不同时间尺度上气象因子对藏北高寒草甸生态系统GPP的影响作用。在日尺度和月尺度上，GPP 均与 Ts 相关性最高，而 SWC 是 GPP 在年尺度上的主控因子，表明 GPP 的主控气象因子会随着时间尺度的延长发生变化。在日尺度上，Ta 和 SWC 与 GPP 的相关系数也较高。在月尺度上，各个气象因子与 GPP 的相关系数均有所提升，其中 PPT 的提升幅度最大。年尺度上，各气象因子对 GPP 的控制作用明显减弱，仅 SWC 与 GPP 极显著相关，表明在年尺度上，水分是 GPP 的主控气象因子。

表3-23 那曲 GPP 与各气象因子间多元回归分析

GPP/ (g C/m²)		Ta/℃	Rn/ (MJ/m²)	PAR/ (mol/m²)	Ts/℃	SWC/ (m³/m³)	PPT/mm	VPD/kPa
日尺度	R	0.702	0.579	0.16	0.73	0.698	0.351	0.15
	P	<0.01	<0.01	<0.01	<0.01	<0.01	<0.01	<0.01

续表

GPP/（g C/m²）		Ta/℃	Rn/（MJ/m²）	PAR/（mol/m²）	Ts/℃	SWC/（m³/m³）	PPT/mm	VPD/kPa
月尺度	R	0.76	0.748	0.24	0.769	0.752	0.766	0.267
	P	<0.01	<0.01	0.028	<0.01	<0.01	<0.01	0.014
年尺度	R	0.783	0.483	−0.855	0.008	0.88	0.542	−0.479
	P	0.037	0.273	0.014	0.986	<0.01	0.209	0.276

表 3-24 反映了藏北高寒草甸生态系统 Re 在各时间尺度上受气象因子的控制情况。在日尺度上，Ts 与 Re 的相关性最高，Ta、SWC 与 Re 也均有较高相关性。在月尺度上，除了 PAR，其他各气象因子均与 Re 极显著相关，其中 Ts 与 Re 的相关性最高。从日尺度到月尺度，各气象因子与 Re 的相关系数均有所增加，其中 PPT 的增幅最大，表明在月尺度上降水对 Re 表现出更强的控制作用。而在年尺度上，仅 PAR 与 Re 呈极显著负相关。总的来说，Re 在短时间尺度主要受到温度的影响，随着时间尺度的延长，大多数气象因子对 Re 的控制作用明显减弱，降水的主控作用在月尺度上表现最为明显。

表 3-24 那曲 Re 与各气象因子间多元回归分析

Re/（g C/m²）		Ta/℃	Rn/（MJ/m²）	PAR/（mol/m²）	Ts/℃	SWC/（m³/m³）	PPT/mm	VPD/kPa
日尺度	R	0.771	0.603	0.162	0.787	0.744	0.383	0.181
	P	<0.01	<0.01	<0.01	<0.01	<0.01	<0.01	<0.01
月尺度	R	0.822	0.811	0.274	0.831	0.804	0.806	0.306
	P	<0.01	<0.01	0.012	<0.01	<0.01	<0.01	<0.01
年尺度	R	0.624	0.388	−0.884	−0.143	0.841	0.712	−0.706
	P	0.134	0.39	<0.01	0.76	0.018	0.072	0.076

表 3-25 反映了藏北高寒草甸生态系统 NEP 在各时间尺度上受气象因子的控制情况。在日尺度上，各气象因子与 NEP 均呈极显著相关，Ts 和 SWC 对 NEP 有较强的控制力。在月尺度上，PPT 对 NEP 的控制作用最强，PAR、VPD 与 NEP 的相关性不显著。在年尺度上，NEP 与任何气象因子均不相关，气象因子无法解释 NEP 的年际变异情况。

综上，在日尺度、月尺度上，碳通量受气象因子控制明显。在年尺度上，气象因子的控制作用明显减弱。因此，随着时间尺度的延长，碳通量的年际变异很可能由气象因子这种外部驱动力的控制转变为来自生态系统内部的驱动力——生物因子的控制。

表 3-25 那曲 NEP 与各气象因子间多元回归分析

NEP/（g C/m²）		Ta/℃	Rn/（MJ/m²）	PAR/（mol/m²）	Ts/℃	SWC/（m³/m³）	PPT/mm	VPD/kPa
日尺度	R	0.432	0.401	0.116	0.469	0.46	0.219	0.068
	P	<0.01	<0.01	<0.01	<0.01	<0.01	<0.01	<0.01

续表

NEP/（g C/m²）		Ta/℃	Rn/（MJ/m²）	PAR/（mol/m²）	Ts/℃	SWC/（m³/m³）	PPT/mm	VPD/kPa
月尺度	R	0.546	0.534	0.15	0.554	0.554	0.584	0.164
	P	<0.01	<0.01	0.175	<0.01	<0.01	<0.01	0.136
年尺度	R	0.746	0.457	−0.602	0.165	0.693	0.219	−0.115
	P	0.054	0.303	0.152	0.724	0.084	0.638	0.806

藏北高寒草甸生态系统在 2012—2018 年碳通量（GPP、Re、NEP）与主要气象因子（PAR、Ts、PPT、VPD、SWC）的多元逐步回归分析结果表明（表 3-26）：Ts、SWC、VPD、PAR 为对碳通量驱动能力较强的因子，而 PPT 由于对碳通量的直接贡献较弱被剔除。

基于多元逐步回归结果，将对生态系统碳通量（GPP、Re、NEP）影响较大的气象因子（PAR、Ts、VPD、SWC）与生态系统碳通量做通径分析，分析气象因子对生态系统碳通量的驱动机制。

表 3-26　那曲高寒草甸生态系统生长季碳通量与主要气象因子逐步回归分析

逐步回归方程	P	Ts/℃	SWC/（m³/m³）	PAR/（mol/m²）	VPD/kPa
GPP = 0.376+0.087Ts	<0.01	0.73	—	—	—
GPP = −0.078+0.056Ts+5.706SWC	<0.01	0.47	0.35	—	—
GPP = 0.269+0.071Ts+4.299SWC−0.803VPD	<0.01	0.6	0.26	—	−0.14
Re = 0.426+0.061Ts	<0.01	0.79	—	—	—
Re = 0.122+0.04Ts+3.817SWC	<0.01	0.52	0.36	—	—
Re = 0.469+0.049Ts+3.085SWC−0.007PAR	<0.01	0.64	0.29	−0.15	—
NEP = −0.05+0.026Ts	<0.01	0.47	—	—	—
NEP = −0.201+0.016Ts+1.89SWC	<0.01	0.28	0.25	—	—
NEP = −0.057+0.022Ts+1.309SWC−0.331VPD	<0.01	0.4	0.17	—	−0.12

图 3-7 给出了气象因子对碳通量的驱动路径。表 3-27 为气象因子对 GPP 的通径分析结果，直接通径系数的排序为 Ts>SWC>VPD>PAR，决策系数的排序为 Ts>SWC>VPD>PAR。Ts 是 GPP 的主要影响因子，决策系数为−0.78。SWC 与 GPP 的决策系数为 0.02。Ts 对 GPP 的间接控制作用最强，其间接通径系数之和为高达−0.94。PAR 与 GPP 间的直接通径系数为−0.07，间接通径系数之和为 0.04，决策系数仅为−0.0007，表明 PAR 无论以直接或间接的方式对 GPP 的影响均较小（图 3-7）。

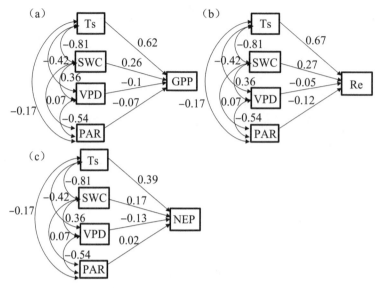

图 3-7 气象因子对那曲碳通量影响的通径分析图

注：单向线性箭头上的数字是自变量和因变量之间的直接通径系数；

双向箭头上的数字表示自变量之间的相关系数。

表 3-27 气象因子对那曲 GPP 影响的通径分析

因子 i	相关系数 r_{iy}	直接通 径系数 P_{iy}	间接通径系数 I_{iy}				间接通径 系数之和 $\sum I_{iy}$	决策系数 R^2 (i)
			Ts	SWC	VPD	PAR		
Ts	−0.32	0.62	—	−0.5	−0.33	−0.11	−0.94	−0.78
SWC	0.16	0.26	−0.21	—	0.09	0.02	−0.1	0.02
VPD	−0.04	−0.1	0.04	−0.03	—	0.05	0.06	−0.002
PAR	−0.03	−0.07	0.01	−0.01	0.04	—	0.04	−0.0007

表 3-28 为气象因子对 Re 影响的通径分析结果，直接通径系数的排序为 Ts>SWC>PAR>VPD，决策系数的排序为 Ts>SWC>PAR>VPD。Ts 是 Re 的主要限制因子，决策系数为 −0.79。SWC 与 Re 的决策系数为 0.02。Ts 对 Re 的间接控制作用最强，其间接通径系数之和为高达 −0.93。PAR 与 Re 间的直接通径系数为 −0.12，间接通径系数之和为 0.08。VPD 对 Re 的控制作用最小（图 3-7），决策系数仅为 −0.000 5。

表 3-28 气象因子对那曲 Re 影响的通径分析

气象因子 i	相关系数 r_{iy}	直接通 径系数 P_{iy}	间接通径系数 I_{iy}				间接通径 系数之和 $\sum I_{iy}$	决策系数 R^2 (i)
			Ts	SWC	VPD	PAR		
Ts	−0.26	0.67	—	−0.53	−0.28	−0.11	−0.93	−0.79
SWC	0.17	0.27	−0.22	—	0.1	0.02	−0.1	0.02

续表

气象因子 i	相关系数 r_{iy}	直接通 径系数 P_{iy}	间接通径系数 I_{iy}				间接通径 系数之和 $\sum I_{iy}$	决策系数 R^2 (i)
			Ts	SWC	VPD	PAR		
VPD	−0.02	−0.05	0.02	−0.02	—	0.03	0.03	−0.0005
PAR	−0.04	−0.12	0.02	−0.01	0.07	—	0.08	−0.004

表 3-29 为气象因子对 NEP 影响的通径分析结果，直接通径系数的排序为 Ts>SWC>PAR>VPD，决策系数的排序为 Ts>SWC>VPD>PAR。Ts 是 NEP 的主要限制因子，决策系数为 −0.28。SWC 与 NEP 的决策系数为 0.01。Ts 对 NEP 的间接控制作用最强，其间接通径系数之和为−0.55。PAR 与 NEP 间的直接通径系数为 0.02，间接通径系数之和为−0.01。PAR 对 NEP 的控制作用最小（图 3-7），决策系数仅为 −0.000 1。

表 3-29　气象因子对那曲 NEP 影响的通径分析

气象因子 i	相关系数 r_{iy}	直接通 径系数 P_{iy}	间接通径系数 I_{iy}				间接通径 系数之和 $\sum I_{iy}$	决策系数 R^2 (i)
			Ts	SWC	VPD	PAR		
Ts	−0.16	0.39	—	−0.32	−0.17	−0.07	−0.55	−0.28
SWC	0.11	0.17	−0.14	0	0.06	0.01	−0.06	0.01
VPD	−0.05	−0.13	0.05	−0.05	—	0.07	0.08	−0.004
PAR	0.01	0.02	−0.01	0.01	−0.01	—	−0.01	−0.000 1

二、水分条件改变高寒草甸碳通量对温度的响应特征

为了更准确地展示 GPP 对空气温度的响应特征，基于 2012—2016 年的半小时观测数据分析了高寒草甸 GPP 的适宜温度。如图 3-8 中所示当 Ta<5℃时，GPP 的增加速率较为缓慢，当 Ta>8℃时，增加较为迅速，当温度高于 12.2℃时，随着温度升高 GPP 又开始下降。

以最适温度分析结果为基础，以 5℃和 8℃为阈值，研究 SWC 对 GPP 和 Re 的影响（图 3-9）。在任何温度条件下，GPP 和 Re 都随 SWC 的增加而增加。在 Ta<5℃范围内，GPP 和 Re 随 SWC 的升高呈指数增长。在 5≤Ta<8℃范围内，随着 SWC 的升高，GPP 呈线性增加，Re 呈对数增加；在 Ta≥8℃范围内，随着 SWC 的提高，GPP 呈指数增长，Re 呈线性增长。

图 3-10 显示了土壤温度和湿度对碳通量的交互作用。SWC 很大程度上会影响 GPP 和 Re 对 Ts 响应。随着 SWC 的增加，GPP 和 Re 对 Ts 的敏感性增强。当 SWC <0.07 m^3/m^3 时，Ts 对 GPP 的影响较小（$P=0.2$）。也就是说，在干旱胁迫下，即使在适宜的温度条件下，生产力仍然很低。当 0.07≤SWC<0.14 m^3/m^3 时，GPP 随 Ts 的升高而

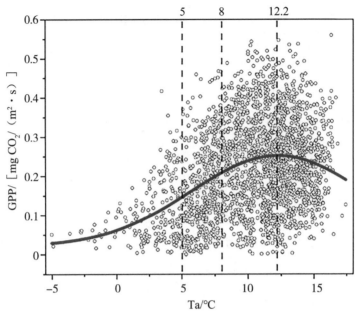

图 3-8　GPP 对空气温度的响应特征

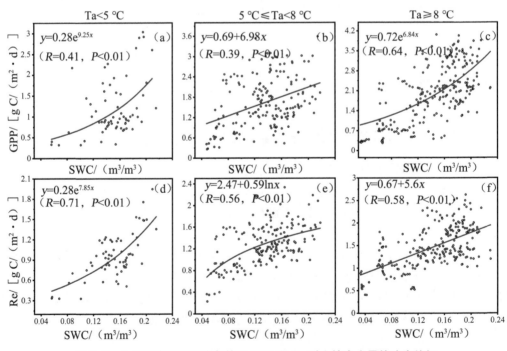

图 3-9　生长季内不同温度条件下 GPP 和 Re 对土壤含水量的响应特征

迅速升高（斜率为 0.15），而当 SWC≥0.14 m³/m³ 时，GPP 随着温度的升高以更高的速率升高（斜率为 0.32），说明只要水分条件有利（SWC≥0.07 m³/m³），GPP 随 Ts 的升高而迅速升高。在任何 SWC 条件下，Re 均随 Ts 的升高呈指数升高趋势（P<0.01）。当

SWC< 0.07 m³/m³ 时，Re 随 Ts 的升高而缓慢升高（Q_{10} = 1.92），当 SWC ≥ 0.07 m³/m³ 时，Re 随温度升高迅速升高（Q_{10} = 2.55 ~ 2.58）。可见，低 SWC 可能会抑制 Re 对 Ts 的敏感性。

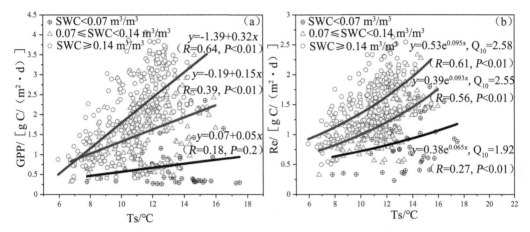

图 3-10   生长季内不同土壤含水量条件下 GPP 和 Re 对土壤温度的响应特征

三、水分亏缺抑制高寒草甸正午最大光合能力

青藏高原的植物已经适应了长期的低温条件，在相对较高的温度下，它们的光合作用会受到抑制。以往的研究表明，在高温下，高寒植被的光合作用通常在正午受到抑制（FU et al.，2006；LI et al.，2006）。本书的研究发现，正午高温下的水分胁迫可能是导致光合作用受到抑制的主要因素。

为了进一步阐明干旱抑制光合作用的潜在机制，著者比较了水分充足和严重干旱条件下 GPP 的日变化及其相关气象因子的变化特征（图 3-11）。干旱月 GPP 极显著（P<0.01）低于湿润月（图 3-11q~t），SWC 和 VPD 在干旱月和湿润月的差异大于 PAR 和 Ts（图 3-11a~p）。这一对比进一步表明，水汽条件，特别是 SWC（图 3-11i~l）是导致 GPP 下降的主要原因，这与前人在高寒生态系统开展的研究所获得的研究结果一致（LUAN et al.，2016）。

藏北夜间气温较低，早晨露水较多，有利于形成较好的大气和土壤水分条件，并在上午提高了生态系统生产力（图 3-11i~t）。日出后，露水的影响逐渐消失，VPD 迅速增大（图 3-11m~p）。GPP 在 12：00 达到峰值，下午减弱（图 3-11q~t）。GPP 下降的过程可分为 2 个阶段：其一是 12:00—18:00，在较为湿润的月份 VPD 持续上升，SWC 下降，是水分亏缺导致 GPP 下降；其二是由于辐射的迅速下降，GPP 在 18:00 后迅速下降。干旱月份光合作用被抑制的原因可能是水分胁迫导致的气孔关闭（GOODRICH et al.，2015），光合酶活性受到抑制（KIM and VERMA，1990）。湿润月份中午之后的 SWC 减少，而干旱月份的 SWC 增加（图 3-11i~l）进一步证明了，在午后，干旱发生时气孔会关闭，进而抑制蒸腾作用（FU et al.，2006）。由此可见，由于雨季缺水，高寒草甸在中午的光合作用受到抑制，而在旱季，水分亏缺导致的气孔关闭是 GPP 降低的最主要因素（TUZET et al., 2003）。光合作用受到抑制的不同机制表明，在不同的环境条件下，生态系统的主导因素发生了变化（ZHANG et al., 2016）。

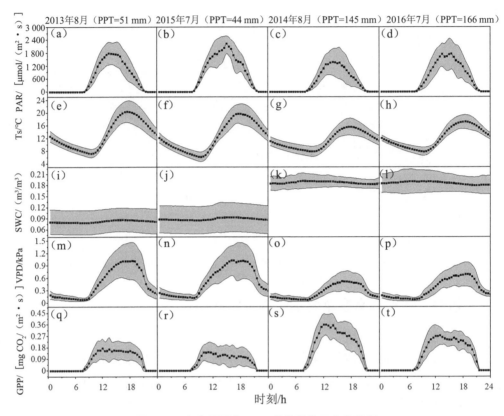

图 3-11　气象因子和 GPP 月均值的日变化特征

注：其中 2013 年 8 月和 2015 年 7 月为典型干旱月份；2014 年 8 月和 2016 年 7 月为湿润月份。

正午高温下的水分胁迫是导致光合作用下降的主要因素。相比之下，湿度对碳通量的影响在夜间并不明显。这一结果与以往的研究结果一致，即白天和夜间温度对北半球植被的影响是不对称的（PENG et al., 2013；TAN et al., 2015）。碳通量的温度敏感性受土壤含水量影响。昼夜土壤含水量的差异会导致植被对温度的响应发生变化，这可能是解释这种不对称效应机制的原因之一。此外，植物光合作用通常发生在白天，而呼吸作用则全天进行（ATKIN et al., 2013）。昼夜碳通量组成的改变也可能导致碳通量对气候因子的响应发生变化。生态系统呼吸在白天比晚上更大，这与著者之前在该站点的研究一致（ZHANG et al., 2015b）。然而，基于同位素技术的在温带落叶林生态系统中进行的研究表明，由于光对叶片呼吸的抑制，白天的呼吸比晚上低（WEHR et al., 2016）。

四、藏北典型高寒草甸碳通量年际变异的来源分析

在研究了气象因子对藏北高寒草甸生态系统碳通量的影响的基础上，在长时间尺度上，仍不能忽视生物因子对年际变异的重要作用。因此著者使用第一节和第二节中使用的方法，拆分了气象因子和生态系统响应对藏北高寒草甸碳通量的年际变异的贡献

（图 3-12）。CC_VB 计算的 GPP 与实际 GPP 值相近。VC_CB 方法计算得出的碳通量，只有 2017 年计算出的 GPP 接近真实值，2012 年、2013 年、2015 年均年高于真实值，2015 年较真实值相差较多，其余年份均低于真实值。除 2016 年外，其余年份 CC_VB 计算的 Re 值均接近真实值。而 VC_CB 计算的 Re 值在 2015 年、2016 年、2018 年与真实值相差较大，其余年份均较接近真实值。其中，2013 年 CC_VB 与 VC_CB 计算的 Re 与实际值均很接近。

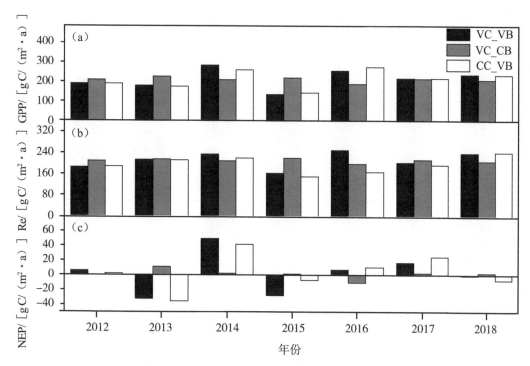

图 3-12　通过 3 种方法计算的那曲碳通量年总值

　　注：VC_VB 表示气象因子和生物因子都变化的情况下计算出来的碳通量值，其值近似等于实测值；VC_CB 表示气象因子变化，生物因子不变的情况下计算出来的碳通量值；CC_VB 表示气象因子不变，生物因子变化的情况下计算出来的碳通量值。

　　相对于 GPP 和 Re 来说，CC_VB 与 VC_CB 计算的 NEP 与真实值相差均较大。在 2015 年 CC_VB 计算的 NEP 年总值较真实值存在明显高估，其余年份与真实值较为接近。在 2013 年、2015 年和 2018 年，VC_CB 计算的 NEP 为正，而实际的 NEP 为负。同时，在 2016 年 VC_CB 计算的 NEP 为负，而实际的 NEP 为正。此时若只考虑气象因子的驱动作用则会对该生态系统碳源汇性质做出错误判断。

　　总的来说，除了 2017 年估算的 GPP 和 2013 年估算的 Re，VC_CB 方法计算得出的碳通量与实测值有很大的差异。在严重干旱年份（2015 年），使用 VC_CB 估算时，GPP、Re 和 NEP 被明显高估。相反，在温度和水分条件良好的年份（2014 年和 2016 年），GPP、Re 和 NEP 被低估了。在某些特定年份，如果只考虑气象因子的影响，就容易作出不正确的判断。例如，在 2013 年、2015 年和 2018 年，VC_CB 计算得到的 NEP 为正，与观测得的负的 NEP 相反。在 2016 年发现类似的结果，观测到的 NEP 值为正，但 VC_CB 估计的结果 NEP 值为负。

为进一步确定生物因子对碳通量及其组分的控制作用，我们比较了只考虑气象因子变化和只考虑生物因子变化情况下的生态系统碳通量与实际碳通量的相关性。通过分析 CC_VB、VC_CB 和 VC_VB 计算结果之间的相关系数（图 3-13），结果表明，由 CC_VB 算出的生态系统碳通量与实际碳通量（VC_VB）相关性更高，再次证明了那曲高寒草甸生态系统碳通量的年际变异主要来源于生物因子驱动。然而，VC_CB 计算的碳通量与 VC_VB 的计算结果趋势相反，表明如果只考虑气象因子驱动，碳通量年际变异将被误估。

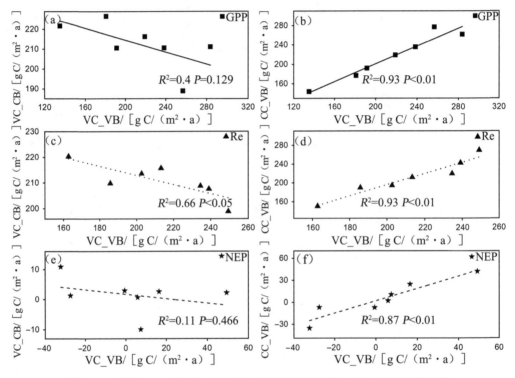

图 3-13 当雄 VC_CER 和 CC_VER 计算出的碳通量与 VC_VER 的相关性

注：VC_VB 表示气象因子和生物因子都变化的情况下计算出来的碳通量值，其值等于实测值；VC_CB 表示气象因子变化，生物因子不变的情况下计算出来的碳通量值；CC_VB 表示气象因子不变，生物因子变化的情况下计算出来的碳通量值。

表 3-30 为通过 VC_VB、VC_CB 和 CC_VB 3 种方法计算出的那曲高寒草甸生态系统多年碳通量的值。表中可以看出，通过 VC_CB 方法计算出的碳通量的年际变异值很小，说明假设生物因子不变的情况下，会极大地低估碳通量的年际变异。而假定气象因子不变的情况下（CC_VB），碳通量的年际变异值与实际情况较接近。从变异系数（CV）来看，仅由气象因子造成的年际变异很小，说明气象因子对各年碳通量的贡献较为一致。而当仅考虑生物因子时，变异系数与真实情况表现出高度的一致性。这些结果均表明，生物因子主控那曲高寒草甸生态系统碳通量的年际变异。

表 3-30　通过 3 种方法计算出的那曲碳通量　　　　　　　单位：g C/(m² · a)

	GPP			Re			NEP		
	VC_VB	VC_CB	CC_VB	VC_VB	VC_CB	CC-VB	VC_VB	VC_CB	CC_VB
AVG	215.21	212.16	214.77	212.53	210.59	210.49	2.69	1.57	4.28
IAV	50.19	12	47.48	31.15	6.85	37.66	27.54	6.12	24.79
CV	0.23	0.06	0.22	0.15	0.03	0.18	10.25	3.9	5.79

注：VC_VB 表示气象因子和生物因子都变化的情况下计算出来的碳通量值，其值等于实测值；VC_CB 表示气象因子变化，生物因子不变的情况下计算出来的碳通量值；CC_VB 表示气象因子不变，生物因子变化的情况下计算出来的碳通量值。AVG 为多年平均值；IAV 为年际变异量；CV 为变异系数。

图 3-14 反映了 VC_VB、VC_CB 和 CC_VB 3 种算法情况下那曲高寒草甸生态系统碳通量的年际变异。由气象因子引起的 NEP、GPP 和 Re 的年际变异（VC_CB）均小于由生物因子引起的年际变异（CC_VB），说明生物因子是该高寒生态系统碳通量的主要变异来源。同时，由 2 个变异来源引起的碳通量的年际变异量的总和大于实际年际变异量（VC_VB），其差值以 offset 表示。说明生态系统本身对外部驱动力有缓冲和抵消的作用，直观表现为气象因子与生物因子之间存在负相互作用。生物因子对由气象因子驱动导致的 Re 年际变异的削弱作用最强，对 GPP 年际变异的削弱作用次之，二者差值约为对 NEP 年际变异的削弱作用。

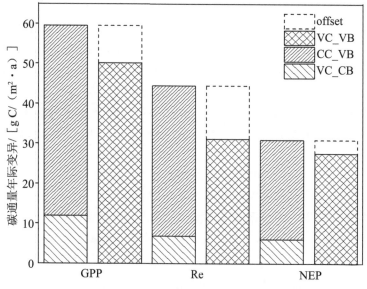

图 3-14　通过 3 种方法计算的那曲碳通量年际变异

注：VC_VB 表示气象因子和生物因子都变化的情况下计算出来的碳通量值，其值等于实测值；VC_CB 表示气象因子变化，生物因子不变的情况下计算出来的碳通量值；CC_VB 表示气象因子不变，生物因子变化的情况下计算出来的碳通量值；offset 表示生物因子驱动对气象因子驱动的削弱作用。

那曲高寒草甸生态系统 GPP 与 NEP 呈正相关（$P<0.05$），决定系数 $R^2=0.7$。而那曲高寒草甸生态系统 Re 与 NEP 相关性不显著（$P>0.05$）。表明在那曲高寒草甸生态系统中，GPP 对 NEP 的影响占主导地位（图3-15）。

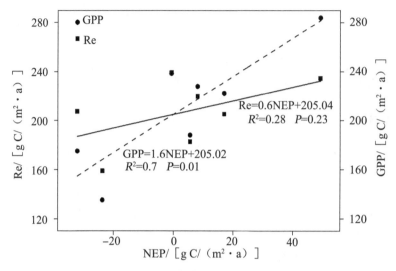

图3-15 那曲 NEP 与 GPP、Re 的相关关系

五、主要气象和生物因子对藏北典型高寒草甸碳通量变异贡献的量化分析

为了进一步量化气象因子和生物因子对藏北高寒草甸生态系统年际变异的影响，本节开展了更进一步的研究。将藏北高寒草甸生态系统生长季内碳通量（GPP、Re、NEP）与该生态系统生长季内的主控气象因子（Ts 和 SWC）、生物因子（LAI 和 gs）的乘积进行线性拟合分析（图3-16）。结果表明只有 GPP 和 Re 与气象因子（Ts 和 SWC）、生物因子（LAI 和 gs）乘积满足线性拟合（$P<0.05$），NEP 与主控因子乘积不满足线性拟合，因此本书只研究生态系统 GPP 和 Re 的变异。GPP、Re 与主控因子乘积的拟合方程为：

$$GPP = 5972.58×Ts×SWC×LAI×gs+122.26 \tag{3-1}$$

$$Re = 3374.82×Ts×SWC×LAI×gs+121.87 \tag{3-2}$$

基于上文的研究结果，本节采取线性扰动方法进一步量化气象因子、生物因子对该生态系统 2012—2018 年生长季内碳通量变异的相对贡献量。由于方程中高阶项和混合项很小，可以忽略（STOY et al., 2006）。因此，碳通量变化可以表示为：

$$dGPP = \frac{\partial GPP}{\partial Ts}dTs+\frac{\partial GPP}{\partial SWC}dSWC+\frac{\partial GPP}{\partial LAI}dLAI+\frac{\partial GPP}{\partial gs}dgs \tag{3-3}$$

$$dRe = \frac{\partial Re}{\partial Ts}dTs+\frac{\partial Re}{\partial SWC}dSWC+\frac{\partial Re}{\partial LAI}dLAI+\frac{\partial Re}{\partial gs}dgs \tag{3-4}$$

其中，dGPP、dRe 为各年份 GPP、Re 与基准年 GPP、Re 之间的差值，dx 为各年主控因子与基准年之间的差值，$\frac{\partial GPP}{\partial x}$、$\frac{\partial Re}{\partial x}$ 为 GPP、Re 对各驱动因子扰动的敏感程度。通

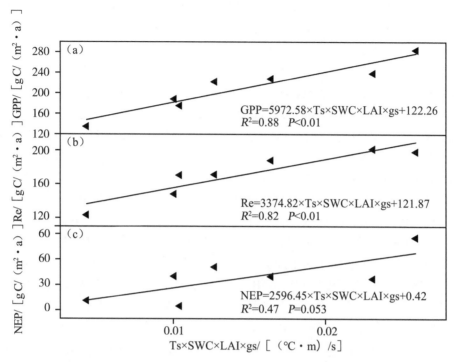

图 3-16 碳通量（GPP、Re、NEP）与气象、生物因子乘积的关系

过将式（3-1）代入式（3-3），可以量化每个气象因子、生物因子对 GPP 变异的贡献；将式（3-2）代入式（3-4），可以量化每个气象因子、生物因子对 Re 变异的贡献：

$$\frac{\delta GPP}{\delta Ts}=5972.58SWC\times LAI\times gs$$

$$\frac{\delta GPP}{\delta SWC}=5972.58Ts\times LAI\times gs$$

$$\frac{\delta GPP}{\delta LAI}=5972.58SWC\times Ts\times gs$$

$$\frac{\delta GPP}{\delta gs}=5972.58SWC\times LAI\times Ts \qquad (3-5)$$

$$\frac{\delta Re}{\delta Ts}=3374.82SWC\times LAI\times gs$$

$$\frac{\delta Re}{\delta SWC}=3374.82Ts\times LAI\times gs$$

$$\frac{\delta Re}{\delta LAI}=3374.82SWC\times Ts\times gs$$

$$\frac{\delta Re}{\delta gs}=3374.82SWC\times LAI\times Ts \qquad (3-6)$$

本节采用线性扰动方法量化了那曲 2012—2018 年生长季内 2 类因子，即气象因子与生物因子对生态系统 GPP 变异（ΔGPP）和 Re 变异（ΔRe）的贡献量（图 3-17a、b）。

同时，进一步量化了各个主要因子对生态系统 GPP 变异（ΔGPP）和 Re 变异（ΔRe）的贡献量（图 3-17c、d）。由于本节引入的生物因子只有 LAI 和 gs，故量化后的气象因子对碳通量年际变异的贡献值与生物因子对碳通量年际变异的贡献值二者总和与实际碳通量变异值必然会有差异。但二者所反映的当年生长季的碳通量与基准年相比，变异趋势相同。

本节采用对生态系统碳通量影响最大的气象因子 Ts 和 SWC 进行线性扰动分析。结果表明，由于生物因子（LAI、gs）对生态系统碳通量变异贡献值大于主控的气象因子（Ts 和 SWC）对生态系统碳通量变异贡献值。因此，生物因子（LAI 和 gs）在生态系统碳通量变异贡献中占主导地位。如图 3-17 所示，每个驱动因子对碳通量变异贡献有正贡献、负贡献。当生物因子贡献和气象因子贡献相反时，生物因子贡献会削弱甚至逆转气象因子贡献，并决定生态系统碳通量的变异。2012 年，LAI 和 gs 对 ΔGPP 和 ΔRe 的贡献大于 Ts 和 SWC 对 ΔGPP 和 ΔRe 的贡献，gs 由于其较大的负贡献导致了负 ΔGPP、负 ΔRe。在 2013 年，负 ΔGPP 是由 LAI、gs 和 SWC 的共同贡献引起的。在 2013 年和 2017 年，Re 接近多年平均水平，同时，每个因子的贡献相对较小。在 2014 年和 2018 年，SWC、LAI 和 gs 的正驱动效应导致了正的 ΔGPP 和 ΔRe。在 2015 年，SWC、LAI 和 gs 的负贡献直接导致负 ΔGPP 和负 ΔRe。2016 年正 ΔGPP 和正 ΔRe 主要来源于 gs 的正贡献。

各年生长季内的 GPP 与基准年生长季内 GPP 的差异主要表现为：2012 年、2013 年、2015 年 GPP 均小于基准年，ΔGPP 分别为 -21.9 g C/(m$^2 \cdot$ a)、-34.9 g C/(m$^2 \cdot$ a)、-75.5 g C/(m$^2 \cdot$ a)。生物因子主控 ΔGPP，生物因子 LAI 与 gs 对 ΔGPP 的贡献量较高，气象因子中 SWC 对 ΔGPP 的贡献量较大，Ts 对 ΔGPP 的贡献量接近 0 g C/(m$^2 \cdot$ a)。2014 年、2016 年、2018 年 GPP 均高于基准年，ΔGPP 分别为 73.8 g C/(m$^2 \cdot$ a)、17.8 g C/(m$^2 \cdot$ a)、28.5 g C/(m$^2 \cdot$ a)。ΔGPP 主要由生物因子控制，各年 ΔGPP 贡献量的差异主要是 LAI 与 gs 贡献量的差异造成的，各年生物因子 gs 贡献量高于 LAI 贡献量。气象因子中 SWC 对 ΔGPP 的贡献较大，Ts 对 ΔGPP 的贡献较大。因此这 6 年的时间内均是生物因子（LAI 与 gs）主控 ΔGPP。2017 年 GPP 高于基准年，而 LAI 与 gs 对 ΔGPP 的贡献量总和为负，可能与本书所引用生物因子仅为 LAI 与 gs 有关。

各年生态系统生长季内的 Re 与基准年生长季内 Re 的差异主要表现为：2012 年、2013 年、2015 年、2017 年 Re 小于基准年，ΔRe 分别为 -23.3 g C/(m$^2 \cdot$ a)、-1.1 g C/(m$^2 \cdot$ a)、-48.1 g C/(m$^2 \cdot$ a)、-0.3 g C/(m$^2 \cdot$ a)。生物因子主控 ΔRe，除 2012 年生物因子 gs 对 ΔRe 的贡献量明显高于 LAI 对 ΔRe 的贡献量外，另外 3 年 gs 与 LAI 对 ΔRe 的贡献量相差不大，气象因子中 Ts 对 ΔRe 的贡献量可以忽略不计，SWC 对 ΔRe 的贡献量较大，2013 年 SWC 对 ΔRe 的贡献量甚至高于 LAI、gs 分别对 ΔRe 的贡献量。但是由于生物因子 LAI、gs 分别对 ΔRe 的贡献量的总和高于 SWC 对 ΔRe 的贡献量，因此 2013 年与讨论的另外 3 年一样仍是生物因子主控 ΔRe。2014 年、2016 年、2018 年 Re 均高于基准年，ΔRe 分别为 26.6 g C/(m$^2 \cdot$ a)、19.4 g C/(m$^2 \cdot$ a)、29.8 g C/(m$^2 \cdot$ a)。gs 对 ΔRe 的贡献量占各年生物因子对 ΔRe 的贡献量比重较多，气象因子中 SWC 对 ΔRe 的贡献量较大，Ts 对 ΔRe 的贡献量忽略不计。因此，在生态系统生长季内，2012—2018 年 7 年的时间内高寒草甸碳通量变异均是生物因子（LAI 与 gs）主控。

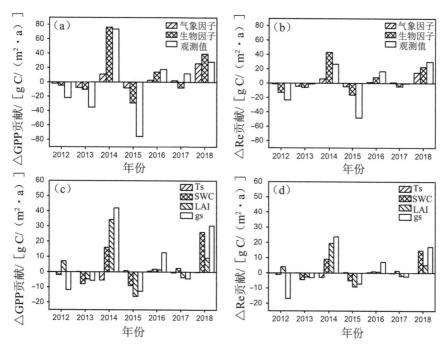

图 3-17 气象因子和生物因子对碳通量（GPP 和 Re）变异的贡献量

注：Δ 代表碳通量的变异量。

第四节 小结与讨论

一、水分条件对藏北典型高寒草甸碳通量变异的主导作用

在青藏高原上，温度升高的速率大于北半球的平均值，并且降水也呈增加趋势（ZHANG et al.，2013），这种快速的气候变化使深入理解气候变化对高寒草地的影响变得更为困难（贺俊杰，2014；徐玲玲 等，2005）。前人研究表明，温度和水分条件是影响碳通量的主要因子（YU et al.，2013），并且他们的共同效应可能会更强（BARRON-GAFFORD et al.，2012；POWELL et al.，2006）。在寒冷环境中，低温通常可能会限制植物的生产力（HUDSON et al.，2011）。然而，本书研究发现土壤含水量在高寒生态系统中表现出了更重要的作用。

即使在温度较低的情况下，土壤含水量也可促进 GPP 和 Re，这可能是由于水有较高的热容量，可以缓解低温影响（ANDERSON and MCNAUGHTON，1973）。因此，较适宜的土壤含水量可以缓解低温胁迫，使生态系统维持较高的 GPP 和 Re（WEN et al.，2006）。反之，即使在较为合适的温度条件下，如果土壤含水量较低，GPP 和 Re 仍然会被抑制，表明了土壤含水量对生态系统有较为重要的影响（LUAN et al.，2016）。因此，相比于低温胁迫，水分胁迫对生态系统生产力的影响力更大（RIVEROS-IREGUI et al.，

2007）。

土壤含水量还可以调节土壤温度对碳通量的影响（XUE et al.，2014）。随着土壤含水量的升高，GPP 和 Re 对土壤温度的敏感性也得到了提升（ZHANG et al.，2018b）。因此，在全球变化背景下，如果以恒定的温度敏感性去评价高寒草甸碳通量对温度的响应，进而预测碳收支，会产生一定的偏差。然而，GPP 和 Re 对土壤含水量的响应却没有受到温度的限制，可见土壤含水量的重要控制作用（GANJURJAV et al.，2016）。土壤含水量增加对 GPP 的促进作用比对 Re 的促进作用强，表明 GPP 比 Re 对土壤含水量更敏感（YU et al.，2013）。此外，土壤含水量对 NEP 的决定性也更强。这些结论从水分敏感性的角度对前人的研究做出了补充。例如，相较于 Re，GPP 是 NEP 的主要决定因素（LARSEN et al.，2007；ZHANG et al.，2016）。

著者以青藏高原主要生态系统——高寒草甸生态系统的碳通量为研究对象，发现土壤水分调节着碳通量对温度的响应，进一步证实和拓展了前人的研究成果。高寒草甸生态系统碳通量不仅受温度的影响，还受土壤有效水的影响。特别是在旱季，水分供应是限制碳通量的关键因素。当土壤水分含量低于阈值时，土壤含水量会限制碳通量对温度的响应（ANGERT et al.，2005）。此外，干旱导致的光合作用的下降，会减少 CO_2 的吸收，并且，由于光合速率下降的速率大于呼吸速率下降的速率，干旱还可能导致更多的 CO_2 排放到大气中去（SCHWALM et al.，2017）。在湿润的季节，随着土壤含水量的增加，温度的作用得以体现，并且适宜的土壤含水量可以增强碳通量对温度的响应（BARRON-GAFFORD et al.，2012；SALA et al.，2015）。

干旱会对植物造成胁迫，降低气孔导度（SONNENTAG et al.，2010），这种生理响应会限制气孔的 CO_2 交换（GOODRICH et al.，2015）。较高的 VPD 意味着空气中较低的水汽含量。VPD 与 Re 负相关，但是与 GPP 没有显著相关关系。

在本章所研究的高寒草甸生态系统中，GPP 主要受土壤含水量影响，同时受到土壤温度影响。Re 受到土壤含水量和土壤温度的共同影响，这与前人研究结果一致（FU et al.，2009；GANJURJAV et al.，2016）。此外，相比于 Re，NEP 更多地受到 GPP 的影响（YU et al.，2013；ZHANG et al.，2016）。因此，土壤温度对 NEP 的影响也相对较弱，而土壤含水量的作用有所增强（RIVEROS-IREGUI et al.，2007）。本研究的研究结果为其他的大尺度的研究结论提供了佐证（BRESHEARS et al.，2005；CRAINE et al.，2012；GAO et al.，2009），并进一步证明该高寒草甸的碳通量可能主要受到水分而不是温度的影响（GANJURJAV et al.，2016）。

二、高寒草地碳通量年际变异的主要来源

温度、水分、辐射等气象因子在日尺度上均与 NEP、GPP 和 Re 有较强的相关关系。其中温度和水分对生态系统碳通量的影响较为剧烈，且驱动机制复杂（BARRON-GAFFORD et al.，2012；PARTON et al.，2012）。它们不仅单独影响着生态系统碳循环，水分条件还可通过影响生态系统呼吸对温度的敏感性进而再次作用于生态系统碳循环（ZHANG et al.，2018b）。异常的水热条件会直接导致生态系统光合能力的降低（XU et al.，2021）。

随着研究时间尺度的延长，气象因子与 NEP、GPP 和 Re 之间的相关性明显降低。在年尺度上，绝大多数气象因子与 NEP、GPP 和 Re 的相关关系不显著，拟合效果很差。然而，土壤含水量依旧主导着海北灌丛草甸的 Re 和那曲高寒草甸的 GPP 和 Re。WU 等（2012）利用 2 种统计模型，同样证明了随着时间尺度的延长，气象因子对生态系统碳通量的解释力逐渐减弱。这暗示了在长的时间尺度上，生态系统正受到另外一种驱动力的作用（BARFORD et al.，2001；STOY et al.，2009），即生物因子驱动，其逐渐取代了气象因子的直接驱动地位（XU et al.，2022b）。

因此，著者对生态系统碳通量的年际变异来源进行了拆分。结果发现，碳通量的实际年际变异量（VC_VER）较由生态系统响应造成的年际变异量（CC_VER）与由气候驱动造成的年际变异量（VC_CER）之和小，原因是 2 个驱动源存在负的相互作用，而这种负相互作用是由生态系统内稳态机制的缓冲作用造成的（ODUM，1969；MARCOLLA et al.，2011）。这种内稳态机制可能是源于光合过程的改变，而光合过程决定了生态系统对气候变化的适应性（RODEGHIERO and CESCATTI，2005）。SHAO 等（2014）通过模型的方法同样发现，气象因子（VC_CER）与生态系统响应（CC_VER）对碳通量的作用存在很强的负相关性。而实际上生态系统受到 2 个驱动源的共同驱动（VC_CER+CC_VER），它们这种此消彼长的关系可使生态系统碳通量不会随着气象因子的变化而产生太大波动。这种反馈机制不仅验证和解释了气象因子的时滞效应（ZHANG et al.，2015a），同时也解释了在长时间尺度上气象因子与碳通量之间较差的相关性（RICHARDSON et al.，2007；WOHLFAHRT et al.，2008）。

对目前相关领域内研究结果的不完全统计发现，不同站点生态系统响应对年际变异的贡献量有所不同（SHAO et al.，2015）。海拔、年均气温和年均降水量等气象因子并不能解释生态系统响应的空间异质性（杨元合和朴世龙，2006；于海英和许建初，2009）。然而，在众多气象因子的共同作用下，形成了不同站点特有的生态系统类型，其主导着生态系统响应对年际变异的贡献量（图 3-18）。这再一次验证了生态系统响应为年际变异的主要驱动力，而非气象因子。总的来说，草地生态系统中生态系统响应对年际变异的贡献最高，灌丛生态系统次之，森林生态系统最小（HUI et al.，2003；POLLEY et al.，2008；TEKLEMARIAM et al.，2010）。在草地生态系统中，高寒生态系统响应对年际变异的贡献要高于温带典型草地。在森林生态系统中，落叶林的生态系统响应对年际变异的贡献较常绿林的更高（RICHARDSON et al.，2007；WU et al.，2012）。由此，著者推断，随着生态系统稳定性的增强，随着每年植被地上部分重建比重的减少，生态系统响应对年际变异的贡献率逐渐降低。原因可能是，一岁一枯之草本植物地上部分每年都要重建，其受气候因子的调节作用明显，在第二年生态系统的结构和功能就可对气候因子的变化做出相应的适应性改变，故由生态系统响应造成的年际变异量在总年际变异中占有很大比例。而多年生木本植物，本身生态系统结构稳定，对气候因子具有一定的调节和缓冲作用，地上部分每年重建比重较小，不会在短期内做出明显的适应性改变，因此由生态系统响应造成的年际变异量在总年际变异中占有的比例相对会有所减小。然而，目前这一领域的研究还没有全面展开，所能获取到的站点数据有限，这一结论还需要更多的相关研究来证实。

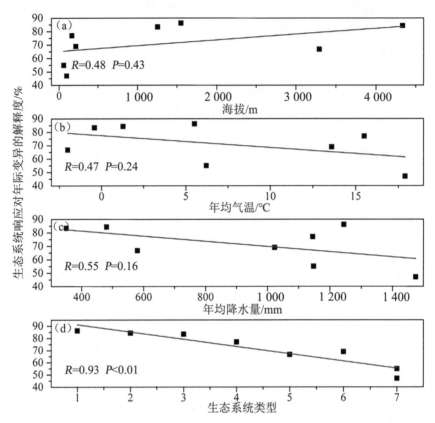

图3-18 不同站点生态系统响应对NEP年际变异的贡献

注：站点1~7的植被类型分别为高寒草甸、高寒草原草甸、半干旱草原、温带典型草原、高寒灌丛草甸、落叶林、常绿林；数据来自MARCOLLA等（2011）、SHAO等（2014）、RICHARDSON等（2007）以及本书。

第四章 藏北典型高寒草甸蒸散的变异特征及驱动机制

藏北高寒草甸生态系统的蒸散易受气候变化、群落结构变化与人类活动的干扰，蒸散量常受低温、干旱、植被退化及过度放牧的限制。明确高寒草甸生态系统蒸散的变异特征及驱动机制对深刻认识青藏高原水分循环具有重要意义。

第一节 各年生长盛季的水分状况评估

一、标准化有效降水指数的计算

标准化有效降水指数（Standard Effective Precipitation Index，SEP）是估计干旱事件强度和持续时间的一个有效的指标（BYUN and WILHITE，1999）。为计算 SEP 值，首先需要计算有效降水（Effective Precipitation，EP）。根据 BYUN 与 WILHITE（1999）之前的研究，PPT_m 为计算时段之前 m 天的降水量，i 为计算时段的时间序列长度，本章中 i 为生长旺季（7—8 月）的天数，那么目前的 EP 可以表示为：

$$EP = \sum_{n=1}^{i} \left[\left(\sum_{m=1}^{n} PPT_m \right) / n \right] \tag{4-1}$$

然后 SEP 由下式进行计算：

$$DEP = EP - MEP \tag{4-2}$$

$$SEP = DEP / ST \ (EP) \tag{4-3}$$

式中，MEP 为 EP 的平均值，DEP 为 EP 和 MEP 的差，ST（EP）为 EP 的标准差。基于中国气象局规定的有效降水指数指标，本研究可将水分状况分为 3 级：干旱（SEP<-0.5）、正常（-0.5≤SEP≤0.5）、湿润（SEP>0.5）。

二、干旱/湿润年型划分

根据短时的降水量与降水持续时间判断某时期是否干旱略显片面，由此著者引入了 SEP 干旱指数来界定各年生长季的水分状况。由图 4-1 可知，2013 年和 2015 年生长旺季干旱。2015 年生长旺季，SEP 值为-1.45，最为干旱。2013 年生长季干旱程度相较 2015 年轻，SEP 值为-0.76。2014 年与 2017 年生长季水分状况适中，SEP 指数为-0.5~0.5，其值分别为-0.18 和 0.38，所以我们可将这 2 年视为基准年。2016 年和 2018 年生长季较为湿润，SEP 均大于 0.5。其中，2018 年的生长季最为湿润，SEP 值为 1.25。2016 年生长季的湿润程度略低于 2018 年，SEP 值为 0.79。

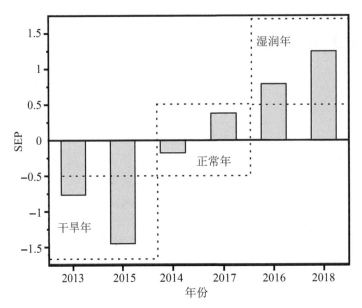

图 4-1　那曲生长旺季 SEP 干旱指数

注：虚线框内表示各年干旱程度的划分。

第二节　藏北典型高寒草甸蒸散的季节变化与年际变异特征

一、藏北典型高寒草甸蒸散的季节变化特征

在那曲高寒草甸生态系统中，生长旺季气象因子、生物因子及蒸散的季节变化如图 4-2 所示。在最为干旱的 2015 年生长季，从 7 月初到 8 月初，干旱期时长为 32 d，且在此之前，日降水就比较少，导致土壤含水量达到观测期间最低水平。干旱期间 Rn 出现较为缓慢的下降趋势。SWC 先快速降低，再由于少量降雨而出现小幅回升，SWC 的最小值出现在 7 月末，值为 0.03 m^3/m^3。此时，VPD 较高，导致 gs 迅速下降并保持为低值。LAI 较低，其值始终维持在 1 左右。蒸散逐渐下降后保持不变。在降水发生后，土壤水分得到补充，SWC 值迅速增加，gs、Rn 和蒸散也逐渐增大，但 LAI 并未升高。在同为干旱的 2013 年生长旺季，8 月出现了持续 25 d 的干旱期。与 2015 年相同的是，此段时期出现了 Rn、SWC、gs 下降，VPD 升高等现象。但蒸散与 LAI 的变化与 2015 年不同。蒸散量降低只出现在缺水的前期，这可能与 6 月、7 月 PPT 较多，地下水充足有关。LAI 在干旱前期始终维持在 1.2 左右，在干旱持续发生的第 15 天，LAI 呈现下降趋势。在水分正常的 2014 年，生长季降水量分配较为均匀，SWC 一直较高，蒸散没有明显的低值。与此同时，VPD 较低，gs 较高。LAI 在整个生长季呈单峰曲线变化，8 月达最高，其值为 2，随后逐渐降低。在同为水分基准年的 2017 年生长季，7 月下旬出现了一段短暂的干旱期

（DOY：190—204），此段干旱期与 2013 年干旱期各气象因子的变化基本相同。但由于干旱持续时间较短，对 gs、LAI 及蒸散的影响不大。在 2017 年生长季，gs 的变化较小，在 0.007 到 0.011m/s 的范围内波动。LAI 在 7 月初达到峰值，值为 1.6，相较于 2014 年，2017 年 LAI 峰值出现较早且数值较小，这可能与 2017 年春季充沛的降水有关。在湿润的 2016 年生长季，短暂的干旱期出现在生长季末，且前期土壤水分存储充足，因此，此干旱期对生态系统并未造成明显的不良影响，同时日 Rn 在整个生长季较高且变幅较小，全生长季蒸散量较大。而在最为湿润的 2018 年生长季，无明显的干旱期，且生长季中有多日发生了较强的降水事件。整个生长季 Rn 和 Ta 较高，gs 变幅较小，LAI 峰值较高且持续时间较长，日蒸散量较大。

在分析 2017 年生长季气象因子的季节变化时发现，7 月中旬到 8 月初出现了一段短时干旱（图 4-2）。但是，SEP 值却显示 2017 年生长季水分条件较好（图 4-1）。导致这种现象的原因是因为 SEP 值是基于整个生长季尺度评价水分状况的。同时，降雨并非每

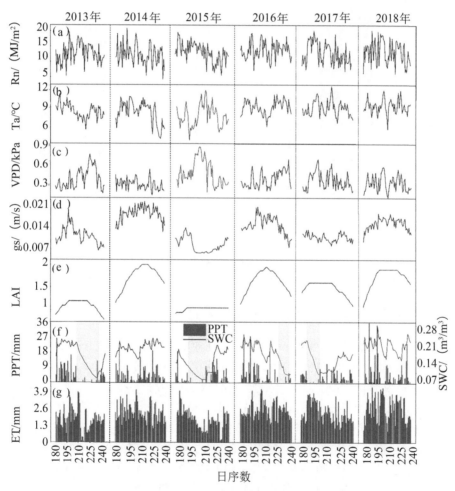

图 4-2　那曲生长季主要气象和生物因子以及蒸散的动态特征

注：图中灰色区域为干旱期。

天均匀降落至地面，因此在水分状况良好的生长季出现短时干旱也很正常。为判断不同干湿状况下，蒸发与蒸腾对蒸散的贡献程度是否发生改变，我们对 2017 年生长季蒸散的组分构成进行了研究。结果表明，干旱造成了蒸发与蒸腾对蒸散贡献程度的改变（图 4-3）。在干旱时期，7 月 15 日和 7 月 30 日蒸发与蒸散的比值分别为 29.08 % 和 48.61 %，蒸发对蒸散的贡献均小于 50 %，即在干旱时期蒸腾主控蒸散。而在非干旱时期，蒸发与蒸散的比值均大于 50 %，即在此时期蒸发作用主控蒸散。

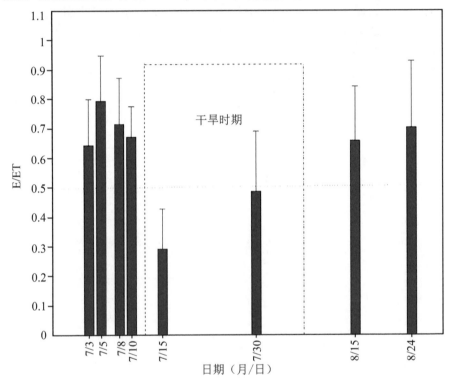

图 4-3　2017 年生长旺季蒸发对蒸散的贡献

注：虚线框表示 7 月中旬到 8 月初的干旱时期。

二、藏北典型高寒草甸蒸散的年际变异特征

在干旱的 2013 年和 2015 年生长季，Rn 均在 800 MJ/m² 左右（图 4-4）。2015 年 Ta、PPT、SWC 等气象因子的值均小于 2013 年的相应值，VPD 的值大于 2013 年的相应值。同时，2015 年生物因子 gs、LAI 的值分别为（0.006±0.002）m/s、（0.98±0.04），均小于 2013 年的 gs ［（0.01±0.003）m/s］ 和 LAI（1.1±0.12）。且这 2 年的 VPD 均大于其他年份，gs 及 LAI 均小于其他年份。对于水分条件正常的 2014 年生长旺季，Rn 为 6 年最低，其值为 748.9 MJ/m²。与此同时，2014 年 VPD 的平均值 ［（0.29±0.09）m³/m³］ 也为 6 年最低。然而，gs ［（0.02±0.002）m/s］ 和 LAI（2±0.24）却为 6 年最高。在同为水分正常年的 2017 年，Rn 为 6 年中的仅次于最低值的次低值，为 783.35 MJ/m²。PPT 为 6 年最低，值为 156.3 mm。在湿润的 2016 和 2018 年，VPD 较低，gs 和 LAI 较高。水分条件最为湿润的 2018 年，PPT（327.5 mm）和 SWC ［（0.19±0.03）m³/m³］ 为 6 年最高。

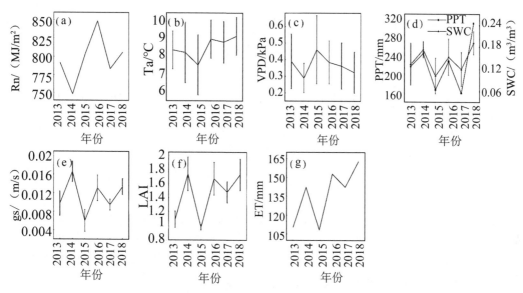

图4-4 那曲生长季气象因子和生物因子以及蒸散的年际变异

注：误差棒代表年际变异量。

由图4-5可知，生长季蒸散表现出了明显的年际变异。在2013—2018年，生长季湿润的年份蒸散更高，2016年和2018年的蒸散量分别为152.9 mm和162.8 mm。生长季干旱的年份蒸散值较低，2013年和2015年的蒸散量分别为110.3 mm和108.9 mm。在生长季水分正常的2014年和2017年，生长旺季蒸散量处于中间状态，分别为142.2 mm和142.4 mm。

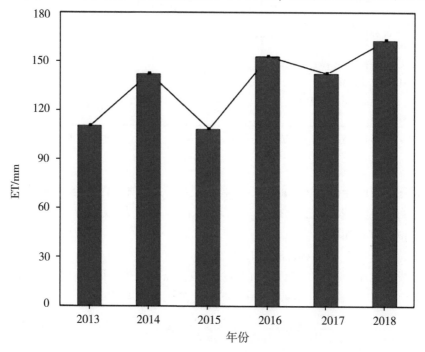

图4-5 那曲生长旺季总蒸散量的年际变异

第三节　分离气象与生物因子对藏北典型
高寒草甸蒸散变异的贡献

一、气象与生物因子对藏北典型高寒草甸蒸散变异贡献的量化分析

在水热条件良好的年份，LAI 和 gs 较高，蒸散量较大。而在水热条件较差的年份，植被的生长与发育受到抑制，蒸散量较小。因此，蒸散对气象因子与生物因子的变化存在一定的响应。为探明蒸散对气象因子与生物因子变化的响应机制，应将二者对蒸散的贡献进行区分。

基于多元逐步回归分析结果可知，Rn、gs、VPD、Ta、LAI 为对蒸散驱动能力较强的因子，而 PPT 和 SWC 由于对蒸散的直接贡献较弱被剔除（表 4-1）。除 VPD 外，各驱动因子均与蒸散呈显著正相关（$P<0.01$）。其中，Rn 与蒸散的相关性最强，偏相关系数大于 0.7。而 VPD 与蒸散呈显著的负相关关系（$P<0.01$）。

表 4-1　生长旺季蒸散与气象因子和生物因子的关系的逐步回归分析

逐步回归方程	Rn/ (MJ/m^2)	gs/ (m/s)	VPD/ kPa	Ta/ ℃	LAI	P
ET=0.04+0.70Rn	0.7**	—	—	—	—	<0.01
ET=−0.71+0.69Rn+0.35gs	0.74**	0.49**	—	—	—	<0.01
ET = − 0.55 + 0.81Rn + 0.28gs − 0.19VPD	0.7**	0.37**	−0.21**	—	—	<0.01
ET = − 1.22 + 0.83Rn + 0.21gs − 0.28VPD+0.19Ta	0.72**	0.28**	−0.3**	0.29**	—	<0.01
ET = − 1.42 + 0.85Rn + 0.05gs − 0.31VPD+0.18Ta+0.20LAI	0.73**	0.05	−0.32**	0.27**	0.21**	<0.01
ET = − 1.43 + 0.86Rn − 0.33VPD + 0.18Ta+0.23LAI	0.75**	—	−0.38**	0.27**	0.35**	<0.01

注：表中 ** 表示在 0.01 水平显著相关，Rn、gs、VPD、Ta、LAI 列分别表示各因子与 ET 的偏相关系数。

将多元逐步回归分析筛选出的对蒸散驱动能力较强的气象因子与生物因子相乘作为自变量，将此自变量与蒸散进行拟合。发现二者呈显著的线性相关关系（$P<0.05$）（图 4-6），拟合方程如下：

$$ET=90.805+1.093×Rn×VPD×Ta×LAI×gs \tag{4-4}$$

再使用线性扰动分析将气象因子（Rn、VPD、Ta）与生物因子（LAI、gs）对蒸散的贡献进行分解（STOY et al，2006）。得到如下的多元泰勒展开式：

$$\delta ET=\left(\frac{\partial ET}{\partial Rn}dRn+\frac{\partial ET}{\partial VPD}dVPD+\frac{\partial ET}{\partial Ta}dTa+\frac{\partial ET}{\partial LAI}dLAI+\frac{\partial ET}{\partial gs}dgs\right)+\frac{1}{2!}\frac{\partial^2 ET}{\partial^2 Rn}(dRn)^2+\cdots \tag{4-5}$$

其中，δET 为各年份与基准年之间的蒸散差，dx 为各驱动因子相较于基准年的差异，

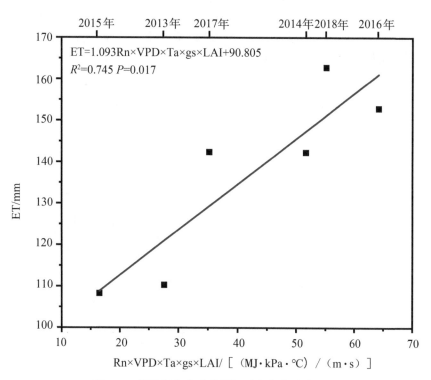

图 4-6　那曲气象和生物因子乘积与蒸散的拟合

$\dfrac{\partial ET}{\partial x}$ 为蒸散对各驱动因子扰动的敏感程度。忽略高阶项，将式（4-4）代入式（4-5）：

$$\frac{\delta ET}{\delta Rn}=1.093 VPD\times Ta\times LAI\times gs$$

$$\frac{\delta ET}{\delta VPD}=1.093 Rn\times Ta\times LAI\times gs$$

$$\frac{\delta ET}{\delta Ta}=1.093 Rn\times VPD\times LAI\times gs$$

$$\frac{\delta ET}{\delta LAI}=1.093 Rn\times VPD\times Ta\times gs$$

$$\frac{\delta ET}{\delta gs}=1.093 Rn\times VPD\times Ta\times LAI \qquad (4-6)$$

　　由于本书仅引入 gs 和 LAI 2 个生物因子，因此拆分后气象因子与生物因子的贡献量之和与实际蒸散变异量必定存在一定的偏差，但二者所反映的当年生长季的蒸散与基准年相比，变异趋势相同（图 4-7）。各年生长季的蒸散与基准年生长季蒸散的差异主要表现为：对于生长季干旱的年份（2013 年、2015 年），蒸散小于基准年，δET 分别为 -32.0 mm 和 -34.0 mm。δET 主要由生物因子控制，其中 gs 与 LAI 对 δET 的贡献较高，气象因子中 VPD 对 δET 的贡献较大，Rn 与 Ta 的贡献较小。对于生长季湿润的年份（2016 年、2018 年），蒸散量均高于基准年，δET 分别为 10.6 mm 和 20.5 mm。δET 主要由气象因子控制，2016 年气象因子的贡献量比 2018 年高 13.6 mm，但生物因子的贡献量略低于 2018 年，这 2 年气象因子对 δET 贡献量的差异主要是 VPD 贡献量的差异造成的。此外，生长季湿润年份的 Rn 与 Ta 的贡献量均高于生长季干旱的年份，而 gs 与 LAI 的贡献量均低于生长季干旱的年份。

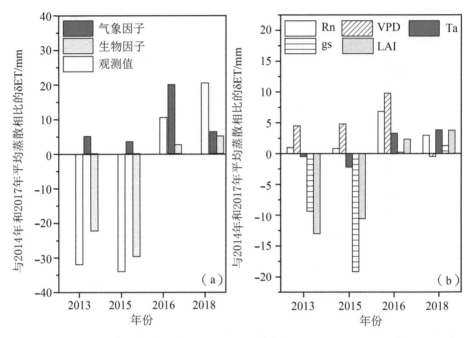

图 4-7　气象因子和生物因子对蒸散变异的贡献量

为进一步证明此拆分的结果，本书引入退耦系数 Ω。由图 4-8 可知，生长季干旱的 2013 年和 2015 年 Ω 较小，2015 年最小，值为 0.58。生长季湿润的 2016 年和 2018 年 Ω 较高，分别为 0.81 和 0.82，即在湿润年气象因子对蒸散的贡献较高。而对于生长季水分

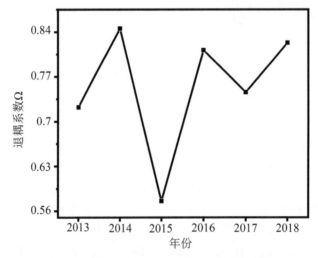

图 4-8　那曲生长季内的退耦系数的年际动态

正常的 2014 年，Ω 最高，值为 0.85。同为生长季水分正常的 2017 年，Ω 值为 0.75，介于生长季干旱年份和湿润年份的 Ω 值中间。

二、气象因子对藏北典型高寒草甸蒸散的控制作用

Rn 是蒸散的主要能量来源。在干旱年，光照条件充足，Rn 不是限制蒸散的根本原因，故其对 δET 的贡献较小（AN et al.，2019）。而在湿润年，水分供应充足，能量供应成为了限制因素（IDSO et al.，1975），所以 Rn 对 δET 的贡献更高。在湿润年，Ta 对 δET 的贡献也相对较高。对于极端干旱的 2015 年，生长旺季 Ta 反而较低，这可能是由于干旱季节云量较少，导致夜间大气逆辐射较弱，大气保温作用减弱，热量剧烈散失所致的（OLESEN and GRASSL，1985）。干旱和低温共同抑制了植被的生长，蒸散明显降低，因此在 2015 年 Ta 对 δET 表现出一定的负作用。湿润年 Ta 对 δET 的贡献有所增加。这是因为适当的高温会促进植被的光合作用和呼吸作用（GANJURJAV et al.，2016；HU et al.，2016），进而促进植被的生长发育，LAI 增加，gs 升高，植被的耗水量增大，蒸散增强（HAO et al.，2018）。在干旱年，VPD 作为影响 gs 的主要气象因子，其对 δET 的贡献也强于其他气象因子。当 VPD 逐渐增大时，蒸腾拉力增加，促使植被蒸腾增强，但当 VPD 持续增大时，植物气孔关闭，蒸散迅速下降。所以在干旱初期，VPD 对 δET 有一定的贡献作用，若持续干旱，VPD 对 δET 的贡献迅速减小。而在湿润年，若大气水分充足，一直无明显的干旱期出现（如 2018 年），VPD 对 δET 的贡献很小。因为充足的大气水分不会使植物气孔产生异常的开闭变化（OREN et al.，1999）。但同为湿润年的 2016 年，VPD 的贡献很大，这是因为 2016 年与 2018 年的降水季节模式有所不同，2016 年降水集中在 7 月，而 8 月的低湿和高温导致了较高的 VPD，空气的水分匮缺又使气孔导度出现先增大后降低的情况，使其对蒸散的调控作用明显增强。

三、生物因子对藏北典型高寒草甸蒸散的控制作用

在干旱年，δET 被生物因子主控，而在湿润年，生物因子对 δET 的控制作用较小。研究表明，LAI 受土壤水分影响较大（PATANÈ，2011）。在湿润年，水分供应充足，LAI 相对较大。gs 首先随着 LAI 的增加而增加，随后保持不变，即叶片的蒸腾作用存在一个饱和值（MEINZER and GRANTZ，1990）。所以，在水分较为充足的湿润季节，高寒草甸植被蒸腾较为稳定，导致蒸散变异的原因主要在于蒸发的变化。而蒸腾主要受生物因子调节，所以在湿润年生物因子对 δET 的控制作用较小。在干旱年，土壤与大气均处于干燥状态。首先，干旱导致了蒸腾量的改变。土壤水分的匮缺会使 LAI 降低（PATANÈ，2011），而 SWC 的减少与 VPD 的增大会共同调节 gs。gs 一般会与 LAI 的大小保持正相关的关系（MEINZER and GRANTZ，1990）。当 LAI 减小时，gs 也会大大减小，通过气孔散失的水分减少，蒸腾降低。同时由于在干旱时期，蒸腾主控蒸散（图 4-3），所以生物因子对 δET 的影响较大。而对于干旱时期土壤蒸发的情况，虽然其对 δET 的控制作用较小，但仍存在一定的变异性。图 4-2f 表明，干旱时期少量的 PPT 无法对 SWC 进行充分的补给，即对于高寒草甸生态系统中的裸地区域，即使干旱期间对蒸散起主控作用的 Rn 较强，却没有足够的水分提供给土壤蒸发，因而蒸发量较小（XU et al.，2023）。综上所述，

在干旱年，生物因子同时通过减小植被蒸腾与棵间土壤蒸发减少生长季蒸散，所以生物因子在干旱年对 δET 的控制作用较大。

四、干旱年与湿润年蒸散变异的主控因子差异

蒸散随着气象条件的变化在不同年份间存在一定的差异（ZHANG et al., 2001；郑涵等，2013）。干旱年与湿润年在温度、辐射、水分条件等方面均表现出较大差异，这不仅会造成植被的生理生态及生长发育等生物因子的改变（刘安花 等，2010），同时改变的生物因子也会影响群落的微气象条件与水分循环，进一步影响蒸散（XU et al., 2022a；YUAN et al., 2010；付刚和沈振西，2015）。

在干旱年，气象因子对 δET 的贡献量相对较小，生物因子对 δET 的贡献较大。而湿润年恰好与此相反，由气象因子主控 δET。气象因子中 VPD 对 δET 的贡献最大，生物因子中 gs 与 LAI 的贡献较大，这与 IGARASHI 等（2015）得出的结论一致。为进一步证明此结论，引入了退耦系数。由图 4-8 可知，干旱年的 Ω 值低于湿润年。越小的 Ω 说明生物因子的控制作用越强（STOY et al., 2006），即干旱程度更强的 2015 年，生物因子的控制作用最强，干旱相对较轻的 2013 年次之。而湿润的 2016 年、2018 年生长季，Ω 达到 0.8 以上，为气象因子主导。

干旱期间蒸散主要由蒸腾作用控制，而在湿润环境下，蒸散主要由蒸发作用控制（图 4-3），这与 ZHANG 等（2019）在该站点研究的结果一致。蒸腾与植被的 gs 和 LAI 等生物因子密切相关（MIYASHITA et al., 2005），而蒸发则主要由 Rn、Ta 等气象因子控制（LI et al., 2021a），这进一步解释了干旱年与湿润年蒸散变异主要来源不同的原因。

第五章 藏北典型高寒草甸
最适光合环境分析

第一节 生态系统最适光合环境

植被经长期进化，通常都能较好的适应其生长环境，并且趋向于以最高的利用效率利用其生存环境内的自然资源进行光合生产（CAMPBELL et al., 2017; KHALIFA et al., 2018）。因此，对于生长在不同生境的植被对生境内各个气象因子，理论上都应存在光合作用的最适值（SENDALL et al., 2015; SHAMSHIRI et al., 2018），即在该环境条件下，植被资源利用效率可实现最大化，以获取更高的 GPP（CHANG et al., 2020）。陆地植被GPP 是全球碳循环的重要组成部分，并因其碳汇功能，在全球变化进程中扮演着重要的角色（PIAO et al., 2013）。而气候变化则会使环境变量更接近或远离植被光合最适值，从而扰动陆地植被的固碳能力，影响其对气候变化的反馈作用（NIU et al., 2012; ZHANG et al., 2016）。因此，明确植被最适光合环境是准确预测未来气候变化对某一地区影响的重要前提。

在叶片尺度上，光合作用对温度的即时响应特征已经得到了广泛的研究，并且对其机理有了较为深刻的理解（LIU, 2020; ROGERS et al., 2017）。一般来说，叶片尺度上，光合作用对温度的响应呈钟形。即植物出现最大光合速率时，对应钟形曲线的顶点，该点对应的温度，即为该植物的光合最适温度（Optimum Air Temperature, Ta_{opt}）（BERRY and BJRKMAN, 1980; KATTGE and KNORR, 2007）。光合作用对 CO_2 的吸收主要受到低温条件下 Rubisco 酶最大羧化作用，和高温条件下最大电子传递速率的影响（ROGERS et al., 2017）。在叶片尺度上的研究比较深入，因为控制实验可以通过控制其他气象因子，只改变温度，来获取叶片光合对温度的响应特征（MEDLYN et al., 2002）。

然而在生态系统尺度上情况则要复杂得多（贺金生 等，2003）。在生态系统尺度上，很难将其他环境因子控制为常量，只改变温度开展研究。因而，在不同温度分组得到的光合速率不仅仅是受到温度变化的影响，还受到其他气象因子的影响（CHEN et al., 2022; HUANG et al., 2019）。在生态系统尺度，因为冠层的光合作用还会受到其他因素的影响，Rubisco 酶活性和电子传递速率的影响相对来说较叶片尺度弱（MED-LYN et al., 2002）。例如：温度升高会使饱和水汽压升高，然而水分条件的变化没有那么迅速，就会导致 VPD 的升高，从而影响冠层导度（WILLIAMS et al., 2013）。再举一个极端的例子：温度升高导致的水分胁迫甚至可能导致导管的空穴效应，破坏植物水分运输系统，进而抑制冠层光合作用（TYREE and DIXON, 1986）。因此，在生态系统尺度上，只研究 Ta_{opt} 是不够的，还应考虑其他气象因子的适宜性，考虑主要环境变量对生态系统的综合影响。

已有研究人员开展了大量关于 Ta_{opt} 的研究（CHANG et al.，2021；SENDALL et al.，2015；TAN et al.，2017），其中不乏研究指出 Ta_{opt} 与其他气象因子的相互作用和相互影响（DUURSMA et al.，2014；SHAMSHIRI et al.，2018），其中水分条件对 Ta_{opt} 的影响最受关注（HUANG et al.，2019；MA et al.，2017），尤其是在热量和辐射资源相对充足的干旱半干旱地区（CHEN et al.，2022；DIJKSTRA et al.，2011）。在这些地方水分匮乏，在改变 Ta_{opt} 的同时，也将导致最大光合能力（Maximum Photosynthetic Capacity，GPP_{max}）迅速下降（MU et al.，2007；ZHANG et al.，2022c）。而在一些多阴雨的湿润地区，辐射资源常成为生态系统光合速率的限制因子（ZHANG et al.，2018a）。可见不只是 Ta_{opt}，适宜的水分和辐射条件同样可能决定着生态系统能否达到其真正的 GPP_{max}（LIU et al.，2015；ZHANG et al.，2023b）。然而，目前关于其他重要环境因子，例如水分和辐射的最适值的研究却较为少见。

青藏高原高寒草甸生态系统对气候变化响应敏感，脆弱性强。气候变化背景下环境因子的改变将对其造成更显著的影响（GAO et al.，2016）。明确其最适光合环境是准确评估未来气候变化对其碳汇功能影响的必要前提和重要依据。然而需要注意的是，最适光合环境并非几个主要因子最适值的简单罗列，还要考虑各因子间的相互影响和相互作用（DUURSMA et al.，2014；SHAMSHIRI et al.，2018）。且这一最适环境应是观测期间该地区曾多次出现过的能真实发生的环境条件，否则仅仅一个理论值，没有实际参考意义。为此，本章以藏北高寒草甸生态系统为研究对象，利用原位观测的涡度相关数据，以 Ta_{opt} 为切入点，着重分析主要环境变量对 Ta_{opt} 和 GPP_{max} 的影响并明确现实环境条件下存在的最适光合环境，并确定各最适环境因子的值。

第二节　藏北高寒草甸光合作用的气象因子最适值分析

三基点温度，即植物生理活动的最低温度、最适温度、最高温度，刻画了植物对温度响应的普遍特征。那么，在最适温度下植被具有最强的光合能力（BERRY and BJRK-MAN，1980；ROGERS et al.，2017）。生态系统尺度上，陆地生态系统光合作用最适温度平均值大约为（23±6）℃（HUANG et al.，2019）。那曲高寒草甸生态系统的 Ta_{opt} 仅为 11.92 ℃（图 5-1a），明显低于这一全球平均值，但符合青藏高原地区的研究结果。前人研究表明，青藏高原高寒草地具有 12 种群落中最低的 Ta_{opt}，仅为（13±3）℃（HUANG et al.，2019）。这个最低值仍然高于那曲生长季日最高温度的平均值（11±2）℃，表明在气候变暖的背景下，高寒草甸生态系统仍然有提高生产力的潜力（LIU，2020）。这将进一步增强高寒生态系统的碳汇能力进而对气候变化进程产生负反馈（NIU et al.，2012）。

除了温度，其他主要环境变量也存在光合作用最适值，而这是以往其他研究很少涉猎的（SHAMSHIRI et al.，2018）。若其他因子，尤其是主要环境变量不适宜时将会直接影响 Ta_{opt} 和 GPP_{max}（SHAMSHIRI et al.，2018；WU et al.，2017）。因此，为了综合评价生态系统的最适光合环境，需要综合考虑主要环境变量的最适值（LIU，2020），尤其是在气候条件恶劣，自然气候资源相对匮乏的青藏高原（YANG et al.，2014；李林 等，2010）。

那曲高寒草甸生态系统不仅易受温度胁迫（PIAO et al.，2006），生长季内还常受水分胁迫（XU et al.，2021）。前期研究发现生长季内水分条件对 GPP 的控制作用甚至强于温度（FU et al.，2018；ZHANG et al.，2018b），因此必须考虑水分条件的适宜性。由图 5-1b 和 c 可见，该高寒草甸生态系统的最适 SWC（SWC_{opt}）和最适 VPD（VPD_{opt}）分别为 0.3 m^3/m^3 和 0.57 kPa。然而，该高寒生态系统中 SWC 很少能达到这一最适值，据 10 年观测结果统计可知 SWC 达到 0.3 m^3/m^3 的概率仅为 0.5 %。因此可近似认为该高寒生态系统中 SWC 越高越好，一般只要超过 0.23 m^3/m^3 就可以认为有充足的土壤水分供应。

青藏高原辐射资源充足，通常 Rn 不会成为限制因子（AN et al.，2019；范玉枝 等，2009）。尽管图 5-1d 中的拟合结果显示最适 Rn（Rn_{opt}）为 721.33 J/（$m^2 \cdot s$）。但从散点分布可以看出只要 Rn 大于 400 J/（$m^2 \cdot s$），该生态系统 GPP 升高不受限，可以认为辐射充足。不同于 Ta 和 VPD，当超过最适值则明显表现出对 GPP 的抑制作用。Rn 即使超过最适值，也未明显表现出对 GPP 的抑制作用。原因是高光强抑制多发生于正午或午后辐射最强的时段，但该高寒草甸生态系统午后 GPP 的持续低值，并非由于高光强抑制，而是低 SWC 抑制（ZHANG et al.，2018b）。

当这 4 个气象因子达到各自最适值时，所对应的 GPP_{max} 各不相同（图 5-1）。表明在生态系统尺度，GPP_{max} 将受到多种环境变量的综合调控（SHAMSHIRI et al.，2018；ZHANG et al.，2022c），只有其中一个达最适值，不足以使该生态系统 GPP 达到最大值（LIU，2020）。其中，在最适 SWC 下 GPP_{max} 可达 0.26 mg CO_2/（$m^2 \cdot s$），最高。而在最适 VPD 条件下的 GPP_{max} 最小，仅为 0.19 mg CO_2/（$m^2 \cdot s$）。可见虽然 2 个因子均可作为表征水分条件的指标，但表征土壤水分条件的 SWC 可表征土壤直接给植被供水的能力，适宜的土壤水分较适宜的大气水分更重要（LIU et al.，2020）。可见，当某一气象因子达最适值，未必该生态系统就一定能达到 GPP_{max}（MA et al.，2017），还要综合考虑其他气象因子的影响，从而确定最适光合环境。因此，我们分析了在各主要环境因子达到最适值（Ta_{opt}、SWC_{opt}、VPD_{opt}、Rn_{opt}）条件时，其他气象因子的情况（表 5-1）。在 Ta_{opt}、VPD_{opt}、Rn_{opt} 条件下，SWC 均不充足，故而 GPP_{max} 都较低，这也再次证明了 SWC 的重要性。且在 Ta_{opt}、Rn_{opt} 条件下 VPD 已达到该生态系统发生大气干旱的阈值 0.61 kPa（XU et al.，2021），说明这 2 种情况下，生态系统 GPP 可能受土壤和大气水分的双重制约。但是它们对应的 GPP_{max} 还要是高于 VPD_{opt} 条件下的 GPP_{max}。在 VPD_{opt} 条件下，GPP_{max} 最低的原因可能是除了 SWC 不足，热量或辐射资源也不足。而 GPP_{max} 多发生于正午，此时 Rn 通常高于 400 J/（$m^2 \cdot s$），因此辐射资源通常不受限制，所以这里很可能主要是热量资源的限制作用导致的。综上，Ta_{opt} 要比 VPD_{opt} 和 Rn_{opt} 更重要。虽然在 SWC_{opt} 条件下，VPD 适宜且辐射充足，且 GPP_{max} 最高（图 5-1），但也可能受热量条件制约而未达到潜在的最高值（NIU et al.，2012；PIAO et al.，2006）。因此，在该高寒生态系统中，除了 Ta_{opt}，也应给予 SWC 足够重视。

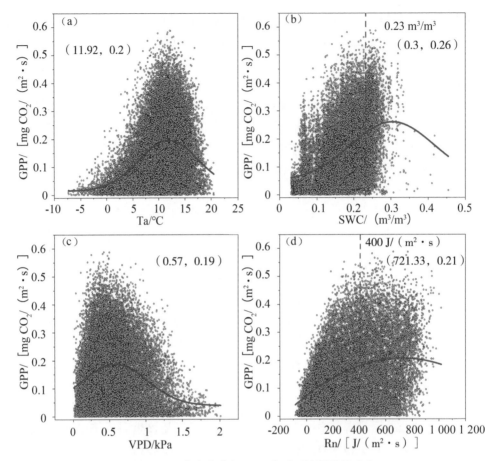

图 5-1　那曲高寒草甸 GPP 和对环境因子的响应

注：图中点为生长季白天半小时通量数据，曲线为高斯函数拟合线。拟合曲线的顶点坐标（xc、yc）分别表示最适气象因子的值和最大光合能力（GPP$_{max}$）。

表 5-1　某一环境变量达到其最适值时对应的相应环境变量的平均值

最适环境因子的取值	对应的其他因子的值			
	Ta/ ℃	SWC/ （m³/m³）	VPD/ kPa	Rn/ [J/（m²·s）]
Ta$_{opt}$ 11.92（11.801~12.039）℃	—	0.18±0.06	0.61±0.17	395.82±268.06
SWC$_{opt}$ 0.3（0.297~0.303）m³/m³	10.37±2.58	—	0.43±0.19	481.05±243.8
VPD$_{opt}$ 0.57（0.564~0.576）kPa	11.00±2.56	0.18±0.05	—	372.82±236.9
Rn$_{opt}$ 721.33（714.117~728.543）J/（m²·s）	12.41±2.88	0.18±0.05	0.73±0.26	—

注：最适环境因子列每项括号内为最适值±1%最适值，基于该区间计算该最适值发生时其他环境变量的平均状态。

第三节　不同气候年型环境因子对最适光合温度和最大光合能力的影响分析

如图 5-2 所示，在不同年份，Ta_{opt} 和 GPP_{max} 各不相同。且一般 Ta_{opt} 更高的年份，表明该年生态系统对热量资源需求更多，相应地可被植被转化利用的量也更大（ALEMOHAM-MAD et al.，2017；HUANG et al.，2019），GPP_{max} 也更高（图 5-2k）。而水分条件在其中起到了重要的调节作用（LIU，2020）。在水分条件优越的 2014 年、2018 年、2020 年、2021 年，Ta_{opt} 和 GPP_{max} 均较高。2016 年降水也充沛，也有较高的 Ta_{opt}，但由于 8 月 19 日至 9 月 1 日发生干旱，使得 GPP_{max} 没达到较高的值。而在异常干旱的 2015 年，生态系统几乎全年受水分胁迫。在水分严重匮缺情况下，较好的热量条件反而成了加剧干旱的助力（VON BUTTLAR et al.，2018；XU et al.，2021），水热条件的严重不匹配导致热量资源无法被有效利用（ZHU et al.，2021），且极大地影响了植被对温度的适应性（HUANG

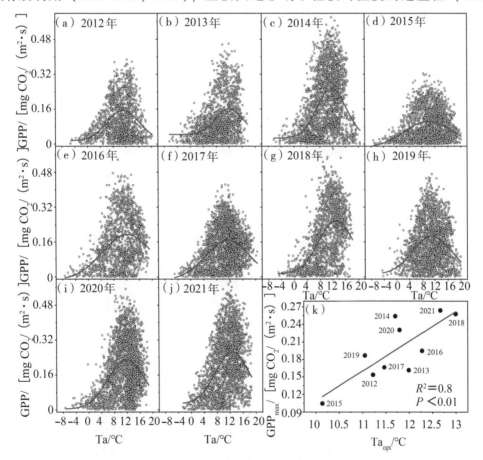

图 5-2　各年那曲高寒草甸 GPP 与 Ta 的关系以及 GPP_{max} 与 Ta_{opt} 的关系

注：图 a~j 中点为生长季白天半小时通量数据，曲线为高斯函数拟合线。

拟合曲线的顶点坐标（xc、yc）分别表示最适温度（Ta_{opt}）和最大光合能力（GPP_{max}）。

et al.，2019），使得 Ta_{opt} 明显下降，仅为 10.14 ℃，相应的 GPP_{max} 也只有 0.1 mg CO_2/($m^2 \cdot s$)。

为明确水分条件的调控作用，分析了每年的 Ta_{opt} 和 GPP_{max} 与相应年份环境变量的关系（图 5-3）。结果表明，Ta_{opt} 和 GPP_{max} 随着降水量的增加线性升高，随着 VPD 的升高线性降低。降水量越高的年份和 VPD 越低的年份，Ta_{opt} 和 GPP_{max} 越大。尽管 Ta_{opt} 与 SWC 关系不显著，但 GPP_{max} 随着土壤含水量的升高线性升高。而 Ta 和 Rn 对 Ta_{opt} 和 GPP_{max} 的影响都不显著。因此，可以确定在湿润年通常有更高的 Ta_{opt} 和 GPP_{max}，而在干旱年通常有更低的 Ta_{opt} 和 GPP_{max}。这与前人在空间尺度上的研究结果一致（HUANG et al.，2019；Liu，2020）。

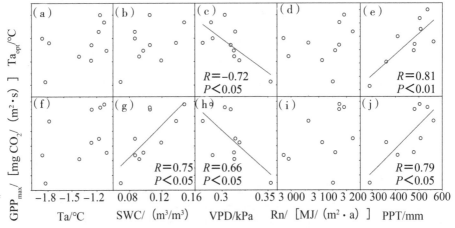

图 5-3　年尺度上最适温度和最大光合能力对环境因子的响应
注：2012 年由于仪器问题降水数据缺失。

第四节　土壤含水量对最适光合温度和最大光合能力的主导作用

在表征生态系统水分供给方面，土壤含水量数据相较于降水量数据有更好的连续性。相比于 VPD，土壤含水量可直接为植被提供水分，影响植被生长（LIU et al.，2020）。前文分析已证明那曲高寒草甸在 SWC_{opt} 条件下比在 VPD_{opt} 条件更容易达到更高的 GPP_{max}，表明 SWC_{opt} 比 VPD_{opt} 更为重要（STOCKER et al.，2018）。因此，本节用 SWC 表征可利用水分的多少。在不同 SWC 条件下，Ta_{opt} 和 GPP_{max} 同时发生变化（图 5-4）。尽管 Ta_{opt} 在年尺度上与土壤含水量没有显著相关关系，Ta_{opt} 和 GPP_{max} 整体表现为随 SWC 升高均显著增加。其中 GPP_{max} 随着土壤含水量分级的升高明显表现出依次递增趋势，表明生长季内好的 SWC 将可能直接导致生态系统更强的碳汇能力。在不同的土壤水分条件下，通常高的 Ta_{opt} 也伴随着高的 GPP_{max}，这与年尺度上的结果相吻合。

当 SWC<0.11 m^3/m^3 时，该高寒草甸生态系统发生土壤干旱（XU et al.，2021）。此时达到 Ta_{opt} 时，VPD 均较高且高于 0.61 kPa 这一大气干旱阈值（表 5-2）。这种条件下生

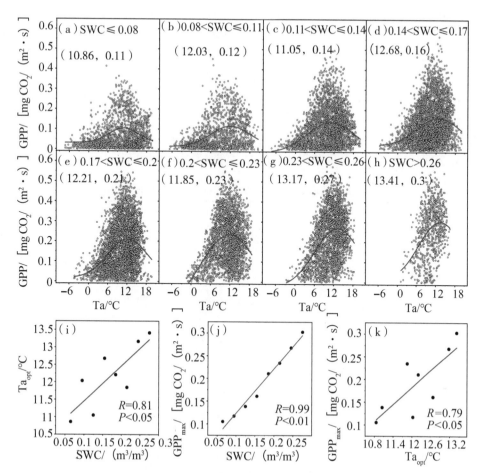

图 5-4 不同 SWC 条件下 GPP 对 Ta 的响应及 Ta$_{opt}$ 与 SWC、GPP$_{max}$ 与 SWC 和 Ta$_{opt}$ 的关系

注：a~h 为曲线基于生长季白天半小时数据根据高斯公式拟合，拟合曲线的顶点坐标（xc、yc）分别表示最适温度（Ta$_{opt}$）和最大光合能力（GPP$_{max}$）；i~j：Ta$_{opt}$ 和 GPP$_{max}$ 对 SWC 的响应；k 为不同土壤含水量条件下 GPP$_{max}$ 和 Ta$_{opt}$ 的关系。

态系统受土壤干旱和大气干旱双重胁迫，GPP$_{max}$ 很低。随着 SWC 的升高，达到 Ta$_{opt}$ 时的 VPD 有下降趋势。当 $0.17 < SWC \leqslant 0.2$ m^3/m^3 时，水分条件的限制作用基本解除，Ta$_{opt}$ 下的 VPD 已接近 VPD$_{opt}$，GPP$_{max}$ 有了明显的升高。但此时辐射资源的不足还是在一定程度上抑制了 GPP$_{max}$。随着 SWC 升高 Ta$_{opt}$ 也进一步升高，而温度也成为一个潜在的导致干旱胁迫的因子（WILLIAMS et al.，2013），也使得该条件下 VPD 又升高，但这并未影响 GPP$_{max}$ 的继续升高。再次证明了充分 SWC 供给的重要性，表明充足的 SWC 提高了该高寒草甸生态系统对热量资源的利用上限（HUANG et al.，2019；MEDLYN et al.，2002），是生态系统能最大化利用热量资源的重要保障（CHEN et al.，2022；LIU，2020）。在现实条件下，当 SWC > 0.26 m^3/m^3 时，GPP$_{max}$ 达最大值 0.3 mg CO$_2$/（m$^2 \cdot$ s）（图 5-4h）。此时，Ta$_{opt}$ 为 13.41 ℃，高于我们图 5-1a 中分析的 11.92 ℃，保证了植被有充足的热量资源。这也证实了上文中的假设，在 SWC 供应充足的前提下，更多的热量资源供应利于该高寒生态系统达到更大的 GPP_{max}。此时，Rn 也超过了 400 $J/(m^2 \cdot s)$，保障了生态系统有充足的可利用的光能资源（图 5-1d）。尽管 VPD 为 0.61 kPa 刚好达到大气干旱阈值，但由于此时 SWC 供应充足，能够满足蒸腾需水，植被不需要关闭气孔来防止生理干旱的发生（STOCKER et al., 2018），这样适当高的 VPD 不但不会限制 CO_2 吸收（FU et al., 2022；SULMAN et al., 2016），反而加速了生态系统的碳水循环（CHEN et al., 2021；DUURSMA et al., 2014），使 GPP_{max} 达最大。基于以上研究结果，可认为未来在青藏高原上，气候变化背景下的气温的升高同时可能伴随着 VPD 的升高（DING et al., 2018），但只要 SWC 充足，就可能提高高寒草甸生产力，增强其碳汇能力。

表 5-2　不同土壤水分条件下达到最适温度时对应的其他相应的气象因子平均值

SWC 分级/ (m^3/m^3)	Ta_{opt}/ ℃	SWC/ (m^3/m^3)	VPD/ kPa	Rn/ [$J/(m^2 \cdot s)$]
SWC≤0.08	10.86 (10.751~10.969)	0.06±0.01	0.71±0.28	320.08±226.12
0.08<SWC≤0.11	12.03 (11.910~12.150)	0.10±0.01	0.70±0.19	404.75±219.94
0.11<SWC≤0.14	11.05 (10.940~11.161)	0.13±0.01	0.62±0.18	408.92±259.27
0.14<SWC≤0.17	12.68 (12.553~12.807)	0.15±0.01	0.70±0.17	414.98±255.72
0.17<SWC≤0.20	12.21 (12.088~12.332)	0.19±0.01	0.58±0.13	353.87±278.32
0.20<SWC≤0.23	11.85 (11.732~11.969)	0.22±0.01	0.62±0.18	426.95±267.55
0.23<SWC≤0.26	13.17 (13.038~13.302)	0.24±0.01	0.69±0.15	465.25±272.76
SWC>0.26	13.41 (13.276~13.544)	0.28±0.02	0.61±0.07	411.53±276.06

　　注：Ta_{opt} 列下边每项括号内为最适温度±1 %最适温度，基于该区间计算在该 SWC 范围内达到最适温度时其他环境变量的平均状态。

第五节　藏北高寒草甸的现实最适光合环境

　　高寒草甸生态系统的 Ta_{opt} 为 11.92 ℃，SWC_{opt} 为 0.3 m^3/m^3，VPD_{opt} 为 0.57 kPa，Rn_{opt} 为 721.33 $J/(m^2 \cdot s)$。然而在实际情况下，4 种最适条件未必能同时出现。通常是一个环境变量达最适值时，其他环境变量未必是适宜的情况，这就导致了在上述 4 种情况下 GPP_{max} 各不相同，且都未必是该生态系统所能达到的最大 GPP_{max}。本章以 Ta_{opt} 为切入点，发现随着 SWC 的升高，Ta_{opt} 和 GPP_{max} 都升高。当 SWC>0.26 m^3/m^3 时，Ta_{opt} 提升至 13.41 ℃，GPP_{max} 达最大值 0.3 mg $CO_2/(m^2 \cdot s)$，高于上述 4 种情况下的 GPP_{max}。此时

Rn 为 411.53 J/($m^2 \cdot s$)，可满足高寒草甸生态系统对辐射资源的最低需要。VPD 为 0.61 kPa，刚好达到大气干旱阈值，提供了适宜范围内最大的蒸腾拉力。SWC 为 0.28 m^3/m^3，可满足强蒸腾需水，从而使 GPP$_{max}$ 达到最大值。综上，该高寒草甸生态系统在现实条件下表所能达到的最适光合环境为：SWC：0.28 m^3/m^3；Ta：13.41 ℃；VPD：0.61 kPa；Rn：411.53 J/($m^2 \cdot s$)。其中，SWC 是高寒草甸生态系统能否达到最大 GPP$_{max}$ 的关键。在保证 SWC 供应充足的情况下，适当高的温度和 VPD 可提高高寒草甸生态系统的碳汇能力（ZHANG et al.，2023c）。

第六章　干旱改变高寒草甸碳水交换过程

青藏高原被称为"亚洲水塔"，具有极其重要的生态战略地位。广泛分布于青藏高原的高寒草甸生态系统对于维持青藏高原的生态稳定性具有重要意义。同时，由于该生态系统敏感脆弱，以该生态系统为研究对象开展研究，对全球变化研究具有指示意义。干旱是气候变化背景下青藏高原所面临的主要极端气候事件之一，且水分条件是制约高寒草甸生态系统生产力的主要因素。因此，干旱很可能是影响高寒草甸生态系统碳水交换过程的重要气候事件。在青藏高原开展干旱对生态系统稳定性影响的研究，对于保护青藏高原生态屏障功能和应对全球气候变化具有重要意义。

第一节　干旱事件的识别

研究水分条件对生态系统的影响，主要需要关注干旱事件的影响。因此，如何准确识别干旱事件是开展研究的重要前提（SPINONI et al., 2019）。在气象学领域的定义中，环境因素引起的干旱可以分为土壤干旱和大气干旱。土壤中的水分是植物蒸腾、土壤蒸发的水分来源，影响着生态系统的物质能量循环（HEATHMAN et al., 2012；MA et al., 2019；SHEFFIELD et al., 2012）。因而，土壤含水量（Soil Water Content, SWC）常作为判定干旱是否发生的重要指标（BEIER et al., 2012；VANDERLINDEN et al., 2012）。然而，大气干旱对生态系统的影响亦不容小觑（NOVICK et al., 2016）。气候变化背景下，青藏高原发生大气干旱的频率显著增加，对高寒草甸生长的抑制作用愈发明显（DING et al., 2018）。

一、阈值法识别干旱事件

为了确定水分限制的阈值，著者基于 2012—2018 年的数据，研究了 GPP 与 SWC 和 VPD 的关系（图 6-1）。研究发现，当 SWC 高于 0.11 m^3/m^3 时，GPP 不受水分限制，可以到达较高的值，当 SWC 低于 0.11 m^3/m^3 时，GPP 均处于低值区。这说明 SWC = 0.11 m^3/m^3 为土壤水分限制 GPP 增长的阈值。与之相似的，当 VPD 高于 0.61 kPa 时，GPP 的增长也受到了制约。因此，当 SWC<0.11 m^3/m^3 时，可认为发生了土壤干旱；当 VPD>0.61 kPa 时，认为发生了大气干旱（图 6-1 中的灰色部分）。而在图中白色区域，生态系统没有受到水分胁迫，GPP 达到较高的水平。白色区域的 GPP 低值，可能是受到温度，或者其他因子的影响（HU et al., 2016；LI et al., 2013）。

根据 SWC 和 VPD 确定的阈值而判定的干旱事件与在实地观测到的情况一致。前期研究结果表明，当降水量的 30 d 滑动平均小于 3 mm 即认为发生干旱（ZHANG et al., 2019）。通过在野外对植被的观测，也证实了这些结果。同时观测结果也表明，干旱会严

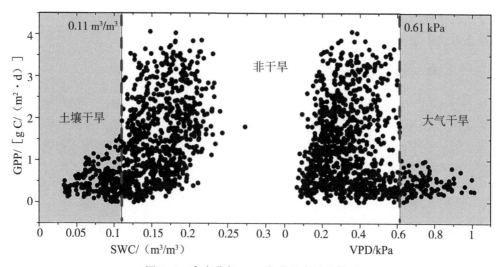

图 6-1 高寒草甸 GPP 与水分条件的关系

注：左半边为 GPP 与土壤含水量（SWC）的关系；右半边为 GPP 与饱和水汽压差（VPD）的关系。

重影响植被生长。

该高寒草甸生态系统中干旱发生频率较高（图 6-2）。根据上述研究确定的干旱阈值，非干旱天数占总天数的 68.5 %。发生土壤干旱但不发生大气干旱的频率为 20.4 %，

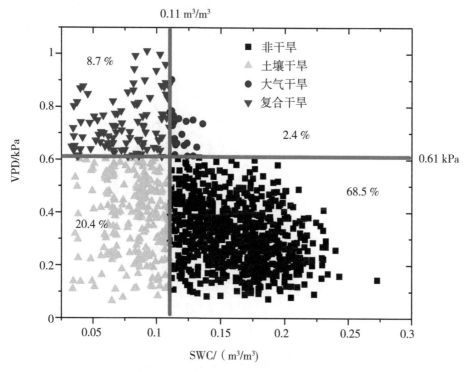

图 6-2 土壤含水量（SWC）与饱和水汽压差（VPD）的分布

土壤干旱伴随大气干旱（复合干旱）发生的频率为 8.7 %。单是发生大气干旱但不发生土壤干旱的情况所占的比例最小，仅为 2.4 %。由此可见，较为典型的土壤干旱在该高寒草甸生态系统中发生的频率最高。

二、土壤水分指数法识别干旱事件

在干旱过程中土壤干旱对植被产生最直接的影响（LI et al.，2013），是评估干旱的关键指标之一（FANG et al.，2021）。基于原位观测数据，可直接利用土壤含水量判断干旱的发生（MA et al.，2019）。为此，构建每日的相对土壤含水量（Relative Extractable Soil Water Content，REW），计算公式为：

$$REW = \frac{SWC - SWC_{min}}{SWC_{max} - SWC_{min}} \tag{6-1}$$

其中 SWC_{max} 和 SWC_{min} 分别是每年 5 cm 土壤深度处最大和最小土壤含水量。前人研究认为，当 REW 小于 0.4 时即为生态系统受到水分胁迫（GRANIER et al.，1999）。根据美国气象学会（American Meteorological Society，1997）对长期干旱和短期干旱的定义，并结合那曲站的实际观测情况，定义长期干旱为 REW<0.4 的持续天数超过 25 d，短期干旱为 REW<0.4 的持续天数大于 15 d 且小于 25 d。

为了确认 0.4 这一临界值是否适用于那曲高寒草甸生态系统，分析了 2013—2018 年生长季 GPP 和 REW 之间的关系，如图 6-3 所示。可见，当 REW 高于 0.4 时，GPP 可达到较高值，GPP 广泛分布在高值区与低值区，即 GPP 的高低不受土壤水分的限制；而当 REW 低于 0.4 时，GPP 只保持较低值，明显受到土壤水分的限制。这一结果表明 REW<0.4 这一阈值仍然适用于该生态系统。因此，在这个高寒草甸生态系统中，将 REW<0.4 的时期定义为干旱期（图 6-3 中的白色区域）。

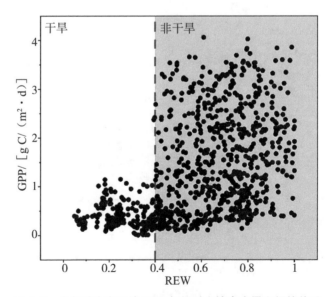

图 6-3　生长季生态系统 GPP 与相对土壤含水量之间的关系

REW 的变化特征可以直观地表现土壤含水量的季节变化。受降水影响，土壤含水量也表现出一定的季节变化。一般地，土壤含水量在春季和冬季较低，春末夏初开始增多，生长季盛期土壤含水量较高，夏末秋初开始降低（图6-4）。根据生长季内土壤含水量保持连续低值（即 REW<0.4 的连续时间）的日数，判定长期干旱与短期干旱。如图6-4所示，其中深灰色带表示长期干旱（生长季内 REW<0.4 的持续天数超过 25 d），浅灰色带表示短期干旱（生长季内 REW<0.4 的持续天数大于 15 d 且小于 25 d）。2014 年没有发生干旱，为湿润年。长期干旱主要发生在 2015 年生长盛季（DOY：197—225）、2016 年生长季初（DOY：121—150）、2017 年生长盛季（DOY：198—223）以及 2018 年生长季初（DOY：129—164）。短期干旱主要发生在 2013 年生长季初和生长盛季（DOY：163—180、DOY：219—240）以及 2015 年生长季末（DOY：266—280）。

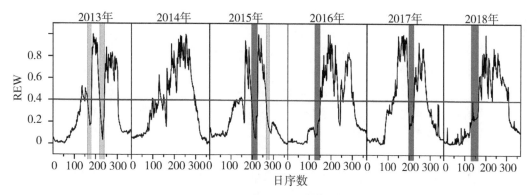

图6-4　相对土壤含水量的季节变化

注：深灰色带表示长期干旱（生长季内 REW<0.4 的持续天数超过 25 d），
浅灰色带表示短期干旱（生长季内 REW<0.4 的持续天数大于 15 d 且小于 25 d）。

三、Fisher 判别法识别干旱事件

"土壤干旱还是大气干旱对植被生长的限制作用更强？"是全球变化研究领域争论的热点话题之一。有学者认为土壤干旱直接限制植被生长（LIU et al.，2020），也有学者认为大气干旱对植被的抑制作用更强（YUAN et al.，2019）。Fisher 判别分析法则能有效地综合考虑土壤水分条件和大气水分条件，从而更准确地识别干旱的开始和结束时间。

（一）构建判别方程

Fisher 判别法是常用的判别方法中的一种，其基本原理是构建一个由 p 个变量（本研究中设 2 个变量，分别为 SWC 和 VPD）组成的线性函数 y_c。由于不同的变量对应不同的函数值，就可以得到一个合适的 y_c 值作为判据，将不同的对象分辨开（潘劲松，2013）。

为构建高寒草甸生态系统干旱判别指标，本书以 SWC 和 VPD 作为判别因子。选取于 5 cm 深度处观测的 SWC 表征土壤水分条件，通过观测的空气温度和相对湿度计算 VPD 表征空气水分条件：

$$VPD = 0.611 \times e^{\frac{17.27 \times Ta}{Ta+237.3}} \times \left(1 - \frac{RH}{100}\right) \tag{6-2}$$

式中，VPD 为饱和水汽压差（kPa），Ta 为空气温度（℃），RH 为相对湿度（%）。

选择有干旱发生的典型年份，以干旱过程中期的 SWC 和 VPD 构建干旱期样本序列，以保证此时的 SWC 和 VPD 能充分表征干旱特征，同时选取雨水充沛季节的 SWC 和 VPD 构建非干旱期样本序列，至此完成训练样本的构建。

利用得到的训练样本序列计算各类样本的均值 m_i：

$$m_i = \frac{1}{n} \sum_{x \in w_i} X, \ i = 1, \ 2 \tag{6-3}$$

式中，n 为 w_i 类样本的个数，X 为训练样本序列。

计算样本类内离散度矩阵 S_i，总类内离散度矩阵 S_w 和类间离散度矩阵 S_b：

$$S_i = \sum_{x \in w_i} (X - m_i), \quad i = 1, \ 2 \tag{6-4}$$

$$S_w = S_1 + S_2 \tag{6-5}$$

$$S_b = (m_1 - m_2)(m_1 - m_2)^T \tag{6-6}$$

计算最佳投影向量 w^*：

$$w^* = S_w^{-1}(m_1 - m_2) \tag{6-7}$$

此时样本在该投影空间投影后类间方差与类内方差的比值最大，由此得到干旱期样本和非干旱期样本临界线的初始形式：

$$y_c = c_1 x_1 + c_2 x_2 \tag{6-8}$$

式中，c_1 和 c_2 为判别系数，x_1 为土壤含水量，x_2 为饱和水汽压差，y_c 为判据。

鉴于干旱期样本序列与非干旱期样本序列样本容量相同，可以得到判据 y_c 为：

$$y_c = \frac{(c_1 \overline{x_{1D}} + c_2 \overline{x_{2D}} + c_1 \overline{x_{1N}} + c_2 \overline{x_{2N}})}{2} \tag{6-9}$$

式中，$\overline{x_{1D}}$ 为干旱期样本中土壤含水量的平均值，$\overline{x_{2D}}$ 为干旱期样本中饱和水汽压差的平均值，$\overline{x_{1N}}$ 为非干旱期样本中土壤含水量的平均值，$\overline{x_{2N}}$ 为非干旱期样本中饱和水汽压差的平均值。

整合式（6-8）和式（6-9），获得干旱期与非干旱期样本临界线的一般形式，以此作为高寒草甸生态系统干旱的判别指标：

$$y = \frac{c_1 x_1}{y_c} + \frac{c_2 x_2}{y_c} \tag{6-10}$$

基于式（6-10）对待判别的气象数据（SWC 和 VPD 数据对）进行分类：$y = 1$ 为干旱临界值；当 $y > 1$ 时，样本重心位于临界线上方，生态系统受水分胁迫，若持续 10 d 以上，则判定为发生干旱；当 $y < 1$ 时，样本重心位于临界线下方，生态系统不受水分胁迫（ZHANG et al., 2022a）。

（二）参照样本序列的构建与临界线的计算

为综合考虑土壤干旱和大气干旱，可将 SWC 和 VPD 作为干旱致灾因子。土壤含水量的动态变化用于表征土壤水分变化情况，饱和水汽压差的动态变化用于表征大气水分变化情况，干旱干扰下 GPP 的动态变化用于表征生态系统的受灾情况。高寒草甸生态系统

GPP 在生长季受水分调控明显（ZHANG et al.，2018b）。当水分匮缺时，植被生长所需水分不足，GPP 呈下降趋势，则判定高寒草甸生态系统在该时期内受干旱胁迫影响（XU et al.，2021）。依据 2012—2020 年高寒草甸生态系统气象因子及碳通量动态变化特征，选取有干旱发生的典型年份，以干旱过程中期的土壤含水量和饱和水汽压差构建干旱样本序列，以保证此时的 SWC 和 VPD 能充分表征干旱特征，选取丰水年生长盛季的土壤含水量和饱和水汽压差构建非干旱样本序列，完成参照样本序列的构建。

综合高寒草甸生态系统 2012—2020 年降水、土壤含水量和饱和水汽压差数据可以看出，2015 年生长盛季受水分胁迫影响，GPP 呈明显的下降趋势。首次取样时，选取 2015 年极端干旱期间的气象因子序列作为干旱样本序列，结合非干旱样本序列计算判别函数，绘制临界线图像（图 6-5a）。依据临界线方程对 2012—2020 年待判别的气象数据进行判别分类，将判别得到的干旱序列作为新的干旱样本序列计算临界线方程，并逐次叠加其他年份样本（表 6-1）。当样本量 < 21 时，临界线斜率较小，交于 VPD 轴（图 6-5a 和 b），说明此时即使 SWC 为 0，只要 VPD 低，仍被判定为未发生干旱，显然这是不合理的。当样本量 > 21 时，临界线斜率增加，交于 SWC 轴（图 6-5c~f），表明此时只要 SWC 小于一定值，即可直接判定为发生干旱。随着样本量的增加，临界线方程的斜率，与 x 轴、y 轴的截距均逐渐趋于稳定（图 6-5 和表 6-1）。然而，由于观测年限有限，且需要观测期间有干旱发生，导致目前可筛选出的参照样本点仅 61 对（图 6-5f）。尚需积累更多年份的观测数据，获得更大的参照样本量，才能使判别线更稳定的趋近于一个恒定值。此外，处于不同气候条件下的不同生态系统对 SWC 和 VPD 的响应不同（FU et al.，2009；YU et al.，2013），参照样本的选择可能发生变化。因此，在应用 Fisher 判别法识别干旱时，应针对不同生态系统重新计算临界线方程，切不可照搬使用。

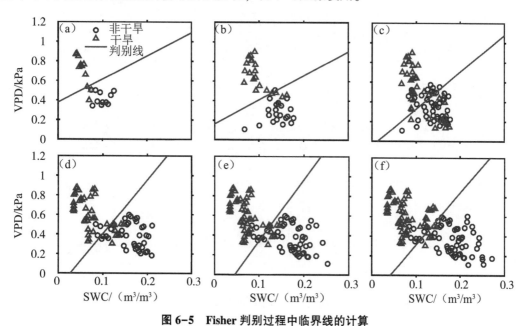

图 6-5 Fisher 判别过程中临界线的计算

著者选用以最多样本量计算的临界线方程（$y = 24.46\,\text{SWC} - 4.60\,\text{VPD}$），作为该高寒草甸生态系统干旱的判别依据（图 6-5f）。基于此临界线与坐标轴的交点，还可对极端水分情况做出预测：即使饱和水汽压差大于 1，只要土壤含水量足够高，也不一定发生干旱；但当土壤含水量小于 0.04 m/ m³ 时，即便 VPD 为 0 kPa，依旧判定为发生干旱。可见，土壤水分对干旱的发生起着决定性的作用（LUAN et al.，2016）。

表 6-1 基于不同样本量计算的临界线方程及其相关参数

序号	判别方程	斜率	x 轴截距	y 轴截距	样本量
（a）	$y = -6.28\ SWC + 2.64\ VPD$	2.38	-0.16	0.38	11
（b）	$y = -15.15\ SWC + 6.14\ VPD$	2.47	-0.07	0.16	21
（c）	$y = 80.38\ SWC - 21.40\ VPD$	3.76	0.01	-0.05	31
（d）	$y = 37.57\ SWC - 6.81\ VPD$	5.51	0.03	-0.15	41
（e）	$y = 22.09\ SWC - 3.54\ VPD$	6.24	0.05	-0.28	51
（f）	$y = 24.46\ SWC - 4.60\ VPD$	5.32	0.04	-0.22	61

（三）干旱起讫时间点的确定

因非生长季 SWC 始终维持在较低水平，Fisher 判别法极易高估干旱的发生。因此，仅用 Fisher 判别法对高寒草甸生长季的干旱进行识别。基于已得出的临界线方程，计算出图 6-6 中灰色区域为生长季内气象条件满足干旱判别标准的时段。然而，由于生态系统的内稳态机制（ODUM，1969），其对外部干扰具有抵抗力（HOOVER et al.，2014）。短时间内气象要素即便符合干旱条件，也未必成灾（HOOVER et al.，2014）。因此，基于前人的研究结果（MA et al.，2019；XU et al.，2021），结合本站点同步观测的 GPP 数据，

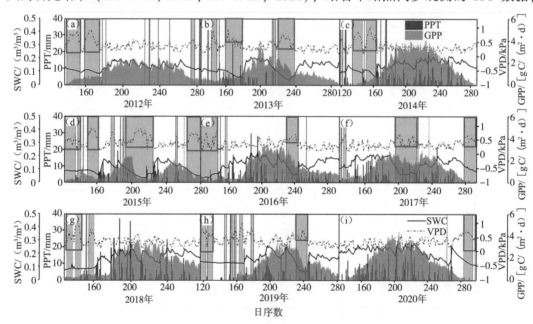

图 6-6 Fisher 判别法对高寒草甸生长季干旱的识别结果

注：灰色区域为初始判别式 $y > 1$ 的时段，

灰色框标记最终认定为发生干旱的时段。2012 年降水数据缺失。

通过 GPP 的下降趋势，以及当时现场的实际情况，对成灾条件进行综合判定。最终确定干旱条件持续 10 d 以上则认为是发生了 1 次干旱过程；2 次干旱过程间隔 2 d 以内，可认为是 1 次干旱过程，在图 6-6 中以灰色框标记。发生于生长季初的干旱，SWC 变化较小，此时通常是由高 VPD 导致的大气干旱，这与 Xu 等（2021）的研究结果一致。而当生长盛季发生干旱时，SWC 迅速下降，GPP 也随之迅速下降（图 6-6）。

（四）高寒草甸生态系统干旱判别结果分析

为进一步验证 Fisher 判别方法对干旱识别的准确性及合理性，将其与以往应用于该生态系统的阈值法（XU et al., 2021）和土壤水分指数法（ZHAO et al., 2022）的判别结果进行了对比分析（图 6-7）。XU 等（2021）根据实测数据确定土壤干旱和大气干旱发生

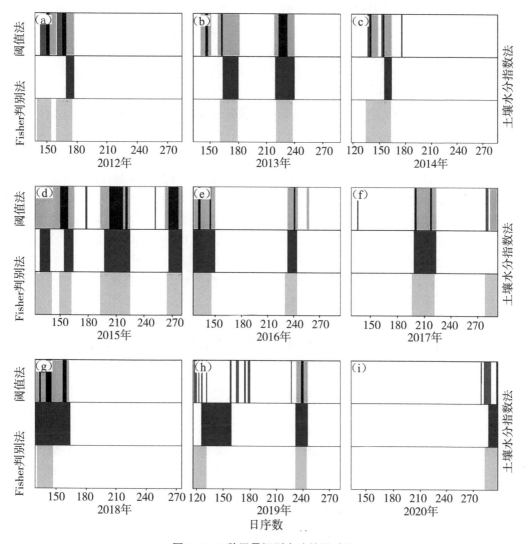

图 6-7　3 种干旱识别方法结果对比

注：阈值法中灰色由浅至深分别代表土壤干旱、大气干旱和复合干旱；

土壤水分指数法中用黑色阴影区域表示干旱发生；Fisher 判别法中用灰色区域表示干旱发生。

时 SWC 和 VPD 的临界阈值，基于此判断干旱的发生。阈值法与 Fisher 判别法得出的干旱区间整体上比较相似。但 Fisher 判别法得出的干旱区间较阈值法稍窄。这是因为干旱的发生，通常是从土壤或大气的单一干旱开始，结束时亦如此（XU et al., 2021）。比如 2020 年生长季末刚开始发生干旱时，VPD 虽然高，但 SWC 也高（图 6-7i），此时未必一定干旱（GRANIER et al., 2007），但只按 VPD 阈值则会判定成干旱，这是 Fisher 判别法同时动态考虑土壤和大气水分匮缺综合效应的优势体现。此外，在 2012 年和 2015 年的生长季初期（图 6-7a 和 d），阈值法认为是连续干旱的区间，Fisher 判别法则在中间有断开，原因是此时有连续发生的小降水事件，使旱情有所缓解（PARTON et al., 2012），表明 Fisher 判别法比阈值法对小降水事件更敏感。

土壤水分指数法同样对降水敏感（MA et al., 2019），但相比于其他 2 种方法，其对干旱的识别往往存在一定的滞后。这可能是因为该方法只考虑土壤水分匮缺，未考虑大气水分匮缺，从而导致对干旱的起始发生时间有所低估（DING et al., 2018）。因生态系统自身对外界干扰的抵抗力（HOOVER et al., 2014），导致 GPP 对干旱的响应存在一定滞后性（ZHANG et al., 2015a），这使得土壤水分指数法的识别结果与生态系统 GPP 的下降区间更加吻合。然而，因 SWC 在生长季初期较低且波动较小（图 6-6），此时期土壤水分指数法对干旱的识别准确性较其他 2 种方法偏低。

（五）小结

基于 9 年野外观测数据，成功将 Fisher 判别法应用于对高寒草甸生态系统干旱的识别。该方法基于 SWC 和 VPD 的动态数据，综合考虑了土壤水分匮缺和大气水分匮缺，从而更准确合理的识别干旱。著者以一定发生干旱和一定不发生干旱的时段作为参照样本，经计算确定的临界线方程为：$y = 24.46\ SWC - 4.60\ VPD$。再基于此临界线方程，准确诊断干旱的开始和结束时间。当 $y > 1$ 持续 10 d 以上，可认为发生 1 次干旱过程。2 次干旱过程间隔 2 d 以内，可认为是 1 次干旱过程。随着观测年限的增加，观测数据的积累，可进一步优化该临界线方程，使其更准确地识别干旱。

第二节　干旱对高寒草甸碳水通量的影响

一、干旱影响碳水通量的季节变化

GPP 与植物生长密切相关，随着植物生长或凋零而逐渐增加或减小。2013—2018 年日尺度上 GPP 的季节变化如图 6-8a 所示，各年日尺度 GPP 最大值分别是 3.73 g C/(m² · d)、4.06 g C/(m² · d)、2.47 g C/(m² · d)、3.58 g C/(m² · d)、2.95 g C/(m² · d)、3.66 g C/(m² · d)，2014 年最大，2015 年最小。2014 年日尺度 GPP 的分布大致呈单峰模式，而 2015 年和 2017 年呈多峰和双峰模式。日尺度 GPP 在干旱期间呈下降趋势，在 2013 年生长季初和 2015 年生长季末的短期干旱以及 2016 年和 2018 年生长季初的长期干旱中，GPP 略微降低；在 2013 年、2015 年和 2017 年生长盛季的长期干旱中，GPP 显著降低。生长盛季干旱比生长季初和生长季末干旱使 GPP 下降得更剧烈，长期干旱比短期干旱使 GPP 下降得更剧烈。GPP 只在生长季（5—10 月）有数值，在当地的风雪期和土壤冻结期 GPP 为 0。

月 GPP 在生长季初期（5—6 月）随着温度和辐射的升高开始升高，生长盛季（7—8月）达到峰值，生长季后期（9—10 月）开始下降（图 6-8c）。月 GPP 最大值变化范围是 43.61~98.54 g C/（m² · month），2014 年最大，2015 年最小。在 5 月，2015 年 GPP 最高，2014 年 GPP 最低；在 6 月，2017 年 GPP 最高，其次是 2014 年，最低的是 2016 年。由于 2014 年生长季初 GPP 的增长速率明显高于其他年份，所以 2014 年 7 月 GPP 远高于其他年份。7—8 月，2014 年、2016 年和 2018 年 GPP 较高且变化不大，2015 年 7 月 GPP 最小；2013 年、2015 年和 2017 年 7—8 月 GPP 显著降低且在 6 年中偏低。2015 年 8—9月 GPP 明显升高，而其他年份均呈降低趋势。在 10 月，GPP 在 2016 年偏高，其他各年差异不大。2014 年生长盛季总 GPP 数值是 2015 年生长盛季 GPP 数值的 3 倍。以上结果表明，生长盛季遭遇干旱将使 GPP 剧烈下降。2013 年、2016 年及 2018 年生长季初和2015 年生长季末遭遇干旱对 GPP 影响不大。

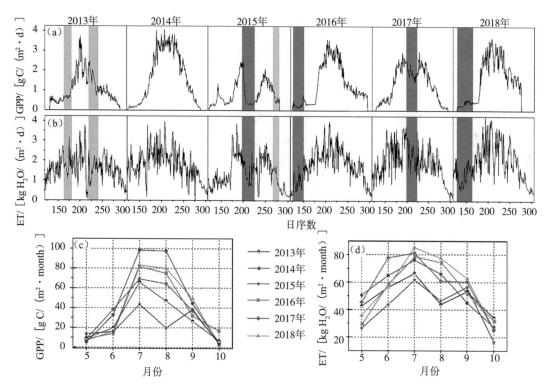

图 6-8　那曲高寒草甸生态系统 GPP 与 ET 的季节动态

注：a、b 为基于日尺度数据的季节变化图；c、d 为基于月总量数据的季节变化图。深灰色带表示长期干旱（生长季内 REW<0.4 的持续天数超过 25 d），浅灰色带表示短期干旱（生长季内REW<0.4 的持续天数大于 15 d 且小于 25 d）。

ET 在生长季内无明显变化规律，一般在生长盛季达到极大值（图 6-8b）。然而 2015年日 ET 在生长季初达到极大值，为 3.86 kg H₂O/（m² · d），生长盛季剧烈下降。2013—2018 年 ET 最大值分别是 3.76 kg H₂O/（m² · d）、3.95 kg H₂O/（m² · d）、

3.86 kg H₂O/（m²·d）、3.97 kg H₂O/（m²·d）、3.72 kg H₂O/（m²·d）、
$3.86 \ kg \ H_2O/(m^2 \cdot d)$、$3.97 \ kg \ H_2O/(m^2 \cdot d)$、$3.72 \ kg \ H_2O/(m^2 \cdot d)$、$4.18 \ kg \ H_2O/(m^2 \cdot d)$，2013 年、2015 年和 2017 年生长盛季 ET 较低，与此时降水量极少有关。在生长季初和生长季末干旱期间 ET 因降水量和生物量的减少而降低，降低幅度相比于生长盛季干旱偏小。

月尺度上 ET 最大值变化范围在 $61.73 \sim 85.33 \ kg \ H_2O/(m^2 \cdot month)$，2013 年最大，2015 年最小（图 6-8d）。在 5 月，2014 年 ET 最大，其次是 2017 年，而 2015 年的 ET 最小。5—7 月，由于 ET 的增长速率不同，2018 年 7 月 ET 均高于其他年份，其次是 2017 年、2016 年和 2014 年，2013 年和 2015 年 ET 较低。2013 年、2015 年和 2017 年在 7—8 月 ET 的下降速率明显高于其他 3 年，使其 8 月的 ET 也明显偏低；2013 年和 2015 年在 8—9 月 ET 呈升高趋势，因此 2013 年、2015 年和 2017 年 8 月 ET 均出现一个低谷。在 10 月，2013 年 ET 值最大，2015 年最低，其他年份差异不大。因此，生长盛季遭遇干旱将使 ET 剧烈下降，而生长季初和生长季末遭遇干旱使 ET 略微下降。

二、干旱影响碳水通量的年际变异

GPP、ET 的年际变化以及各年生长季长度如图 6-9 所示。GPP 在生长季受水分调控明显。2014 年降水充沛且雨热同期、生长季最长，长达 171 d。2018 年虽然生长季长度较短（GSL = 147 d），但年降水量最多（536.3 mm）。因此，年 GPP 的最大值出现在 2014 年，其次是 2018 年。2013 年和 2015 年生长季内均遭遇 2 段时期的干旱且均在生长盛季发生干旱，同时 2013 年和 2015 年生长季长度均低于平均值，因此，这 2 年 GPP 明显低于其他 4 年且远低于平均值，2015 年最少，仅有 $135.22 \ g \ C/(m^2 \cdot a)$。2016—2018 年 GPP 差异不大，均大于平均值。年总 ET 在 $303.8 \sim 426.69 \ kg \ H_2O/(m^2 \cdot a)$ 范围波动，2013 年、2015 年和 2016 年 ET 低于平均值。2015 年 ET 最小，为 $303.8 \ kg \ H_2O/(m^2 \cdot a)$；最大值出现在 2017 年，其次是 2014 年、2016 年。

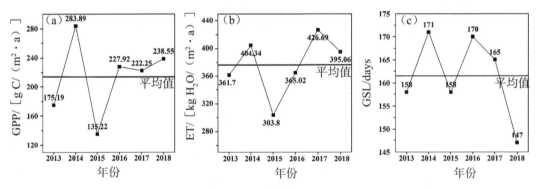

图 6-9 那曲高寒草甸生态系统 GPP、ET 和生长季长度的年际变化

三、干旱改变 GPP 对土壤温度的响应特征

图 6-10 展示了土壤温度和水分条件对 GPP 的影响。水分胁迫很大程度上影响了 Ts 和 GPP 之间的指数关系。在没有水分胁迫的情况下，GPP 随 Ts 的升高迅速增加，二者的

关系可用指数方程拟合（$P<0.01$）。然而，干旱却可以影响 GPP 对 Ts 的指数响应。在干旱胁迫下，由于水分匮乏，即使在温度较好的情况下，GPP 也保持在较低水平。复合干旱发生时，对 GPP 的抑制作用最强（SWC<0.11 m³/m³，VPD>0.61 kPa）。例如，在无水分胁迫的情况下，GPP 可在 12 ℃时增加到 4.1 g C/（m²·d）。复合干旱发生时，GPP 约为 0.5 g C/（m²·d）。土壤干旱对 GPP 的抑制弱于大气干旱或复合干旱。

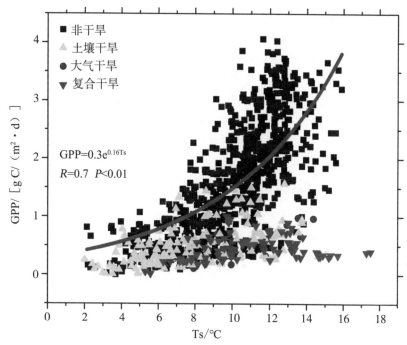

图 6-10　不同水分条件下 GPP 与土壤温度（Ts）的关系
注：拟合线表示非干旱条件下 GPP 与 Ts 的指数回归关系。

第三节　干旱对高寒草甸能量分配与生产力的影响

一、SWC 的滞后效应与 VPD 的即时效应

生态系统有时需要时间来响应气象因子的驱动，因而气象因子表现出了时滞效应（XU et al., 2014；ZHANG et al., 2015a）。滞后效应会影响气象因子对生态系统的控制作用（MARCOLLA et al., 2011）。为了深入研究是何原因导致大气干旱对 GPP 具有较强的影响，而土壤干旱的影响相对较弱，我们需要考虑水分条件对 GPP 影响的滞后效应。降水是主导水分条件变化的重要因子（CRAINE et al., 2012）。因此，著者也研究了 SWC 与 PPT、VPD 与 PPT 的关系。

SWC 与 GPP 之间的相关系数在滞后 1~6 d 时较大，滞后 1 d 时出现最大值（图 6-11）。因此，GPP 需要数天时间来响应 SWC 的变化，这可能与植被的水分利用特

征有关（GRANIER et al., 2007; HAO et al., 2008）。PPT 对 SWC 的影响具有时滞性，其时滞效应在滞后 1 d 时最为明显（图 6-11b），这可能与水的输送速率和土壤性质有关（BRASWELL et al., 1997; RAJKAI et al., 2004）。该高寒草甸表层有特殊的草毡层结构，其具有较好的保水效应，可能是导致这种滞后效应的原因（ZHANG et al., 2019）。然而，基于日尺度数据的研究，也有可能高估了时滞效应，这点在后文将会继续展开讨论。鉴于草毡层的保水效应，以及降水对 SWC 影响的这种滞后效应，当一段时间未出现降水时，可能不会马上发生土壤干旱。而是在数日后发生土壤干旱，而 GPP 的下降则发生在 SWC 开始下降之后的数日。2015 年日序数 186—217，SWC 下降，GPP 表现出了滞后的下降。相比之下，VPD 对 GPP 的影响没有任何滞后效应（图 6-11a），因为 VPD 对 PPT 的响应是即时的（图 6-11c）。这一发现与前期在西藏高寒草甸草原的研究结果一致（ZHANG et al., 2015a）。可见，大气干旱的影响是瞬时的，而土壤干旱的影响则相对持久。即时效应对 GPP 的影响强于持续效应的影响（CRAINE et al., 2012; RICHARDSON et al., 2007; SAGE and KUBIEN, 2007）。这种差异可能是导致土壤干旱对 GPP 的抑制作用弱于大气干旱对 GPP 的抑制作用的原因。

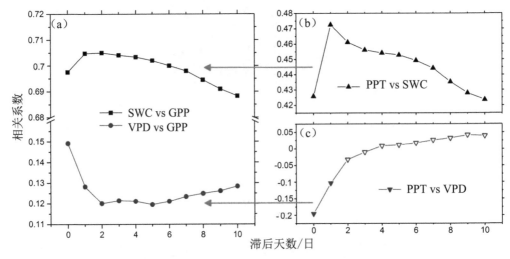

图 6-11 PPT 对 SWC 和 VPD、SWC 和 VPD 对 GPP 影响的滞后效应分析

注：实心符号表示相关性达极显著水平（$P<0.01$）。

二、土壤干旱和大气干旱对高寒草甸的影响

青藏高原藏北地区干旱频发（MA et al., 2017）。由图中可见大气干旱多发生在生长季的开始或结束时期。土壤干旱发生在生长季节的任何时间（图 6-12）。而复合干旱（同时发生大气和土壤干旱）不会在单独的时间段发生，而是发生在土壤或者大气干旱发生的时间段。在该高寒草甸生态系统中，干旱的发生一般有 2 种模式；第 1 种模式以大气干旱开始，接着是复合干旱，最后以土壤干旱结束；例如：发生在 2012 年日序数为 143—178 的干旱。第 2 种模式以土壤干旱开始和结束，复合干旱发生在中间的时间段；例如：发生在 2013 年干旱。

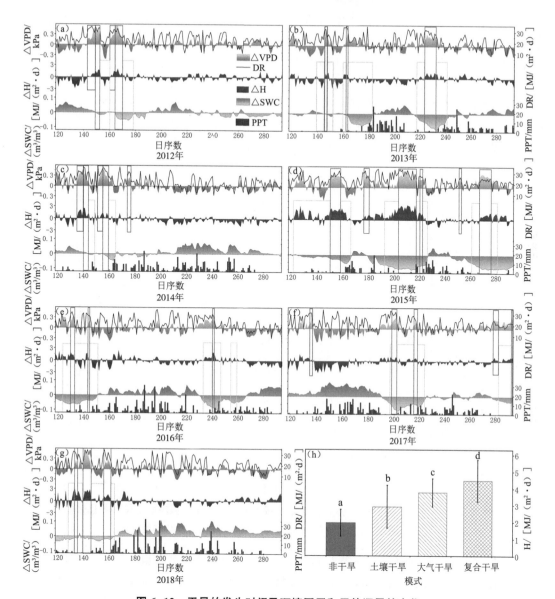

图6-12 干旱的发生时间及环境因子和显热通量的变化

注：a~g 为 2012—2018 年饱和水汽压差、土壤含水量、显热通量距平的变化（△VPD、
△SWC、△H）以及太阳辐射和降水量的变化；图中标记了 3 种类型干旱发生的时间；大气干旱
为框住 VPD 和 H 距平的上方方框；土壤干旱为框住 SWC 和 H 距平的下方方框；复合干旱为框住
VPD、H 和 SWC 的方框。黑线代表日太阳辐射（DR）（右 y 轴），柱形代表日降水量（PPT）（右
y 轴）。h 为非干旱和干旱条件下 H 的平均值。

　　干旱的发生时间可能会影响其对 GPP 的影响（BOTHE et al., 2011；CHEN et al.,
2020）。在那曲地区，春季干旱发生的最为频繁，其发生可能会推迟植被的返青
（BROWN et al., 2015；WANG et al., 2017）。著者 2015—2018 年，在试验站对物候进行
了观测。除 2017 年外，其余 3 年均发生了春旱，因此优势种（高山嵩草、钉柱委陵菜、

楔叶委陵菜）的返青期晚于 2017 年，如图 6-13 所示。由于返青期的推迟，生长季长度缩短，因此干旱会很大程度上影响 GPP 年总量（RICHARDSON et al., 2010; ZHANG et al., 2012）。而发生在生长季中期的土壤干旱，导致 GPP 的下降程度稍小。这一结果可能是由于旺季 GPP 较高，植被生长较为旺盛，因而对干旱的抗性较强（IVITS et al., 2016）。因此，虽然土壤干旱的发生虽然在一定程度抑制了高寒草甸的正常生长，但 GPP 受抑制的强度不似生长季初期那么强（GALVAGNO et al., 2013）。这可能是除了时间滞后效应以外，为什么土壤干旱对 GPP 的影响较小的原因。

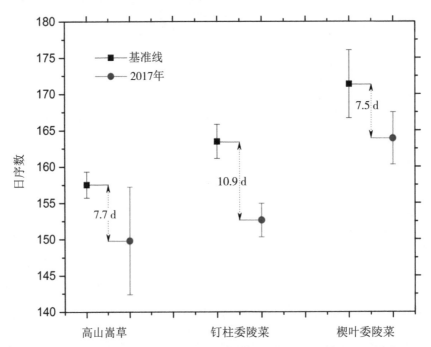

图 6-13　水分条件较好的年份（2017 年）那曲高寒草甸生态系统的优势种的返青期
注：使用 2015 年、2016 年和 2018 年的数据绘制基准线。

如上文所述，除抑制强度外，不同的干旱模式对年 GPP 总量也存在不同程度的影响（HUSSAIN et al., 2011; WAGG et al., 2017）。"大气干旱—复合干旱—土壤干旱"多发生在生长季初，且持续时间相对较短。因此，它们对 GPP 的抑制作用是有限的。而"土壤干旱—复合干旱—土壤干旱"可发生在生长季内的任意时间，并可能持续较长时间。因此，当它发生在旺季时，会使年总 GPP 降低程度较大。

三、显热通量的升高加剧了干旱对 GPP 的抑制作用

土壤干旱、大气干旱和复合干旱使显热通量（H）有所升高（图 6-12h）（GU et al., 2006）。土壤干旱条件下平均显热通量为 2.93 MJ/(m² · d)，大气干旱条件下平均显热通量为 3.76 MJ/(m² · d)，复合干旱条件下平均显热通量为 4.47 MJ/(m² · d)。干旱发生时太阳辐射（Downward Shortwave Radiation, DR）较高（YUE et al., 2013）。显热通量随 DR 增加而增加（图 6-14a）（SHANG et al., 2015）。因此，显热通量的增加是由辐射还

是由于干旱引起的，还需要进行进一步研究。为了阐明干旱对显热通量的影响，著者进一步研究了不同干旱条件下显热通量与辐射的关系（图 6-14b）。结果表明，3 种干旱条件下显热通量均随 DR 的增加迅速增加（$P<0.01$）。然而，在辐射较高的情况下，发生降水之后的显热通量也较低（图 6-12），也就是说，干旱有使显热通量增加的趋势。而能量平衡的变化，也会间接影响高寒草甸的生产力（SUN et al.，2019）。

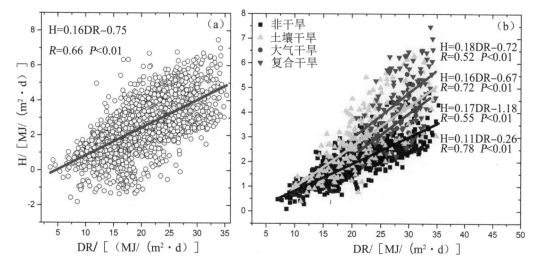

图 6-14　感热通量与太阳辐射的关系

注：a 为 2012—2018 年全年日感热通量（H）与太阳辐射（DR）的关系；
b 为非干旱和不同干旱条件下（土壤干旱、大气干旱和复合干旱）H 与 DR 的关系。

在非干旱条件下，拟合显热通量与辐射的关系（图 6-14b，$H=0.11DR-0.26$），根据该方程即可以根据辐射计算出相应辐射条件下对应的显热通量。因此，干旱导致的显热通量的增加量可以通过干旱时观测到的显热通量减去估算得到的显热通量来计算（图 6-15a）。土壤干旱使显热通量升高 0.79 MJ/（m²·d），大气干旱使显热通量升高 0.83 MJ/（m²·d）。它们分别占土壤干旱和大气干旱条件下显热通量的 27 % 和 22.1 %。这些结果表明，土壤干旱和大气干旱对显热通量的贡献相近，大气干旱条件下，显热通量的剧烈增加不仅是由于干旱引起的，很大程度上是由于辐射引起的（李娜 等，2015）。当复合干旱发生时，显热通量增加了 1.6 MJ/（m²·d），占显热通量的 35.8 %。可见，干旱使显热通量增加，对大气增温起到正反馈作用（图 6-15c），加剧了干旱（SUN et al.，2019），GPP 也因此降低。

根据非干旱条件下建立的 GPP 与土壤温度的拟合方程，可以根据土壤温度估算干旱条件下，假设未受干旱抑制的理论 GPP 值（图 6-10，$GPP=0.30e^{0.16Ts}$）。因此，可以通过理论 GPP 与实测 GPP 之值之间的差来量化干旱造成的 GPP 损失（图 6-15b）。土壤干旱使 GPP 减少 0.69 g C/（m²·d），大气干旱导致 GPP 下降 1.1 g C/（m²·d）。复合干旱引起的 GPP 下降幅度最大，为 1.47 g C/（m²·d）。

在研究区的高寒草甸生态系统，干旱发生频率很高，干旱胁迫直接影响 GPP。此外，干旱还可以通过改变能量平衡，间接影响 GPP（YIN et al.，2014）。干旱导致感热通量增

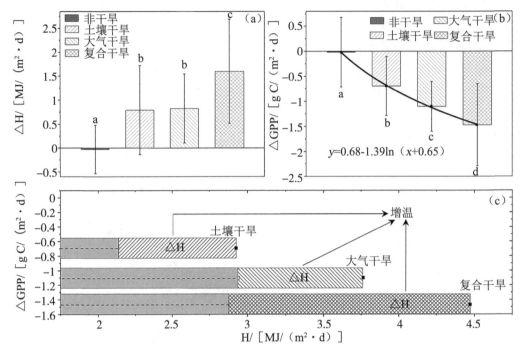

图 6-15　非干旱和不同干旱类型条件下显热通量与 GPP 的变化及其相互关系

注：a 为非干旱和 3 种干旱（土壤、大气和复合干旱）条件下感热通量的增量（△H）。b 为非干旱和 3 种干旱条件下 GPP 减少量（△GPP）。c 为显热通量（H）、H 增量（△H）与 GPP 减少量（△GPP）关系示意图。灰色条表示假设不受干旱影响的 H。底纹柱形分别代表土壤干旱、大气干旱和复合干旱导致的显热通量增量（△H）。

加，可通过这样的正反馈作用，影响高寒草甸生态系统的生产力（BEIER et al.，2011）。土壤干旱和大气干旱的正反馈强度相当，但复合干旱发生时，这种正反馈强度更强。这种强烈的正反馈会导致更严重的干旱，这对高寒草甸这一敏感脆弱的生态系统的危害不容忽视（GUO et al.，2015；REICHSTEIN et al.，2013）。西藏是中国显热通量最高的地区（LI and MA，2015）。一旦干旱发生，就会迅速影响到更大的区域，那么由于其本身具有较高的显热通量，再加上这种正反馈作用的影响，干旱对植被的危害可能会更加严重（CHEN et al.，2020）。进而，由于干旱对植被的破坏作用，蒸腾会进一步降低，潜热通量可能急剧下降（WANG et al.，2019）。因此，波文比（β=H/LE）可能会增加，并增强对干旱的正反馈。因此，在全球气候变化背景下，在敏感脆弱的生态系统中应格外重视降水格局的变化和水分条件的影响。

四、不同类型干旱对高寒草甸的影响

藏北高寒草甸生态系统频繁遭受干旱的影响。本节内容基于阈值法，将干旱分为 3 种类型：持续时间长、最频繁发生的土壤干旱（SWC<0.11 m^3/m^3）；发生频率相对较低的大气干旱（VPD>0.61 kPa）；和土壤干旱和大气干旱同时发生的复合干旱（SWC<0.11 m^3/m^3，VPD>0.61 kPa）。3 种干旱均显著提高了显热通量，分别使其升高了

0.79 MJ/(m² · d)、0.83 MJ/(m² · d) 和 1.6 MJ/(m² · d)。显热通量升高对干旱有正反馈作用，导致 GPP 降低。土壤干旱、大气干旱和复合干旱分别使 GPP 降低 0.69 g C/(m² · d)、1.1 g C/(m² · d) 和 1.47 g C/(m² · d)。虽然土壤干旱对 GPP 的抑制程度弱于其他干旱类型，但由于其发生频率高、持续时间长，对年尺度上的 GPP 总量抑制作用很大。本研究表明干旱对藏北高寒草甸生态系统具有巨大影响，在关注土壤水分的影响的同时，更应重视大气干旱对生态系统的影响。

第四节　干旱对高寒草甸资源利用效率的影响

植被作为生物圈的重要组成部分，会通过调节自身的适应策略，充分利用当地环境资源来获取更高的生物量。通过提高资源利用效率的方式来适应不同生境，可反映植被分布、生长与环境之间的关系（GAO et al., 2016），是植被长期适应性的结果。然而对于突发性的环境胁迫，往往会阻碍植被对环境资源的高效利用方式，使其生产力下降（TELLO-GARCIA et al., 2020）。全球变化背景下，极端气候事件频发（REICHSTEIN et al., 2013）。其中以干旱事件尤为严重（DAI, 2013），干旱往往伴随高温和强辐射，水分/能量资源的严重不匹配往往会降低生态系统的资源利用效率（YU et al., 2017）。然而也有研究指出，生态系统也可能会以提高资源利用效率的方式在一定程度上抵御环境胁迫（ESKELINEN and HARRISON, 2015）。因此，若能从资源利用效率的角度去解析干旱如何影响植被碳汇功能将对更好地理解和认识未来气候变化对陆地生态系统的影响具有巨大帮助。

高寒植被生境恶劣，需要高效利用有限资源才得以生存。然而在其短暂生长季内常受干旱胁迫，严重影响其资源利用效率（Resource Use Efficiency, RUE），但是对于干旱将如何影响资源利用效率尚且没有确定性结论，因此本节以典型藏北高寒草甸生态系统为研究对象，基于多年涡度相关及小气候观测数据，研究干旱对 3 种资源利用效率，包括水分利用效率（Water Use Efficiency, WUE）、光能利用效率（Light Use Efficiency, LUE）和碳利用效率（Carbon Use Efficiency, CUE）的影响，以期明确：其一，生长季内不同时期发生干旱将对 RUE 有何影响；其二，干旱期间环境及生物因子对 RUE 的驱动过程会发生怎样的变化。

一、干旱影响资源利用效率的季节动态

为明确干旱对资源利用效率的影响，分析了资源利用效率的动态变化，并将干旱期用灰色阴影标示出来。如图 6-16 所示，进入生长季，随着植被生长，生理活性的增强，WUE 和 LUE 逐渐升高，到生长盛季达峰值。随着植被的衰老，生理活性的降低，WUE 和 LUE 逐渐降低。CUE 的季节动态相对不明显，可能与其 2 组分季节动态的共变性有关。3 种 RUE 的季节动态都受到干旱事件的影响。生长季内不同时期发生的干旱对 RUE 的影响不同。总的来看，生长盛季的干旱一般会使 RUE 降低，这与前人研究结果一致（AREND et al., 2016；GANG et al., 2016）。生长季初和末的干旱对 RUE 影响的不确定性更大（SONG et al., 2019；ZHAO et al., 2022）。

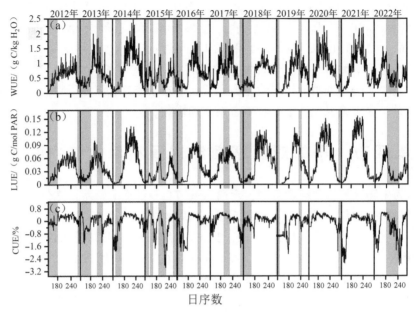

图 6-16 资源利用效率的季节与年际动态

注：阴影区域代表干旱时期。

二、干旱发生时间对资源利用效率的影响

为进一步明确干旱对 RUE 的影响，分不同生长季阶段，对观测期间多年干旱事件进行统计，并分析干旱时段内 RUE 的平均趋势（图 6-17）。发生于不同年份的干旱持续时间不同，为避免结果被持续时间最长的某一年的干旱时间干扰，仅对至少有 2 个样本的干旱时段进行统计。

生长季初期，即使发生干旱，WUE 和 LUE 依旧表现为上升趋势（图 6-17a 和 d），这与新生叶片较强的光合能力密切相关（OWENSBY et al.，2006），保证了植被在可利用资源有限的情况下，最大化地将资源转化为有机物。生长季初期也是高寒草甸干旱发生最频繁的时期（ZHANG et al.，2022b），此时期即使发生干旱，WUE 和 LUE 也表现为升高趋势，这也是高寒生态系统对频发的春季干旱长期适应的结果（GAO et al.，2014）。新生叶片生理活性强不只表现在光合作用，呼吸作用也较强（VON BUTTLAR et al.，2018）。干旱伴随的高温会进一步促进呼吸，光合产物很大程度上被消耗（LI et al.，2019），因此CUE 未表现出明显的升高趋势（图 6-17g）。

生长季中期，高寒植被对干旱的响应十分敏感，此时发生干旱，WUE、LUE 和 CUE 均呈下降趋势（图 6-17b、e 和 h）。2022 年干旱持续时间最长，达 58 d。从第 34 d 开始，WUE 表现为上升趋势，这可能是由于植被通过改变水分利用策略，以适应长期干旱（ES-KELINEN and HARRISON，2015）。在干旱持续的第 52 d，LUE 也开始升高。这些长期干旱进程中的 RUE 升高可能是由于旱情期间一旦出现降水事件，旱情可得到缓解，植被可迅速恢复生产力，甚至产生补偿性生长（CHEN et al.，2020）。然而，这仅是 2022 年发生的个例，可能不具有代表性。

生长季末期，随着温度的降低，叶绿素也会逐渐分解，叶片逐渐枯黄，光合能力下降（MEDLYN et al.，2002）。此时发生干旱，LUE 显著下降（图 6-17f）。因植被此时生理活性较低，碳水交换弱（GROENENDIJK et al.，2009），WUE 对干旱响应不敏感（图 6-17c），CUE 对干旱同样未表现出显著的响应特征（图 6-17i）。

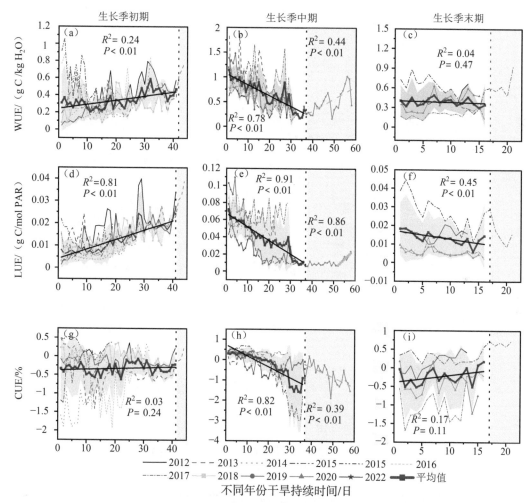

图 6-17 生长季初期、中期、末期资源利用效率对干旱的响应特征

注：实线点线表示多年平均值，阴影为标准差。2015 年生长季初发生 2 次干旱。

三、干旱改变气象和生物因子对资源利用效率的影响路径

为更深刻理解为何 RUE 对发生在生长季不同时期的干旱响应特征有所差异，本节借助结构方程模型分析了生长季初期、中期、末期发生干旱将会导致环境及生物因子对碳水通量的驱动过程发生怎样的变化（图 6-18），进而揭示其所导致的 RUE 的变化。

生长季初期，尽管 Ts 对 GPP 的直接控制作用弱于 SWC，但 Ts 通过影响 LAI 对 GPP

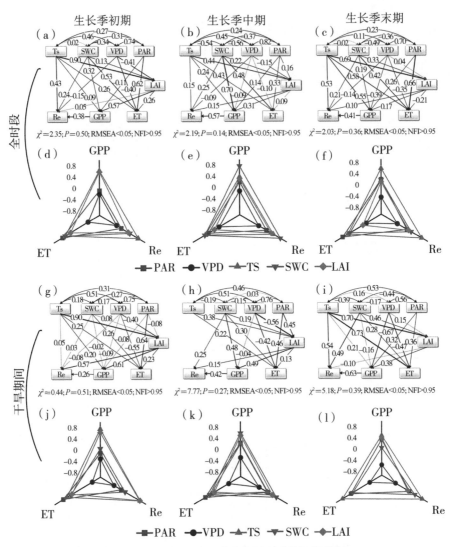

图 6-18　主要因子对碳水通量影响的通径分析

注：线上的数字表示通径系数。实线代表相关性显著（$P<0.05$）；虚线代表相关性不显著。

表现出极强的控制作用（图 6-18a），其对 GPP 的标准化总贡献（Standardized Total Effects，STE）最高，值为 0.61（图 6-18d），其次贡献最大的为 LAI（STE = 0.57）。ET 主要受 PAR 的控制（STE = 0.62）。发生干旱时，依旧是 Ts 主导 GPP（STE = 0.75），LAI 其次（STE = 0.61），但它们控制强度更强了（图 6-18g 和 j）。ET 变化由 PAR 主导转变为由 VPD 主导（STE = −0.64），表明生长季初期干旱类型主要为大气干旱（XU et al.，2021）。随着干旱进程的发展，Ts 升高导致 GPP 增加，VPD 升高导致 ET 降低，因此 WUE 升高。高寒草甸生长季初期易受低温胁迫（ZHANG et al.，2018b），干旱带来的适当的温度的升高正适合返青植被生长，避免了低温胁迫（ZENG et al.，2021）。并且适当高温还会加速下层冻土融化，可提高 SWC 供应缓解干旱（ZHAO et al.，2023）。这些都是生长季初 Ts 对 GPP 表现出强正效应的原因。而此时 PAR 对 GPP 并未表现出显著的控制作用是由于青藏高原辐射资源充沛，辐射并不是限制因子。此外，大量研究已指出 GPP 是 LUE 的主导因子（STOCKER et al.，2018；ZHANG et al.，2011），所以伴随着干旱进程的 Ts 升高导致 GPP 升高，也将直接导致 LUE 升高。生长季初期同样是 Ts 主导 Re（STE=0.7），发生干旱虽然使 Ts 对 Re 的直接控制作用减弱，但 Ts 通过影响 LAI 控制 Re 的作用很大程度上增强了（图 6-18g），导致干旱期间 Ts 对 Re 的 STE 有增无减（STE=0.75），同时干旱期间 LAI 对 Re 的控制作用大幅度提高（STE=0.73）。可见生长季初期发生干旱都是 Ts 主导 GPP 和 Re，且 STE 值相近（图 6-18j），驱动路径相似（图 6-18g），因此 CUE 变化不显著。

在生长盛季，SWC 主导碳水通量变化（图 6-18b 和 e），SWC 对 GPP、Re、ET 的 STE 分别为 0.77、0.73、0.5。此时发生干旱，SWC 的主导效应虽然有所下降（图 6-18h 和 k），但其依旧主控 GPP（STE=0.58）和 Re（STE=0.52）。干旱导致 LAI 对 GPP 的控制作用明显增强（图 6-18b 和 h）。ET 的主控因子变为 PAR（STE=0.51）。生长盛季干旱会导致 GPP 迅速下降，高 VPD 导致气孔导度下降会抑制蒸腾（WHITLEY et al.，2013；张岁岐 等，2001），但伴随干旱的高温会使蒸发增加，这是干旱期间 PAR 主控 ET 的主要原因之一。因此 ET 下降速率小于 GPP 的下降速率，WUE 降低。生长盛季内 PAR 变化幅度小，GPP 的迅速下降直接导致 LUE 降低。GPP 作为 Re 的底物（YU et al.，2013），干旱期间 SWC 迅速下降引起 GPP 迅速下降的同时必然也使 Re 下降（王玉辉 等，2014），但干旱期间的高温会促进呼吸，尤其是夜间呼吸（PENG et al.，2013）。偶尔的小降水事件，由于降水激发效应（Birch effect）会激发 Re（PARTON et al.，2012），有效减缓了 Re 的下降速率，因此导致 GPP 下降速度快于 Re，CUE 降低。可见，生长盛季干旱导致 3 种 RUE 都降低，主要归因于干旱导致的生长盛季 GPP 的迅速下降。

生长季末期，SWC 对碳水通量的控制作用减弱（图 6-18c 和 f）。GPP（STE=0.66）和 Re（STE=0.74）主要受 Ts 控制，ET 主要受 PAR 控制（STE=0.66）。LAI 对 GPP 和 Re 的控制作用明显弱于生长季初，尤其是 GPP（图 6-18c），表明此时植被生理活性有所降低（MALONE et al.，2016），可归因于弱于新叶的老叶的光合能力（OWENSBY et al.，2006；ZHANG et al.，2015b）。LAI 对 ET 的 STE 为-0.21，表明此时 ET 主要受蒸发控制。更高大的植被不再主要通过贡献蒸腾量使 ET 升高，而是通过遮蔽作用减小土壤蒸发使 ET 减小。干旱同样改变了生长季末期碳水通量对驱动因子的响应。干旱使 GPP 的主控因子变为 VPD（图 6-18i 和 l；STE=-0.62），可见同生长季初一样，生长季末也主要表现为大气干旱。ET 的主控因子变为 Ts（STE=0.73）。干旱进程中 VPD 和 Ts 升高本应导致 GPP 减小、ET 增加，从而使 WUE 减小。而在图 6-17c 中确实可见 WUE 呈减小趋势，但不显著。原因是此时叶片衰老，光合能力弱（MEDLYN et al.，2002），高 VPD 使 GPP 减小的幅度不大。而干旱期间确实温度应升高，但是生长季末，温度本就呈下降趋势，两两抵消使温度变化不大，因此，此时受 Ts 主控的 ET 变化也不大，导致 WUE 变化不显著。干旱期间 PAR 充足，但衰老的叶片和高 VPD 共同抑制了光合作用（GROSSIORD et al.，2020），无法有效利用充足的 PAR，使 LUE 显著下降。生长季末干旱增强了 Ts 对 Re 的控制作用（图 6-18l；STE=0.77），干旱期间可能导致 Re 的小幅回升。但此时 GPP 受大气干旱胁迫，呼吸底物不足（YU et al.，2013），而生长季末干旱时段是 Re 最依赖呼吸底物的时候（图 6-18i；STE＝0.63），因此 Re 的回升将受到很大阻碍。再加上老叶生理活性本就低（OWENSBY et al.，2006），而干旱进一步加快了叶片的衰老死亡，因此 Re 不但回升趋势可能不显著甚至可能表现为降低趋势，导致 CUE 变化不显著。

四、碳水耦合关系与水分利用效率

2013—2018 年生长季 GPP 与 ET 之间的关系如图 6-19 所示。各年 GPP 与对应年份的 ET 均呈线性正相关关系，2013—2018 年 GPP 与 ET 线性相关的斜率分别是 0.46、0.68、0.49、0.7、0.48、0.69，接近于年 WUE 值。其中，生长季水分亏缺的 2013 年、2015 年和 2017 年 GPP 与 ET 的线性拟合优度要小于其他年份，而水分条件较好的 2014 年、2016 年和 2018 年 GPP 与 ET 的线性拟合优度较好。较高的 GPP 对应着较高的 ET。GPP 与 ET 的强相关性说明了该高寒草甸生态系统碳水循环的耦合性，GPP 与 ET 耦合性的强弱直接影响着 WUE 的变异（ZHANG et al.，2023a）。

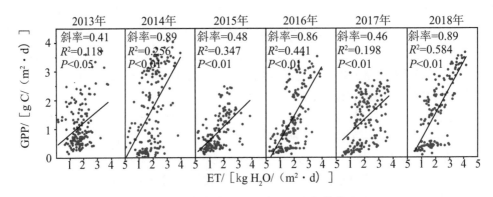

图 6-19　日尺度上 GPP 与 ET 之间的关系

分别分析 2013—2018 年生长季 WUE 与 GPP、ET 之间的关系，结果如图 6-20 所示。WUE 与 GPP 呈线性相关关系（$P<0.01$），WUE 随着 GPP 的升高而增加，线性拟合方程为 WUE＝0.21+0.37GPP，决定系数为 0.666（图 6-20a），表明 GPP 可解释 66.6％的 WUE 变异。WUE 与 ET 同样呈线性相关关系（$P<0.01$），WUE 随着 ET 的升高而增加，线性拟合方程为 WUE＝0.46+0.13ET，决定系数为 0.049（图 6-20b），表明 ET 可解释 4.9％的 WUE 变异。由此可见，生态系统 GPP 对 WUE 的控制作用强于 ET，也就是说，WUE 的变异性主要取决于 GPP 的变异。

WUE 能够量化通过光合作用固定的碳与通过蒸散消耗的水之间的权衡关系。光合作用固碳和蒸腾作用耗水是 2 个紧密相连的生理过程，通过气孔作为节点实现耦合（KNAUER et al.，2015）。水分胁迫不仅能够导致气孔导度降低从而限制蒸腾引起的水分散失（NELSON et al.，2018），还能使酶活性降低进而导致叶片光合作用下降（GU et al.，2017）。除此之外，蒸腾受限和土壤水分供应不足进一步限制了根、茎、叶的水分输送，不可避免地导致植物光合作用下降（BONAL et al.，2008）。这种生理反馈机制会限制草

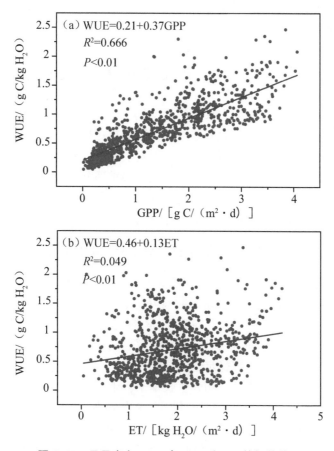

图 6-20 日尺度上 WUE 与 GPP 和 ET 的相关关系

地 CO_2 和水汽的交换并影响它们的耦合关系（CIAIS et al., 2005；于贵瑞 等, 2013）。

除此之外，严重干旱甚至会导致气孔关闭，从而削弱 GPP 和 ET 之间的耦合关系，甚至使它们解耦（YU et al., 2008）。举一个极端的例子：如果植被在严重干旱条件下死亡，ET 只能由土壤蒸发组成，GPP 会下降到零，这将使 GPP 和 ET 之间解耦。生态系统 WUE 取决于 GPP 和 ET 的耦合强度，水分胁迫对高寒生态系统的碳水耦合过程影响显著（WANG et al., 2020；沈振西和付刚, 2016）。因此，干旱对 WUE 的影响巨大，同时干旱对 WUE 的影响机制仍存在很大的不确定性（ZHANG and YUAN, 2020；LIU et al., 2019）。

五、小结

综上所述，在生长季不同时期，干旱对 RUE 的影响不同。生长季初期，新叶强的光合能力保障了干旱期间 WUE 和 LUE 的显著升高，但呼吸消耗也大，CUE 增加不显著。生长盛季干旱导致 GPP 迅速下降，使 WUE、LUE 和 CUE 都显著下降。生长季末期，叶绿素的分解使光合能力下降导致 LUE 显著下降，老叶弱的生理活性使 WUE 和 CUE 对干旱响应不敏感。干旱影响 RUE，主要是通过影响可以影响 GPP 的因子来实现其作用。研究结果有利于合理评估高寒草甸生态系统对未来气候变化的响应和适应性特征，并准确预测其可能的演变趋势。

第五节　干旱对高寒草甸生态系统稳定性的影响

干旱胁迫作为影响高寒草甸生态系统的干扰因子，对生态系统会产生全方位的影响。其影响程度与生态系统自我调节能力密切相关，因此在探讨干旱的影响时，还要考虑其对生态系统稳定性的影响。在上文明确研究区干旱发生规律、发生于不同时期的干旱如何通过影响气象和生物因子进而影响高寒草甸生态系统碳水通量及资源利用效率的基础上，本节将探讨干旱干扰下生态系统稳定性的变化，以期有效预测未来气候变化对高寒生态系统的影响，有利于更好地保护青藏高原的生态屏障功能。

一、发生于生长季内不同时期的干旱对 GPP 的抑制作用

GPP 是表征生态系统植被生长状况的重要指标，故而也可以用来评估生态系统稳定性的变化。干旱期间，GPP 受水分匮缺影响而降低。考虑到 GPP 对生长季不同时期干旱事件的响应不同，因此本节拟基于干旱期间 GPP 的变化规律建立生态系统稳定性评价指标，探究干旱干扰下生长季不同时期生态系统稳定性的变化规律及其对气象因子的响应特征，综合评估干旱干扰对生态系统稳定性的影响。

那曲高寒草甸生态系统从生长季初到生长季末，干旱发生频次逐渐降低（图 6-21a）。其中，5 月中下旬（DOY：131—149）干旱发生频次最高，发生频率近 50%。在生长盛季内的 2 个时间段（DOY：220—223 和 DOY：231—238），干旱发生频率达 33%。7 月上旬（DOY：180—192）和 9 月中上旬（DOY：245—263）观测期间未曾发生干旱，这可能是该高寒草甸生态系统的水分安全期。观测期间，只有 2020 年仅在生长季末期发生短期干旱，可近似认为 2020 年该高寒草甸生态系统在生长季内未遭受水分胁迫。该年的 GPP 季节动态也表现为典型的单峰曲线，且 GPP 年总量最高。因此，本研究以 2020 年为基准年，计算生长季内不同时期发生干旱导致的 GPP 下降百分率（图 6-21b），评估发生于生长季内不同时期的干旱对 GPP 的抑制作用。结果表明：发生于生长盛季的干旱可使 GPP 下降（30.5±15.2）%，发生于生长季初和生长季末的干旱分别使 GPP 下降（17.1±42.1）%和（12.4±11.4）%。发生于生长季初的干旱对 GPP 抑制作用的不确定性很高，这是由于各年份生长季开始时间与 2020 年有差异所致。

水分对藏北高寒草甸生态系统生产力起着至关重要的作用（ZHANG et al.，2018），且在其短暂的生长季内遭受水分胁迫的频率较高（XU et al.，2021）。在生长季的不同时期（生长季初期、生长盛季、生长季末期），土壤干旱和大气干旱对高寒草甸生态系统存在明显的差异性影响。藏北地区气候干燥，全年 80% 的降水主要集中于生长季。由于冬季降水稀少，极易造成春季干旱。然而，尽管生长季内降水相对充沛，干旱依旧频繁发生（图 6-21），但其发生频次在生长季内分布有规律可循，生长季初期发生干旱的频次最高，生长盛季次之，生长季末干旱发生的频次最低（图 6-21）。在生长盛季，植被生长繁茂，植被通过蒸腾作用将土壤水输送至大气（AN et al.，2019）。同时温度较高，土壤蒸

发较大，二者共同作用，将更多的土壤水分输送到大气中，此时大气干旱发生频率相对较低，主要以土壤干旱为主（XU et al.，2021）。土壤水分直接为植被生长提供水源，因此在生长盛季遭遇干旱，生态系统 GPP 迅速下降。生长盛季的干旱对 GPP 年总量的影响要高于生长季初和生长季末的干旱（图 6-21b）。生长季初大气干旱占比明显升高（XU et al.，2021），此时生态系统基础生产力较低，因此干旱对生态系统 GPP 的抑制作用表现得相对较弱。但生长季初的水分匮缺会影响生长季的开始时间，通过影响生长季长度影响 GPP 年总量（ZHANG et al.，2011）。对于碳源汇性质不确定性高的高寒草地生态系统来说，这将直接决定其碳源汇特征。

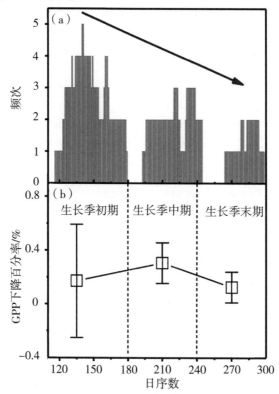

图 6-21　干旱发生频次及干旱对 GPP 的影响

注：a 为那曲高寒草甸干旱发生的频次；b 为生长季内不同时期
发生干旱导致的 GPP 下降百分率（以 2020 年为基准年）。

二、发生于生长季内不同时期的干旱对生态系统的扰动作用分析

干旱期间，土壤含水量迅速下降，饱和水汽压差明显升高，并通常伴随强辐射和高温，给植被生长带来不利影响。然而，发生在生长季初的干旱，有时不会造成明显的 GPP 的下降。而发生在生长盛季的干旱，将导致 GPP 的迅速降低，会对 GPP 年总量造成更大的影响。因此，著者主要关注生长盛季干旱干扰对高寒草甸生态系统稳定性的影响。在观测的期间，有 5 年（2013 年、2015 年、2016 年、2017 年和 2019 年）在生长盛季发生干旱（表 6-2）。其中，2015 年全年降水仅 289.7 mm，为极端干旱年。在生长盛季的

干旱期间，2015 年的空气温度和土壤温度均低于其他年份，这可能是导致其同期饱和水汽压差低于其他年份的原因。而 2015 年生长盛季干旱期间，土壤含水量与 2016 年、2017年和 2019 年相近，但其同期累积 GPP 均低于此 3 年。2015 年生长季初干旱期间仅有1.4 mm 降水量，表现出较高的饱和水汽压差，此期间 GPP 明显下降。总体来说，在极端干旱的 2015 年，高寒草甸生态系统表现出了较高的水分敏感性和较低的抵抗力稳定性。因此，为排除异常年份的干扰，本研究仅选取 2013 年、2016 年、2017 年和 2019 年的数据，评价生长盛季内高寒草甸生态系统的稳定性。

表 6-2　干旱期间气象因子以及那曲高寒草甸的水分敏感性及其对干旱的抵抗力

年份	2013	2015		2016	2017	2019
日序数	220—231	149—160	193—204	230—241	196—207	231—242
Ta/℃	7.78	7.67	6.4	9.72	9.74	9.81
Ts/℃	13.34	10.55	12.29	15.07	14.75	14.65
PPT/mm	15.5	1.4	11	4.8	9.6	12.1
SWC/（m³/m³）	0.069	0.086	0.082	0.087	0.083	0.081
VPD/kPa	0.516	0.732	0.473	0.547	0.495	0.526
GPP/（g C/m²）	18.41	5.79	22.75	25.72	25.66	23
水分敏感性	0.558	1.616	1.396	0.95	0.364	1.176
抵抗力	0.696	0.544	0.287	0.391	0.789	0.375

高寒草甸生长盛季生态系统水分敏感性和抵抗力稳定性的变化趋势和相关关系如图 6-22 所示。生长盛季高寒草甸生态系统的水分敏感性及其对干旱的抵抗力变化曲线均呈二次函数分布（图 6-22a 和 b）。在生长盛季的初期（DOY：180—204），草地植被对

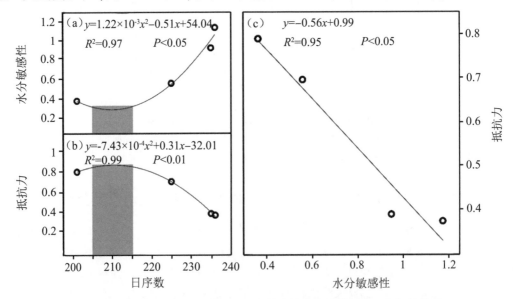

图 6-22　生长盛季内水分敏感性、抵抗力的变化趋势以及二者相关关系

注：灰色区域为生态系统稳定性较高的时期。

水分的需求持续增加，每日 GPP 累积能力仍处于逐渐上升阶段。此时发生干旱，导致土壤含水量迅速降低，抑制 GPP 的上升态势甚至使 GPP 下降。在该时期生态系统的水分敏感性逐渐下降，抵抗力逐渐增强，生态系统稳定性逐渐增强。在生长盛季中期（7 月末至 8 月初，DOY：205—215），此时草地植被需水量最高，每日 GPP 累积能力趋于稳定，为全年最高。此时生态系统的水分敏感性最弱，对干旱的抵抗力最强，生态系统稳定性最高。在生长盛季的末期（DOY：216—235），温度逐渐降低，高寒草甸生态系统 GPP 累积能力开始下降。此时发生干旱，会造成 GPP 大幅下降，该时期生态系统的水分敏感性明显升高，对干旱的抵抗力迅速减弱，生态系统稳定性迅速下降。整个过程中，生态系统抵抗力与其水分敏感性呈显著负相关（图 6-22c），这表明随着高寒草甸生态系统抵抗力的增强，水分敏感性逐渐降低，生态系统稳定性逐渐升高。

三、干旱影响生态系统稳定性对气象因子的响应特征

为进一步探究气象驱动因子对高寒草甸生态系统稳定性的控制作用，本研究将生长盛季内高寒草甸生态系统水分敏感性和抵抗力与同期气象因子的多年平均值进行拟合分析，分析结果如图 6-23 所示。生长盛季内水分敏感性和抵抗力受同期多年平均土壤水分状况调控作用明显。水分敏感性随同期多年平均土壤含水量的增加呈指数下降（图 6-23a），抵抗力随同期多年平均土壤含水量的增加呈对数上升（图 6-23b）。这说明在水分条件较

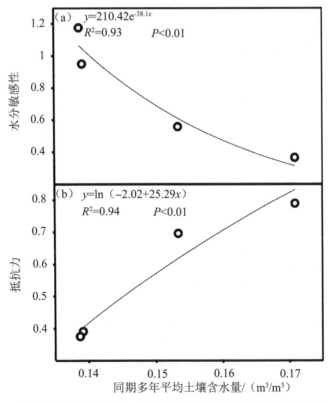

图 6-23　生长盛季内水分敏感性、抵抗力与同期多年平均土壤含水量之间的关系

好的湿润季节，高寒草甸生态系统具有较低的水分敏感性和较高的抵抗力，此时生态系统稳定性增强；而在遭遇水分胁迫的干旱季节，高寒草甸生态系统具有较高的水分敏感性和较低的抵抗力，此时生态系统稳定性减弱。生态系统的水分敏感性和抵抗力与其他气象因子的相关分析均未达显著水平，这表明高寒草甸生态系统生长盛季内导致生态系统稳定性变化的主要驱动因子为土壤含水量。

四、干旱发生时间和生态系统稳定性共同影响 GPP

无环境胁迫条件下，高寒草甸生态系统 GPP 呈现单峰曲线变化。然而，干旱事件会扰动这种规律性变化。生长季内不同时期发生干旱对 GPP 的抑制作用不同，生长季内不同时期生态系统稳定性也在时刻发生变化，这使得干旱事件对高寒草甸生态系统 GPP 的影响更为复杂。图 6-24 阐述了生长盛季内不同时期干旱导致 GPP 下降百分率与生态系统水分敏感性和抵抗力之间的关系。在生态系统水分敏感性较低，抵抗力较强的时期（DOY：196—207 和 DOY：220—231），此时通常水分条件较好，植被长势良好。若发生干旱，相比湿润年，GPP 将会有更大的降低幅度。而在生态系统水分敏感性较高，抵抗力较弱的时期（DOY：230—242），此时通常水分条件相对较差，植被生产力也相对较低。若发生干旱，GPP 的降低量会相对较小。可见，在生态系统稳定性高的时期发生干旱，并不意味着其对生产力的影响就一定小。因此，干旱对生态系统生产力的抑制作用，可能更大程度上取决于干旱的发生时间。

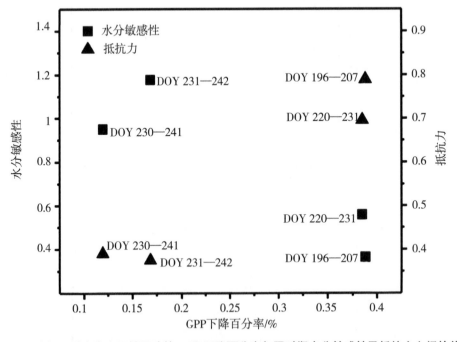

图 6-24 生长盛季内发生干旱导致的 GPP 下降百分率与同时期水分敏感性及抵抗力之间的关系

五、小结与讨论

高寒草甸生态系统对气候变化响应敏感、脆弱性强，其对干旱的抵抗力稳定性直接决定了其对未来气候变化的适应性（HOOVER et al.，2014；张继义和赵哈林，2010）。本节采用生态系统的水分敏感性和对干旱的抵抗力共同表征高寒草甸对干旱干扰的抵抗力稳定性。

在区域尺度上，生态系统的水分敏感性随年均降水量的增加呈指数下降（HUXMAN et al.，2004；KNAPP et al.，2015），抵抗力随年均降水量的增加呈线性上升（STUART-HAENTJENS et al.，2018）。本书在单站点生长盛季内发现了相似的规律，但高寒草甸生态系统的水分敏感性和抵抗力与同期年均降水量相关性未达显著水平，而是和同期年均土壤含水量显著相关（图6-23）。在相对湿润的季节，该生态系统具有较低的水分敏感性和较高的抵抗力，但在相对干旱的季节，生态系统的水分敏感性迅速提高，对干旱的抵抗力迅速下降。尽管本书只计算了生长盛季高寒草甸生态系统的水分敏感性和对干旱的抵抗力，但因生长季初和生长季末土壤含水量均低于生长盛季，由此可推断生长季初和生长季末生态系统对干旱的抵抗力稳定性要小于生长盛季。HOOVER 等（2014）认为干旱期间影响生态系统抵抗力的并不是水分条件，而是高温热浪，但本研究中未见高温对高寒草甸稳定性的影响。

以往研究指出，生态系统的稳定性除了受气象因子影响，还受生物因子（如物候、盖度、植被群落的功能多样性等）的共同调控（DÍAZ and CABIDO，2001；EVANS et al.，2011）。水分临界期是植被对干旱响应最敏感的时期，多处于花粉母细胞四分体形成期，即营养生长向生殖生长的过渡期，具体表现为花芽的分化。高山嵩草开花期在7月中上旬（XI et al.，2015），此时期的高寒草甸生态系统对水分响应敏感，且对干旱的抵抗力较弱。而在生殖生长阶段的结实期，表现出了较低的水分敏感性和对干旱较强的抵抗力。此时期刚好处于生长盛季中期，植被长势最旺，群落功能多样性最高（刘晓琴 等，2016）。而这种功能多样性可通过不同物种对干旱响应的异步性，有效协助生态系统抵御干旱胁迫（DÍAZ and CABIDO，2001）。在干旱频发的生态系统中，这种物种间的动态补偿效应更为重要（HALLETT et al.，2014），并且优势种在其中起着最为重要的调控作用（EVANS et al.，2011；KNAPP et al.，2015）。因此，该时期生态系统对干旱干扰具有较强的抵抗力稳定性，也是高寒植被高效利用有限热量资源完成生育周期的适应性体现（周华坤 等，2006）。随着种子的成熟，高寒草甸的水分敏感性逐渐升高，其对干旱的抵抗力也逐渐下降。

然而，在生态系统抵抗力较高的时期发生干旱，反而导致了 GPP 更大幅度的下降。这可能是由于植被为了适应干旱条件，倾向于降低叶片气孔导度以防止水分流失，从而也抑制了叶片与外界的气体交换（STPAUL et al.，2012；XU and ZHOU，2008）。抵抗力越高，这种防御机制越强，导致了更大的 GPP 下降百分率。此外，抵抗力高的时期常伴随较好的水分条件，植被盖度高，密度大，对水分资源竞争激烈（EVANS et al.，2011）。此时发生干旱会加剧种内及种间竞争，降低植被生长速率，甚至会使某些物种超出其水分容限范围，造成植被个体死亡（HOOVER et al.，2014），使 GPP 下降。而高寒草甸生态系统的优势种高山嵩草根系分布相对较浅，对水资源竞争力相对较弱。当这种竞争淘汰机制作用于优势种（EVANS et al.，2011），将极大降低生态系统 GPP（HILLEBRAND et al.，2008）。

在极端干旱的 2015 年，生态系统稳定性整体下降。生态系统在全年大多数时间内均处于水分胁迫之下，植被生长受到抑制，年总 GPP 仅为多年平均值的 62 %。因生长季初为 GPP 的上升阶段，其他年份生长季初的干旱只是延缓 GPP 的上升趋势，而 2015 年生长季初干旱却导致了 GPP 的下降。发生于 2015 年生长盛季的干旱同样比其他年份同期干旱所导致的 GPP 下降幅度更大。这可能是由于在极端干旱条件下，生态系统的结构和功能受到严重影响，未能建立起稳定的内稳态机制（ODUM，1969；ZHANG et al.，2016），使生态系统稳定性降低（FRANK et al.，2015），从而大幅削弱了高寒草甸生态系统对干旱的抵抗力。另一个原因可能是干旱改变了植被的生存策略（LIU et al.，2020），将植被生产力转移至地下部分以提高对水分的获取能力（WANG et al.，2018），而植被地上部分的减少更直接导致了 GPP 的降低。

第七章 放牧对高寒草甸碳水过程的影响

气候变化背景下，除了深刻理解环境因子和生物因子对高寒草甸生态系统的影响，还需要考虑人类活动的影响。青藏高原高寒草地因植株低矮、稀疏、物种组成单一、群落结构简单，对气候变暖和人类干扰极其敏感。放牧作为重要的人为干扰方式，会对草地微气象环境及群落结构功能造成影响，进而在一定程度上影响生态系统的碳、水收支。然而，由于高原地理条件的特殊性，交通不便、环境艰苦，目前还缺乏对于放牧对生态系统碳水通量的影响及其控制机制的研究，而利用平行观测系统进行观测的研究则几乎没有。

本章以那曲站的禁牧和放牧平行观测数据为基础，明确了放牧对藏北典型高寒草甸生态系统微气象环境、群落结构以及碳水通量变异特征的影响，并对其控制机制进行了探讨。辨识和量化放牧对高寒草地碳水交换过程的影响，深化了气候变化和人类干扰对高寒草地碳水通量及其组分控制机制的认识，从而为认识生态敏感脆弱区对人类干扰的反应提供数据支持和理论基础。

第一节 放牧对高寒草甸生态系统的影响

一、放牧对微气象环境的影响

放牧可通过改变下垫面植被结构，进而影响放牧地的微气象环境。如图 7-1 所示，年际间各气象因子均呈单峰曲线分布，且均在生长季达到峰值。其中，VPD 在 5 月、6 月达峰值，而其他气象因子均在 7 月、8 月生长旺季达峰值。尽管那曲地区云量较大，但禁牧地和放牧地的辐射水平依旧相近。放牧地的平均气温要高于禁牧地。而土壤温度则是生长季禁牧地高，非生长季放牧地高。放牧地始终较禁牧地有较高的 VPD 和 SWC，表明放牧明显降低了植被的蒸腾作用，将大部分水分保留在土壤中，而禁牧地则将大量水分散失到空气中。SWC 与降水动态密切相关。当 7 月、8 月雨季来临时，SWC 迅速升高，而VPD 迅速降低。然而，2013 年 8 月的极端干旱导致 SWC 的持续下降和本年度 VPD 的第二峰值，水热条件不匹配。

二、放牧对高寒草甸地上生物量的影响

观测期间，禁牧地地上生物最始终大于放牧地（图 7-2）。2012 年和 2014 年，地上生物量随生长季逐渐增加，8 月达峰值。2012 年禁牧地地上最大生物量为 139 g/m²，放牧地为110 g/m²。2014 年禁牧地地上最大生物量为 188 g/m²，放牧地为 160 g/m²。而 2013 年 8 月由于出现极端干旱，地上最大生物量出现在 7 月，禁牧地为 213 g/m²，放牧地为 110 g/m²。

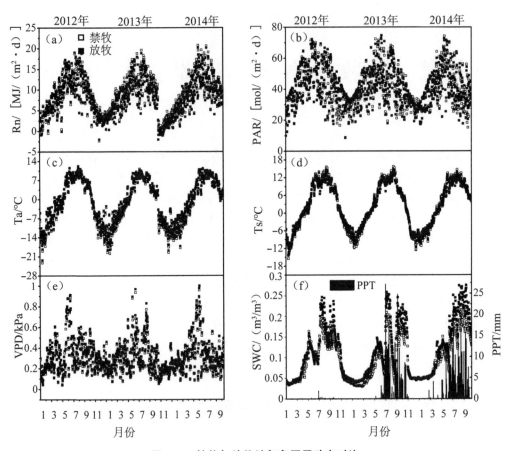

图 7-1 禁牧与放牧地气象因子动态对比

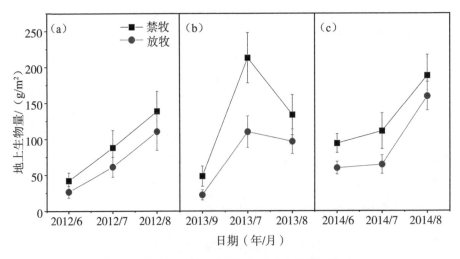

图 7-2 禁牧与放牧地生长旺季地上生物量动态对比

三、放牧对高寒草甸群落结构的影响

基于 2017 年生长季的群落调查数据，分析放牧对群落结构的影响。由表 7-1 可知，在生长季初期，无论禁牧地还是放牧地，物种丰富度均未达到最高值。直到生长季中期，物种丰富度逐渐升高并趋于平稳，且放牧地物种丰富度达到最大值的时间早于禁牧地。放牧使物种丰富度降低，在生长季初期，放牧地物种丰富度为 5.8，而禁牧地物种丰富度为 8.6。在生长季中期及后期，放牧地物种丰富度为 6，而在禁牧地物种丰富度为 9。综上所述，在整个生长旺季，放牧使物种丰富度降低了 33 % 左右。

表 7-1　2017 年生长季那曲禁牧与放牧地物种丰富度对比

日期（月/日）	禁牧地物种丰富度	放牧地物种丰富度
6/22	8.6	5.8
6/28	8.6	5.8
7/5	8.6	6
7/10	9	6
7/15	9	6
7/20	9	6
7/25	9	6
7/31	9	6
8/7	9	6
8/13	9	6
8/22	9	6

图 7-3 反映了在生长季禁牧与放牧地，高寒草甸生态系统植被总盖度与多样性指数的动态变化。从生长季初期到后期，无论在禁牧地还是放牧地，植被总盖度均处于持续增加的趋势，但生长季前、中期的植被总盖度变化速率较高，后期植被总盖度变化速率降低，并逐渐趋于平缓（图 7-3a）。放牧并未造成植被盖度的显著降低（$P = 0.129$）。但从整个生长季尺度来看，放牧仍使植被总盖度呈现降低趋势。其中在生长季前期和后期放牧使植被总盖度降低的程度较为明显，在生长季中期放牧使植被总盖度降低的程度相对较小。对于生长季禁牧地植被多样性指数的变化，6 月 22—28 日，多样性指数几乎保持不变（图 7-3b）。7 月 5—10 日，多样性指数逐渐升高然后略有降低，这与物种丰富度在这个时期增加有关（表 7-1，图 7-3b）。而在 7 月 10 日以后，多样性指数一直呈现慢速升高趋势。即高寒草甸生态系统禁牧地的各物种分布逐渐均匀。放牧地生长季植被多样性指数的变化趋势与禁牧地基本相同。但放牧使植被多样性指数显著降低（$P < 0.05$）。在生长季初期，放牧使植被多样性指数降低的程度更加明显，此时放牧地的植被多样性指数为 0.76。7 月 5—10 日，放牧地多样性指数下降的程度相较禁牧地更大。到生长季后期，7 月 31 日到 8 月 22 日，放牧地多样性指数增加的程度较为平缓。由此可知，放牧的干扰使此地各物种的均匀程度降低。

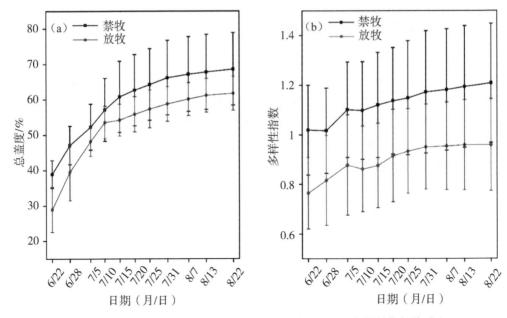

图7-3　2017年生长季那曲禁牧与放牧地植被总盖度与多样性指数的对比

第二节　放牧对高寒草甸碳通量的影响

一、放牧对高寒草甸碳通量日动态的影响

图7-4反映了放牧对该高寒草甸生态系统碳通量日动态的影响。在2012年，禁牧地的NEP、GPP和Re均比放牧地有所降低。这可能是围封破坏了适度放牧的补偿效应，降低了生态系统碳通量。2013年，禁牧地和放牧地的碳通量差异开始减小。到2014年，禁牧地的NEP和GPP已恢复到与放牧地相近的水平，即生态系统用了3年时间适应了围封这一新环境。表明在适度放牧的自然草地生态系统中，围封并不一定是提高生态系统生产力的有效手段。盲目的围封甚至可能降低草地生态系统的固碳能力。Re的差异虽然也较前2年有所减小，但放牧地的Re始终大于禁牧地，此时的差值可能大部分来源于放牧地中牲畜粪便的分解对Re的贡献量。在2012年和2014年，生态系统碳通量日振幅最大值均出现在8月，而2013年则出现在7月。这与最大生物量出现的时间一致（图7-2）。一天中，上午的NEP和GPP大于下午，尤其在2014年表现得更为明显。这可能是由于在高原地区，中午的强辐射不仅导致植被光合的"午休"现象，还有可能继续影响午后的光合能力。这种负反馈现象是由于生态系统水分的大量散失造成的。2013年8月的碳通量日动态有力地证明了这一点。在这极端干旱的月份里，植被仅靠清晨的露水在上午有较高光合，当中午辐射加强，露水散尽，整个生态系统均处于较低的光合水平，造成了中午前后生产力的不对称分布。在观测的3年中，Re的日最大值始终出现在16：00—17：00，其对环境条件的响应相对不敏感。禁牧地和放牧地在7月、8月均表现为碳吸收，在6月、9月表现为碳中性。然而在2013年，生态系统在8月就提前由碳汇转变为碳中性。

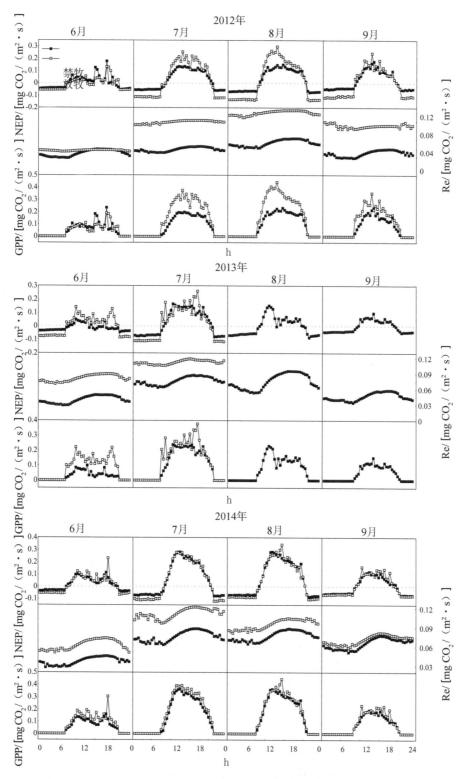

图7-4　禁牧与放牧地生长季碳通量日动态对比

二、放牧对高寒草甸碳通量季节与年际动态的影响

如图 7-5 所示，2012 年生长季放牧地有更高的 NEP、GPP 和 Re。在接下来的 2 年中，NEP 和 GPP 均有迅速回升，Re 回升并不明显。尽管在 2014 年禁牧地和放牧地的 NEP 已相差无几，但放牧依旧造成了较高的 GPP 和 Re 值，即放牧可使生态系统有更高的碳周转率。

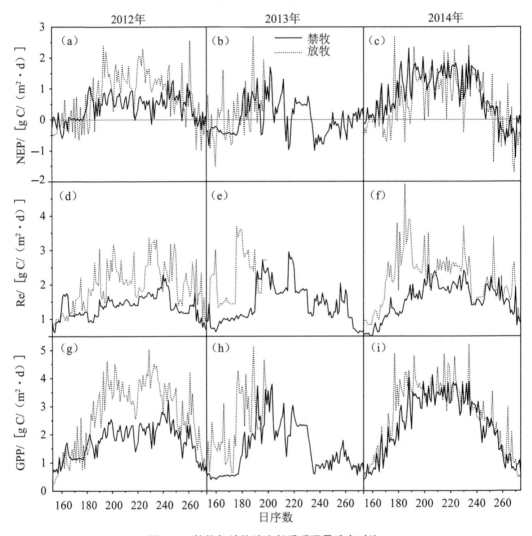

图 7-5　禁牧与放牧地生长季碳通量动态对比

三、放牧对高寒草甸光合能力的影响

那曲地区辐射很强，通常会超过大多数植物的光饱和点，使生态系统 NEE 受到抑制（图 7-6）。无论禁牧还是放牧地，均在 PAR 为 1 500 μmol/(m² · s) 处达光饱和，当 PAR 大于 1 500 μmol/(m² · s) 时，NEE 不再随 PAR 的增强而增加，甚至会降低。禁牧

地的 α 为 0.000 797 mg CO_2/μmol Photon，P_{max} 为 0.319 mg CO_2/($m^2 \cdot s$)。放牧地的 α 为 0.000 801 mg CO_2/μmol Photon，P_{max} 为 0.326 mg CO_2/($m^2 \cdot s$)。总的来说，放牧地的光合能力和光合效率都要高于禁牧地。

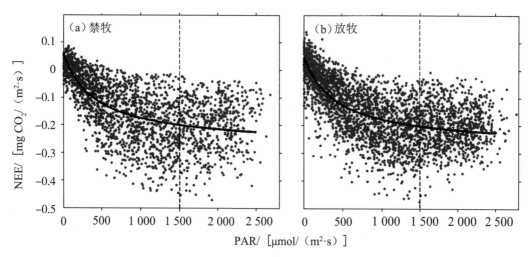

图 7-6 禁牧与放牧地光响应曲线对比

为了检验放牧对当地生态系统光合能力的作用，著者选取放牧效果显著的 2012 年和 2013 年生长季（DOY：180—250）白天有效实测数据分析光响应参数（表 7-2）。发现在不同的环境条件下，放牧地的 α 和 P_{max} 均大于禁牧地。表明放牧地始终较禁牧地有更强的固碳能力。在放牧地，α 和 P_{max} 均随气温的升高而迅速升高。而在禁牧地，α 也随气温的升高而升高，但 P_{max} 随气温变化不明显。从 α 和 P_{max} 2 个方面综合考虑，禁牧地的最适光合温度为 10~13 ℃，放牧地约为 13 ℃，略高于禁牧地，说明适度放牧可能更利于该高寒生态系统应对全球变暖。当温度小于 7 ℃时，生态系统的光合能力明显降低。

表 7-2 不同环境条件下禁牧与放牧地光合参数对比

环境因子分组		α/ (mg CO_2/μmol Photon)	P_{max}/ [mg CO_2/($m^2 \cdot s$)]	Re/	Ta/ ℃	VPD/ kPa	Ts/ ℃	SWC/ (m^3/m^3)	R^2	P
Ta<7/ ℃	禁牧	0.000 195	0.23	0.019	5.79	0.22	6.25	0.16	0.66	<0.01
	放牧	0.000 326	0.25	0.011	5.62	0.2	7.13	0.18	0.58	<0.01
7≤Ta<10/ ℃	禁牧	0.000 38	0.25	0.034	8.5	0.4	10.62	0.16	0.42	<0.01
	放牧	0.000 804	0.29	0.044	8.3	0.34	9.18	0.19	0.41	<0.01
10≤Ta<13/ ℃	禁牧	0.000 667	0.24	0.074	11.48	0.55	13.95	0.16	0.49	<0.01
	放牧	0.000 941	0.35	0.099	11.26	0.51	11.46	0.19	0.41	<0.01
Ta≥13/ ℃	禁牧	0.000 629	0.23	0.084	14.5	0.84	17.12	0.17	0.4	<0.01
	放牧	0.000 947	0.34	0.125	14.59	0.85	15.27	0.19	0.39	<0.01

续表

环境因子分组		α/ (mg CO₂/μmol Photon)	P_{max}/ [mg CO₂/(m²·s)]	Re/	Ta/ ℃	VPD/ kPa	Ts/ ℃	SWC/ (m³/m³)	R^2	P
SWC<0.13/ (m³/m³)	禁牧	0.000 278	0.22	0.036	8.66	0.46	12.28	0.11	0.4	<0.01
	放牧	0.000 444	0.24	0.021	9.19	0.36	10.13	0.12	0.33	<0.01
0.13≤SWC<0.18/ (m³/m³)	禁牧	0.000 35	0.23	0.036	9.46	0.54	11.93	0.16	0.51	<0.01
	放牧	0.000 482	0.31	0.037	10.05	0.56	11.68	0.16	0.46	<0.01
0.18≤SWC<0.23/ (m³/m³)	禁牧	0.000 5	0.2	0.034	10.88	0.44	12.3	0.19	0.53	<0.01
	放牧	0.000 557	0.27	0.035	10.86	0.53	11.27	0.21	0.44	<0.01
SWC≥0.23/ (m³/m³)	禁牧	—	—	—	—	—	—	—	—	—
	放牧	0.000 748	0.22	0.024	11.04	0.45	11.02	0.24	0.4	<0.01
VPD<0.3/ kPa	禁牧	0.000 277	0.26	0.023	5.57	0.17	7.62	0.16	0.53	<0.01
	放牧	0.000 484	0.29	0.017	6.52	0.18	8.24	0.19	0.45	<0.01
0.3≤VPD <0.6/kPa	禁牧	0.000 574	0.25	0.065	10.19	0.44	11.63	0.16	0.42	<0.01
	放牧	0.001 204	0.36	0.115	10.47	0.45	10.49	0.2	0.38	<0.01
0.6≤VPD<0.9/ kPa	禁牧	0.000 8	0.27	0.104	12.12	0.75	15.42	0.16	0.46	<0.01
	放牧	0.001 054	0.38	0.144	12.54	0.72	13.23	0.19	0.41	<0.01
VPD≥0.9/ kPa	禁牧	0.000 485	0.23	0.079	14.32	1.03	18.73	0.15	0.54	<0.01
	放牧	0.000 777	0.33	0.113	15.26	1.05	16.73	0.18	0.4	<0.01

水分条件同样影响着生态系统光合能力。禁牧地和放牧地的 α 均随 SWC 的升高而升高，而 P_{max} 均在 SWC 为 0.13~0.18 m³/m³ 时达最大。用于分析的禁牧地数据集中无 SWC 大于 0.23 m³/m³ 的数据记录。当 VPD 在 0.3~0.6 kPa 时放牧地 α 值达最大，为 0.001 204 mg CO₂/μmol Photon。禁牧地的 α 在 VPD 为 0.6~0.9 kPa 时达最大，其值为 0.000 8 mg CO₂/μmol Photon。禁牧地和放牧地的 P_{max} 均在 VPD 为 0.6~0.9 kPa 时达最大，且放牧地的 P_{max} 要比禁牧地大 29 %。通常来讲，VPD 值越小，水分条件越好，越利于光合。而这里当 VPD 小于 0.3 kPa 时，禁牧地和放牧地的光合能力均较低。原因是该分组中温度条件普遍偏低，可见在该高寒草甸生态系统中，足够的积温是保证植被正常完成光合作用的关键。

四、放牧对高寒草甸碳通量的主控作用分析

著者通过多元线性逐步回归分析建立回归方程，并讨论该高寒生态系统碳通量（NEP、Re 和 GPP）与其潜在驱动因子的关系（表 7-3）。潜在驱动因子主要包括放牧（Grazed）及其他气象因子（Rn、Ta、Ts、SWC 和 VPD）。经统计检验，所有建立的回归方程均可信。而逐步筛选的结果认为，只有 GPP 受 SWC 控制较弱。NEP 和 Re 均与所有

驱动因子达显著相关。可见该高寒草甸生态系统有着复杂的驱动机制。

表 7-3 碳通量与其潜在驱动因子的多元线性逐步回归分析结果

回归方程	P
NEP=0.038-0.01 Grazed+0.000 3 Rn+0.008 Ta-0.005 Ts+0.23 SWC-0.081 VPD	<0.01
Re=0.104+0.051 Grazed+0.000 006 Rn+0.001 Ta-0.0004 Ts-0.26 SWC+0.012 VPD	<0.01
GPP=0.138+0.04 Grazed+0.000 3 Rn+0.008 Ta-0.004 Ts-0.067 VPD	<0.01

为排除其他驱动因子的干扰,著者对该生态系统碳通量及其驱动因子做了偏相关分析。表 7-4 可以看出,放牧与 Re 的偏相关系数远大于其他驱动因子,说明放牧对该高寒生态系统 Re 的控制处于绝对的主导地位。NEP 和 GPP 则主要受 Rn 的控制。但放牧仍然是 GPP 的第二主控因子。尽管放牧对 NEP 没有表现出较强的控制作用,但对其 2 个组分(GPP 和 Re)均表现出较强的控制力。因此放牧对该高寒草甸生态系统碳收支的控制效应不容忽视。

表 7-4 碳通量与潜在驱动因子的偏相关系数

	Grazed	Rn/ (W/m^2)	Ta/ ℃	Ts/ ℃	SWC/ (m^3/m^3)	VPD/ kPa
NEP/ [mg CO$_2$/(m^2·s)]	-0.05**	0.53**	0.14**	-0.11**	0.09**	-0.12**
Re/ [mg CO$_2$/(m^2·s)]	0.63**	0.05**	0.03*	0.03*	-0.3**	0.06**
GPP/ [mg CO$_2$/(m^2·s)]	0.21**	0.52**	0.14**	-0.1**	—	-0.1**

注:*表示在 95% 置信区间上相关达显著;**表示在 99% 置信区间上相关达显著。

为检验放牧与禁牧地对气候驱动力的响应差异。著者对放牧地和禁牧地分别做了碳通量与气象因子的偏相关分析。如表 7-5 所示,无论在放牧地还是禁牧地,NEP 和 GPP 都主要受 Rn 的控制。在禁牧地,Ts 是 Re 的主控因子。而在放牧地,SWC 是 Re 的主控因子。除 Ts 外,放牧地 GPP 与其他气象因子的相关性均较禁牧地有所减小。同样,除 SWC 和 VPD 外,放牧地 Re 与其他气象因子的相关性也有明显降低。其中,与 Rn 和 Ta 的相关性已达不到显著水平。放牧地内 NEP 与所有气象因子的相关性均较禁牧地有明显降低。可见,放牧可以降低该高寒生态系统碳通量与气象因子的相关性,即适度的放牧可以更好地帮助该高寒生态系统适应未来的气候变化,甚至是极端气候环境。

表 7-5 禁牧与放牧地的碳通量与气象因子的偏相关系数对比

		Rn/ (W/m^2)	Ta/ ℃	Ts/ ℃	SWC/ (m^3/m^3)	VPD/ kPa
NEP/ [mg CO$_2$/(m^2·s)]	禁牧	0.538**	0.205**	-0.153**	0.134**	-0.128**
	放牧	0.511**	0.076**	-0.079**	0.067**	-0.093**

续表

		Rn/ (W/m²)	Ta/ ℃	Ts/ ℃	SWC/ (m³/m³)	VPD/ kPa
Re/	禁牧	0.112**	0.061**	0.299**	−0.086**	−0.049*
[mg CO₂/(m²·s)]	放牧	—	—	−0.141**	−0.375**	0.201**
GPP/	禁牧	0.529**	0.204**	−0.092**	0.113**	−0.129**
[mg CO₂/(m²·s)]	放牧	0.498**	0.072**	−0.112**	−0.072**	−0.04*

注：*表示在 95% 置信区间上相关达显著；**表示在 99% 置信区间上相关达显著。

五、小结与讨论

（一）放牧对高寒草甸生态系统的作用

禁牧地 NEP 日振幅的大小与其他在青藏高原的研究结果相符（KATO et al.，2004；SHI et al.，2006）。但著者在放牧地观测到了更大的日振幅，表明放牧不只增强了白天的光合作用，同样加强了夜间的呼吸作用，这与之前在美国高草草原（OWENSBY et al.，2006）和内蒙古荒漠草原（SHAO et al.，2013）的研究结果相一致。放牧对生态系统碳平衡造成了较大扰动，因此在做大尺度模型分析时，考虑人类活动的干扰是十分必要的。

在围封后 2 年时间内，放牧地比禁牧地有更大的碳吸收，表明适度放牧的高寒草甸生态系统有更强的碳汇能力（OWENSBY et al.，2006；SHAO et al.，2013）。研究人员在美国内华达州中高草草原也得到了相似的结论（FRANK，2002；FRANK and DUGAS，2001）。而放牧导致较高的 GPP 和 Re 这一结论在美国科罗拉多州的矮草草原上也已得到证实（LECAIN et al.，2002）。这主要是由于放牧刺激了新叶的生长，它们较高的光合能力弥补了叶面积的损失（OWENSBY et al.，2006）。此外，适度的放牧增加了土壤的可利用氮进而提高土壤肥力，这是放牧提高生态系统生产力的另一机制（LIN et al.，2010）。光合过程固定了大量的碳水化合物，为呼吸提供了充足的底物，因此放牧也同样促进了呼吸。放牧地微气象环境的改善和动物活动的影响，尤其是牲畜粪便的分解（LIU et al.，2012），均会造成放牧地碳通量值的提高。这可能导致放牧地具有更高的碳周转率（周华坤和师燕，2002）。例如，放牧地郁闭度较低的冠层结构允许更多的阳光透射进来，使冠层内部也有较好的光照条件，同时延长的光照时间（汪诗平 等，2001）。而禁牧地茂密的冠层结构反而使群体的光合能力下降（BREMER et al.，1998；CRAINE et al.，1999）。

然而，禁牧地的生产力不断回升，在围封后的第 3 年，已恢复到与放牧地相近的水平。原因可能是生态系统逐渐适应了围封这一新环境（MISSON et al.，2010），同时证明了该高寒草甸生态系统中的放牧强度是适度的。这不仅为判断一草地生态系统是否存在放牧超载现象提供了一种简便有效的方法，同时也表明了围封是用来恢复过度放牧导致退化的草地生态系统的一种行之有效的方法（ZHANG et al.，2015b）。

（二）高寒草甸生态系统对放牧的响应

在不同的环境条件下，生态系统的光合能力存在差异（FU et al.，2006）。放牧造成了较适宜的微气象环境是其具有较高生产力的一个重要因素（SHAO et al.，2013；刘忠宽等，2006）。在青藏高原，温度是植被生长的关键限制因子。这里的植被已适应了长期低温的环境条件（CUI et al.，2003），并进化出了适于低温的光合机制。而适度的放牧使生态系统具有较高的最适光合温度，更能适应未来全球变暖。放牧地的 α 和 P_{max} 均随气温的升高而升高，而禁牧地的 P_{max} 随温度变化不明显。这可能是导致在热量充足的生长季，放牧地有较高生产力的重要原因。放牧也会通过影响土壤温度间接影响生态系统碳吸收（POLLEY et al.，2008；孙殿超 等，2015）。放牧显著减小了地上生物量，从而降低冠层郁闭度，减缓了冠层的温室效应，进而维持了较适宜的温度和光照条件（董全民 等，2005）。

水分亏缺会引起气孔关闭，影响碳吸收（FARQUHAR et al.，1980）。水分条件越好，α 值越大（LI et al.，2005；WANG et al.，2010），本研究得到了同样的结论。放牧减少地上绿色植被，减少了蒸腾，保持了相对较高的土壤含水量（BREMER et al.，2001），因此放牧地有更高的固碳潜力。然而该高寒生态系统中 P_{max} 并没有出现在 SWC 最大值处，而是出现在 SWC 为 0.13~0.18 m^3/m^3 时，表明水分条件并不是当地的限制因子。与禁牧地相比，放牧地在任一水分梯度均具有较高的 α 和 P_{max}，这可能是由于放牧地有更多的光合活跃叶片，且单位叶片个体有更高的光合能力（SHAO et al.，2012）。

VPD 越高，表明环境越干旱，越不利于光合（CHEN et al.，2021）。本研究中，最低的碳吸收并没有发生在 VPD≥0.9 kPa 的条件下。相反，却发生在了 VPD<0.3 kPa 的条件下。气象条件统计结果表明，在这一 VPD 分组中，温度均偏低。这表明尽管高寒生态系统对低温有较强的适应性，但低温对高寒生态系统的限制仍不容忽视。

此外，Re 的温度敏感性受土壤含水量，生态系统类型及土地管理方式等诸多方面的影响（DEFOREST et al.，2006）。因此在使用大尺度模型模拟长期生态系统呼吸的过程中，需要考虑 Q_{10} 随土壤水分，生态系统类型等方面的变化情况（XU and BALDOCCHI，2004；ZHAO et al.，2016）。

多元线性逐步回归分析结果强调了放牧在该高寒草甸生态系统中的重要作用。植被地上绿色部分对气候变化响应敏感（POLLEY et al.，2008）。放牧减少了地上生物量，从而削弱了碳通量与气象因子的相关性，即削弱了碳通量对气象因子的响应（PEICHL et al.，2012；POLLEY et al.，2008）。这表明放牧有可能提高该高寒生态系统对气候变化的适应性（REICHSTEIN et al.，2013）。

第三节　放牧对高寒草甸蒸散的影响

一、放牧改变高寒草甸蒸散量

放牧不仅会对碳收支产生影响，也会影响高寒草甸的蒸散。禁牧地和放牧地全年蒸散均表现为单峰曲线的变化规律，且整体变化趋势相似（图 7-7）。在生长季，放牧提高了高寒草甸蒸散量的 10 %~11.5 %。在非生长季，放牧地和禁牧地的蒸散量均较低且值相近（图 7-7a）。在 2014 年，禁牧地蒸散量的最大值为 2.74 mm，出现在 7 月下旬。放牧地蒸散量的最大值为 3.26 mm，出现在 7 月中旬（图 7-7b）。在 2017 年，禁牧地蒸散量的最大值为 3.36 mm，出现在 7 月中旬。放牧地蒸散量的最大值为 4 mm，出现在 7 月上旬。2 年间，放牧地蒸散量最大值的出现时间一般相较于禁牧地提前一旬，而放牧地和禁牧地蒸散量的最小值都出现在非生长季，且都接近于 0 mm。

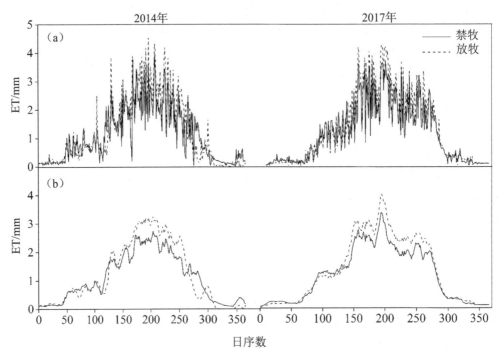

图 7-7　禁牧和放牧地蒸散的季节动态

注：a 为 ET 的日值；b 为 10 d 滑动平均值。

二、放牧影响高寒草甸蒸散对气象因子的响应

各气象因子中，辐射与蒸散的相关性最高，对蒸散的控制力最强（图 7-8a 和 b）。在禁牧地，Rn 能够解释 74 % 的蒸散变异，PAR 能够解释 58 % 的蒸散变异。在放牧地，Rn 能够解释 64 % 的蒸散变异，PAR 能够解释 52 % 的蒸散变异。无论是在禁牧地还是在放牧地，蒸散均与 Rn 和 PAR 呈显著线性正相关（$P<0.01$）。水分因子和温度因子对蒸散的控制力相对较弱（图 7-8c~f）。在禁牧地和放牧地中，蒸散与 Ta 均呈线性正相关（图 7-8c 和 d）。但与 Ts 的相关性在禁牧地和放牧地中表现的有所不同。在禁牧地，蒸散同样随 Ts 的增加呈显著线性增加（$P<0.01$；图 7-8c）。但在放牧地，蒸散与 Ts 相关性未达显著水平（$P>0.05$；图 7-8d）。无论在禁牧地还是放牧地，蒸散均与 PPT 呈显著负相关（$P<0.01$；图 7-8e 和 f）而与 SWC 的相关性均未达显著水平。蒸散对 VPD 的响应特征相对复杂。在禁牧地，蒸散首先随着 VPD 的增加而迅速升高，当 VPD>0.489 kPa 时，蒸散开始随 VPD 的增加而降低。在放牧地，蒸散对 VPD 的响应曲线与禁牧地相似，当 VPD>0.39 kPa 时，蒸散即随 VPD 的增加而降低（图 7-8e 和 f）。综上，放牧降低了蒸散与气象因子之间的相关性，即削弱了蒸散对气象因子的响应。

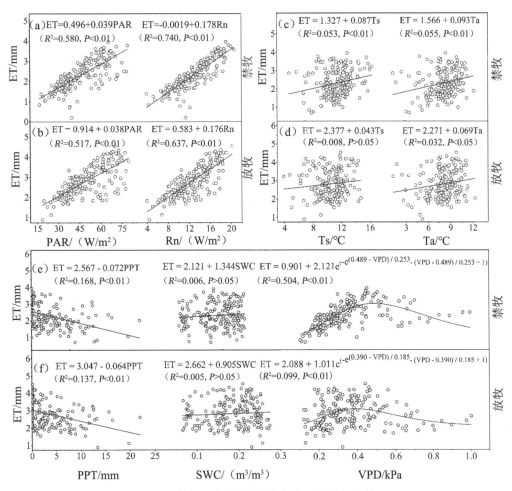

图 7-8 禁牧和放牧地蒸散与气象因子的相关关系

三、放牧影响气象因子对高寒草甸蒸散的控制作用

对生长盛季的蒸散数据进行正态分布检验，结果表明，禁牧地蒸散数据的 Z 值为 0.895，显著水平为 0.399（$P>0.05$）；放牧地蒸散数据的 Z 值为 0.854，显著水平为 0.46（$P>0.05$）。可见，禁牧地和放牧地的蒸散在生长盛季的变化均符合正态分布。

利用多元逐步回归分析，将蒸散设为因变量，气象因子设为自变量，筛选对蒸散变异起主导作用的主要气象因子。结果表明，禁牧地蒸散主要由 Rn、SWC、Ts 和 PPT 共同控制，最优拟合方程为：

$$ET=-1.21+0.16Rn+4.44SWC+0.07Ts-0.02PPT$$
$$(R^2=0.813,\ n=184,\ P<0.01) \tag{7-1}$$

在放牧地，蒸散主要由 Rn、VPD、Ta、PPT 和 SWC 共同控制，最优拟合方程为：

$$ET=0.38+0.18Rn-1.32VPD+0.05Ta-0.03PPT+1.64SWC$$
$$(R^2=0.861,\ n=184,\ P<0.01) \tag{7-2}$$

利用通径分析研究禁牧地和放牧地中所筛选出的主控气象因子对蒸散驱动机制的变

化。研究发现，禁牧地内各主控气象因子对蒸散的直接通径系数由大到小排序为：Rn>
SWC>Ts>PPT。除PPT外，各气象因子的直接通径系数绝对值均大于间接通径系数之和
的绝对值，表明各气象因子主要通过直接控制作用影响蒸散。其中，Rn与蒸散之间的直
接通径系数为0.8，对蒸散的直接影响力最强。PPT与蒸散之间的直接通径系数为-0.13，
其通过其他气象因子间接作用于蒸散的间接通径系数之和为-0.28，间接通径系数之和的
绝对值大于直接通径系数的绝对值，表明PPT主要通过与其他因子的相互作用间接影响
蒸散。此外，PPT与Rn的间接通径系数为-0.31，绝对值明显高于PPT与其他气象因子
的间接通径系数。因此，PPT主要通过Rn的路径间接影响蒸散（表7-6，图7-9）。禁牧
地内各主控气象因子对蒸散的决策系数由大到小排序为：Rn>PPT>Ts>SWC。Rn的决策
系数最高，为74%，可判定其为蒸散的主要决策因子。SWC的决策系数为-3%，是蒸散
的限制因子。

表7-6 禁牧地蒸散和环境因子关系的通径分析

气象因子 i	相关系数 r_{iy}	直接通径系数 P_{iy}	间接通径系数 I_{iy}				间接通径系数之和 $\sum I_{iy}$	决策系数 $R^2(i)$
			Rn	SWC	Ts	PPT		
Rn	0.86	0.8	—	-0.02	0.03	0.05	0.06	0.74
SWC	0.08	0.27	-0.06	—	-0.09	-0.04	-0.19	-0.03
Ts	0.23	0.19	0.14	-0.13	—	0.03	0.04	0.06
PPT	-0.41	-0.13	-0.31	0.08	-0.05	-0.28	0.09	—

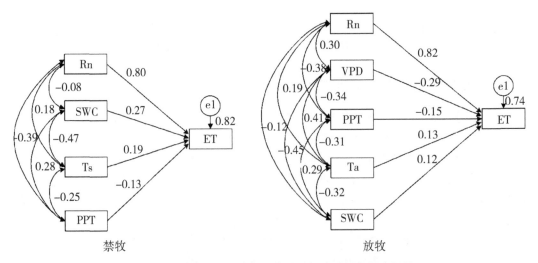

禁牧   放牧

图7-9 禁牧和放牧地蒸散与环境因子关系的通径分析图

注："e1"是误差项，单向箭头上的数字为气象因子与蒸散之间的
直接通径系数，双向箭头上的数字为气象因子之间的相关系数。

在放牧地，各主控气象因子对蒸散的直接通径系数由大到小排序为：Rn＞VPD＞PPT＞Ta＞SWC（表7-7）。Rn的直接通径系数最高，为0.82，表明其对蒸散具有最强的直接控制力。VPD与蒸散之间的直接通径系数绝对值为0.29，而通过其他气象因子间接影响蒸散的间接通径系数之和为0.3，二者近乎相等，表明VPD将同时以直接控制和间接影响2种方式共同作用于蒸散。PPT对蒸散的控制作用仍以间接影响为主，PPT与蒸散之间的直接通径系数为-0.15，而通过与其他气象因子相互作用间接影响蒸散的间接通径系数之和为-0.22。此外，与禁牧地一样，PPT同样是主要通过Rn路径间接影响蒸散，其间接通径系数为-0.31。其他气象因子的直接通径系数绝对值均大于间接通径系数之和的绝对值，表明其他气象因子均主要以直接控制的方式影响蒸散（表7-7，图7-9）。放牧地内各主控气象因子对蒸散的决策系数由大到小排序为：Rn＞PPT＞Ta＞SWC＞VPD。Rn的决策系数最高，为64％，可判定其为蒸散的主要决策因子。VPD的决策系数为-10％，是蒸散的限制因子。

表7-7 放牧地蒸散和环境因子关系的通径分析

气象因子 i	相关系数 r_{iy}	直接通径系数 P_{iy}	间接通径系数 I_{iy}					间接通径系数之和 $\sum I_{iy}$	决策系数 R^2 (i)
			Rn	VPD	PPT	Ta	SWC		
Rn	0.8	0.82	—	-0.09	0.06	0.02	-0.01	-0.02	0.64
VPD	0.01	-0.29	0.25	—	0.05	0.05	-0.05	0.3	-0.1
PPT	-0.37	-0.15	-0.31	0.1	—	-0.04	0.03	-0.22	0.09
Ta	0.18	0.13	0.16	-0.12	0.05	—	-0.04	0.05	0.03
SWC	0.07	0.12	-0.1	0.13	-0.04	-0.04	—	-0.05	0.01

四、小结与讨论

在生长季，放牧地蒸散量大于禁牧地。这里考虑2个方面原因：一方面为放牧直接通过影响群落结构影响蒸散；另一方面为放牧通过影响生态系统的微气象条件间接调控蒸散。

（一）放牧改变蒸散的组分构成

放牧使围栏外的植被总盖度减少，裸露地面积增大，土壤蒸发增加。同时，牲畜的践踏与采食使上层土壤压实，群落的物种丰富度和多样性指数降低（侯扶江 等，2004），物种种类趋于单一化并且各物种分布不均，这会加快土壤退化，土壤容重增加，土壤的保水和持水能力降低（孙海燕 等，2015），水分更容易直接通过土壤蒸发散失。但是放牧也会使植被减少，使植被的蒸腾作用下降（FRANK，2003）。所以，综合考虑放牧对蒸发与蒸腾的影响，无法判断放牧最终会使蒸散增加还是减少。然而，本节的研究结果表明，在非干旱时期的高寒草甸生态系统中，蒸发主控蒸散，这与海北的研究结果一致（HU et al.，2009）。所以，在非干旱时期，放牧造成的蒸发量增加对蒸散的促进作用大于其导致的蒸腾量减少对蒸散的抑制作用。因此，在非干旱季节，放牧使蒸散增加。当干旱发生时，地表水分迅速降低，蒸散由蒸发主控转换为蒸腾主控。由于蒸腾所需的水分主要来自植被根系对下层土壤水的吸收，所以放牧地相对较高的 SWC 会为蒸腾提供更多的水分供应，导致干旱时期放牧地蒸散也高于禁牧地。因此，放牧提高了高寒草甸生长季的蒸散。

（二）放牧改变蒸散的环境控制机制

气象因子不仅可以直接影响生态系统蒸散，也会通过与其他气象因子的相互作用间接影响蒸散（AN et al., 2019）。因此，只能反映自变量与因变量之间直接作用关系的简单相关分析并不能准确表达气象因子对生态系统蒸散的驱动机制（GONDIM et al., 2015）。本节使用通径分析将简单的相关关系分解为直接控制和间接影响，并计算各因子间的内在联系及作用路径，从而揭示各气象因子对蒸散的控制机制。

蒸散与 Rn 的相关性最强，这是因为 Rn 对蒸散的控制作用以直接驱动为主，其通过与其他因子的相互作用对蒸散造成的间接驱动相对较小。而温度则是主要通过辐射和水分路径间接影响蒸散，这是导致蒸散与温度的直接相关性较弱的原因。

辐射作为能量来源，直接驱动蒸散过程，是高寒草甸蒸散的主要控制因子，也是对蒸散直接控制作用最强的气象因子（WANG et al., 2016），这与 WANG 等（2012）的研究结论一致。而 PPT 作为蒸散的物质来源，为蒸散的发生提供水分基础，也极大地影响着蒸散的季节与年际变异（GU et al., 2008）。然而，简单线性相关分析结果却表明蒸散与 PPT 呈显著的负相关关系。借助通径分析可以解释这一现象。当发生降水时，可用于蒸散的水分资源供应充足，但此时作为能量来源的辐射资源有限。因 Rn 是蒸散的主要驱动因子，故而导致蒸散在一定程度上受到抑制（ZHANG et al., 2001）。可见，驱动因子之间的相互作用关系可能导致驱动因子对生态系统控制作用的改变（HOLLINGER et al., 2004）。因此，在高寒草甸生态系统中，PPT 并不是主要以水分来源的角色直接驱动蒸散，而是主要通过 Rn 路径，以与 Rn 相互作用的方式间接影响蒸散。而 PPT 通过 SWC 路径对蒸散仅表现出较弱的正向驱动。然而，有研究指出，森林生态系统的蒸散主要受水分条件和冠层叶面积的控制（ZHANG et al., 2001）。而在农田生态系统中，蒸散主要受太阳辐射、地温和叶面积指数的综合调控（郭春明 等，2016）。在青海海北地区，虽然同为高寒草甸生态系统，但其生态系统蒸散量主要受 PPT 控制，而非辐射（贺慧丹 等，2017）。可见，在不同气候背景下，不同生态系统类型中，蒸散的控制机制会发生变化。那么，放牧作为直接作用于生态系统的最为常见的人为干扰方式，也必然会对生态系统蒸散的变异，甚至是控制机制造成一定影响。

放牧降低了地表植被覆盖度，使地表裸露度增加。加之在牲畜的踩踏下，土壤被压得更加紧实（YATES et al., 2000）。这些都增强了地表反照率，导致 Rn 的降低（MA, 2003）。然而，青藏高原辐射资源充足，由放牧所造成的 Rn 降低量对蒸散的发生并未形成能量供应上的限制。因此，禁牧地和放牧地中蒸散量的差异，并不是由放牧导致的主要控制因子 Rn 的变化造成的，而是由水分限制因子 SWC 和 VPD 的变化造成的。

放牧减少了地上叶片面积，减缓了土壤水通过植被蒸腾扩散到大气中的进程（FRANK, 2003）。因此，放牧使生态系统中 SWC 和 VPD 均有所增加（ZHANG et al., 2015b）。若发生干旱，放牧地内会首先表现为大气水分亏缺，而禁牧地内会首先表现为土壤水分亏缺。因此，放牧地内生态系统蒸散的限制因子是 VPD，而禁牧地内生态系统蒸散的限制因子是 SWC。然而，放牧却增强了 SWC 对内蒙古温带草原蒸散的限制作用（MIAO et al.，2009）。两地土壤结构和类型的差异可能是造成这一不同结果的原因。内蒙古锡林郭勒草原的土壤类型为栗钙土，质地较为疏松。植被覆盖度的降低会导致土壤水分的迅速散失（GUO et al.，2012）。然而，高寒草甸生态系统中因有保水隔水性较强的草毡层结构的存在，使得土壤表层水分蒸发对草毡层以下的土壤水分影响较小，草毡层以下的土壤水分主要以植被蒸腾的形式散失（ZHANG et al.，2019）。

　　由于 Rn 和 Ts 均与 SWC 呈负相关（图 7-9）。因此，禁牧地中 Rn 和 Ts 经由 SWC 路径间接影响生态系统蒸散时，将受到土壤水分的限制。在土壤水分充足的情况下，Rn 和 Ts 的升高会促进蒸散，同时土壤水分也被迅速消耗（李胜功 等，1999）。若 Rn 和 Ts 持续升高，土壤水分的限制作用愈发增强，最终将影响植被的蒸腾供水。当 SWC < 0.12 m^3/m^3 时，土壤反照率升高，导致 Rn 降低，可利用能量减少，进一步抑制表层土壤蒸发（高英志 等，2004）。因此，作为禁牧地蒸散的限制因子，SWC 从水分与能量 2 个方面同时限制了土壤蒸发和植被蒸腾。

　　适度放牧在一定程度上促进了高寒草场的生产力，增强了生态系统的固碳能力（ZHANG et al.，2015b）。然而，随着大气中 CO_2 浓度的下降，VPD 对高寒生态系统的限制作用可能会被放大（DING et al.，2018）。这也是放牧将蒸散的限制因子由 SWC 转变为 VPD 的又一有力证据。在放牧地，随着 Rn 和 Ta 的升高，VPD 增加，导致更强的蒸腾拉力，促进蒸散（GONDIM et al.，2015）。DING 等（2018）发现青藏高原的 VPD 在过去的 30 年中有明显的升高趋势，这将对高寒植被造成严重影响（NOVICK et al.，2016）。本研究发现，当 VPD>0.39 kPa 时，其对放牧地蒸散逐渐表现出限制作用（图 7-8f）。随着 VPD 的持续升高，叶片通过关闭气孔阻止水分流失，抑制植被蒸腾（SONNENTAG et al.，2010）。因此，VPD 对放牧地蒸散的限制作用主要体现在对植被蒸腾的限制上。

　　综上所述，高寒草甸生态系统的蒸散主要受辐射和水分的共同驱动。由于青藏高原强辐射的特征，因放牧引起的少量 Rn 的降低并没有对生态系统蒸散造成明显的影响。但该生态系统在生长季常遭受水分胁迫（XU et al.，2021）。放牧通过对群落结构和微气象环境的影响，改变了生态系统的水分平衡，使得蒸散的水分限制因子由 SWC 转为 VPD（AN et al.，2019）。从影响程度和影响范围来看，VPD 对蒸散的限制作用要弱于 SWC 对蒸散的限制作用。因此，适度放牧可以削弱水分条件对高寒脆弱生态系统蒸散的限制作用，有助于提高其对全球气候变化的适应性。

第四节　放牧的保水效应分析

一、放牧改变高寒草甸土壤水分含量和碳水通量

　　一般认为，放牧可能对高寒草甸生态系统带来不利影响，但是通过研究发现，适度的放牧，可以改变高寒草甸土壤含水量，具有一定的保水效应，进而可以改变碳水通量。如图 7-10 所示，可以通过季节动态，直接看到放牧对高寒草甸生态系统的土壤含水量和碳水通量的影响。放牧对生长季碳水通量和水分条件的影响强于非生长季。2014 年和

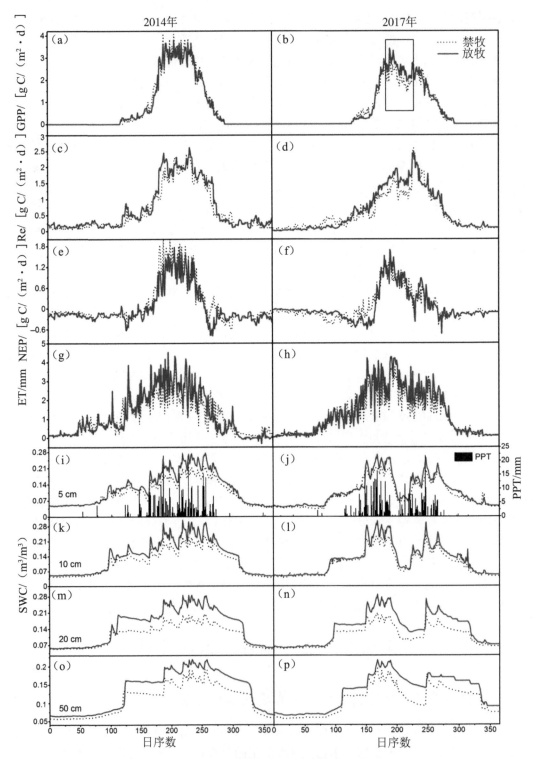

图 7-10 高寒草甸生态系统水分条件及碳水通量的动态

注：方框标记了干旱发生的时段。

2017 年，禁牧地的 GPP 与放牧地的 GPP 接近（图 7-10a 和 b）。但在 2017 年干旱期间，放牧地的 GPP 极显著（$P<0.01$）高于禁牧地（图 7-10b）。生长季放牧地中 Re 显著（2014 年 $P<0.05$；2017 年 $P<0.01$）高于禁牧地的 Re（图 7-10c 和 d）。禁牧地的 NEP 在 2014 年生长季极显著（$P<0.01$）高于放牧地（图 7-10e），但在 2017 年则基本相同（图 7-10f）。2014 年和 2017 年生长季，放牧地 ET 极显著（$P<0.01$）高于禁牧地 ET（图 7-10g 和 h）。与此同时，放牧地的 SWC 也极显著（$P<0.01$）高于禁牧地，且随着土层深度的加深，放牧地和禁牧地之间 SWC 的差距越来越大（图 7-10i~p）。

二、放牧改变高寒草甸土壤表层蒸发量

长期定位观测数据表明，放牧可提高草毡层下各土层深度的土壤含水量。但是，放牧同样增强了生态系统 ET。为解释这看似矛盾的结论，著者利用烘干法测定表层土壤含水量（图 7-11）。禁牧地表层土壤含水量始终高于放牧地，其中在 7 月 9 日和 7 月 12 日差异达极显著水平（$P<0.01$）。因 2 次小降水事件，使围栏内外的表层土壤含水量于 7 月 28 日迅速升高，此时虽差异未达显著水平，但禁牧地表层土壤含水量依旧高于放牧地。因表层土壤含水量可用于反映生态系统的蒸发量，由此可知，放牧地蒸发强于禁牧地。

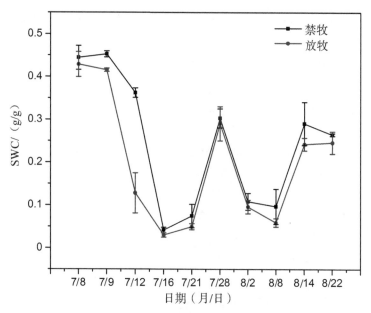

图 7-11　禁牧与放牧地表层土壤含水量的对比分析

三、高寒草甸草毡层的保水效应分析

尽管放牧使得下层土壤含水量升高（图 7-10i~p），但同时使得表层土壤含水量下降（图 7-11）。为解释这一现象，著者分别测定了有草毡层覆盖（Mattic Epipedon，ME）和裸地（Bare Land，BL）的土壤水分状况，以此评估草毡层的保水效应（图 7-12）。观测期间，草毡层下的土壤含水量始终高于裸地，并且在 7 月 16 日达到极显著水平

（$P<0.01$）。当干旱发生时，草毡层下的土壤含水量下降速率也低于裸地，表明草毡层具有保水隔水性。

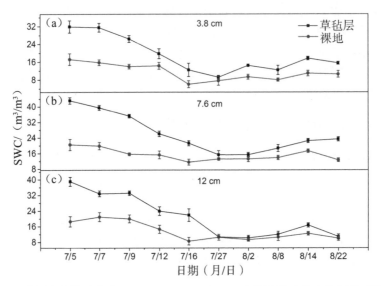

图 7-12　草毡层与裸地样方 3.8 cm、7.6 cm 和 12 cm 深度处土壤含水量的对比分析

四、高寒草甸蒸散的组分构成分析

利用静态箱法对高寒草甸生态系统蒸散进行拆分，得到蒸发和蒸腾对蒸散的相对贡献量（图 7-13）。观测期间，蒸发对蒸散的贡献率在 29 %～79 % 之间变动，最小值发生在 7 月 15 日，此前一周内几乎未发生降水。蒸腾对蒸散的贡献率在 21 %～71 % 之间变动。总的来说，蒸发可解释约 61.9 % 的蒸散变异量，而蒸腾仅可解释约 38.1 % 的蒸散变异量。

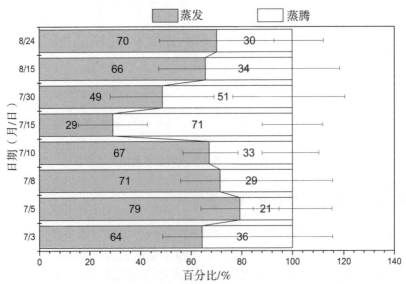

图 7-13　蒸散的组分构成分析

可见，该高寒生态系统蒸散主要由蒸发控制。只有当发生干旱，且持续时间较长时，土壤表层水分蒸发耗尽，此时蒸散由蒸腾主导。

至此，可以解释图7-10中的观测结果：由于草毡层具有保水隔水性，使得土壤表层水与草毡层下的土壤水相对独立，草毡层以下的土壤水主要通过植被蒸腾形式散失。放牧移除地上生物量，减小蒸腾失水，使水分锁在草毡层下，因此放牧表现出一定的保水效应。虽然放牧使蒸腾减小，但使蒸发增强，而蒸发主导高寒草甸蒸散量，因此放牧地有更高的蒸散。

五、放牧改变高寒草甸的水分平衡

放牧对高寒草甸生态系统水分收支的影响如图7-14所示。2014年全年总降水量为481.3 mm。禁牧地总蒸散量为407.3 mm，消耗了84.6％的降水量。放牧地总蒸散量为444.6 mm，消耗了92.4％的降水量（图7-14a）。放牧地的土壤储水量〔（69.9±33.6）mm〕比禁牧地〔（55.6±23.5）mm〕高（14.3±10.3）mm（图7-14c）。2017年全年总降水量为476.2 mm。禁牧地消耗了89.6％的降水量用于蒸散（426.7 mm）。放牧地总蒸散量为489.8 mm，比当年降水多13.6 mm（图7-14b）。放牧地的土壤储水量〔（64.9±28.5）mm〕比禁牧地〔（53.3±21.9）mm〕高（11.7±7.6）mm（图7-14d）。

可见，放牧改变了高寒草甸生态系统的水分平衡（图7-14）。经估算，放牧的保水作用可在干旱季节提供给植被约27.04 mm降水量的额外水分供应，相当于一次中到大雨的降水级别。因此，放牧可在干旱季节维持高寒草甸生态系统更高的生产力（图7-10b）。

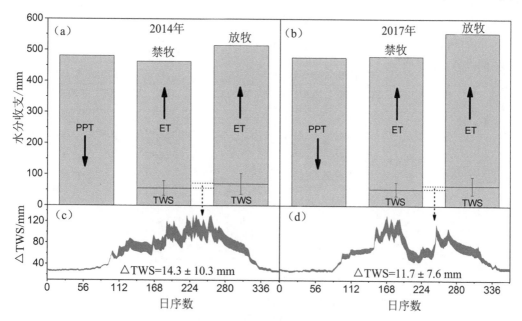

图7-14 放牧对高寒草甸生态系统水分平衡的影响
注：TWS表示土壤总储水量。

六、放牧改变高寒草甸生产力对土壤水分的响应特征

2014年生长季未发生干旱（图7-15a）。无论是在禁牧地还是放牧地，GPP均随土壤总储水量（Total Soil Water Storage，TWS）的升高呈线性增加（图7-15c和e）。然而，在2017年的生长盛期出现了严重的干旱（图7-15b）。在雨季，禁牧地的GPP随TWS的增

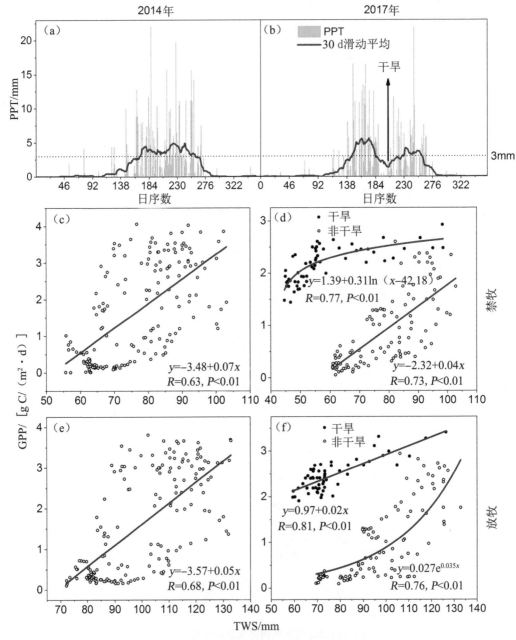

图 7-15 禁牧与放牧地中 GPP 对 TWS 的响应特征

注：当降水量的30 d滑动平均值小于3mm时标记为发生干旱。

加呈线性增加（图 7-15d），放牧地的 GPP 随 TWS 的增加呈指数增加（图 7-15f）。干旱期间，随着 TWS 的降低，禁牧地的 GPP 呈指数下降（图 7-15d），而放牧地的 GPP 呈线性下降（图 7-15f）。

可见，放牧改变了 GPP 对土壤水分的响应特征。当发生严重干旱时，禁牧地相较放牧地 GPP 随土壤总含水量降低更为迅速。而当雨水到来，放牧地相较禁牧地 GPP 随 TWS 增加更为迅速，即放牧可使 GPP 在干旱后迅速恢复。放牧改变了高寒草甸对土壤水分的响应特征，而蒸散与植被长势密切相关。因此放牧也必定对 GPP 起到重要的调控作用。

七、小结与讨论

放牧主要通过影响蒸散量和土壤总储水量来改变生态系统水分循环模式（BRESLOFF et al., 2013）。放牧能减小植被叶面积，从而导致蒸腾减少，同时放牧也会使土壤表面更多的暴露出来，导致土壤蒸发量加强。因此，放牧对 ET 的影响存在不确定性，并且可能因生态系统的不同而存在差异（BREMER et al., 2001；MIAO et al., 2009；SONG et al., 2008）。放牧显著提高了高寒草甸生态系统的蒸散（图 7-10g 和 h）。然而，在中国内蒙古半干旱羊草草原（MIAO et al., 2009）和美国堪萨斯州东北部的高草草原（BREMER et al., 2001）生态系统中却得到了相反的结论。其原因可能是由于在不同生态系统中蒸散的组成发生了变化（ZHANG et al., 2019）。如果蒸腾是蒸散的主要组成部分，放牧对蒸腾的弱化作用直接导致生态系统蒸散降低（WANG et al., 2016），而在蒸发主控蒸散的生态系统中放牧会增强蒸散。叶面积、冠层导度等生物因子（BRESLOFF et al., 2013；ZHANG et al., 2010）以及辐射、温度和湿度等非生物因子（GONDIM et al., 2015；WANG et al., 2016）决定了蒸散的主要控制因素是蒸发还是蒸腾。

在高寒草甸生态系统中，由于强辐射和较小的植被叶面积，蒸发是蒸散的主要控制因素，这可以补偿由于叶面积减少而造成的蒸腾的损失（BRESLOFF et al., 2013）。因此，在放牧地，较高的蒸发导致较高的蒸散。然而如图 7-13 中 7 月 15 日所示，当连续几天没有降水时，表层土壤水分耗尽，蒸散将从以蒸发为主转变为以蒸腾为主（VALAYAMKUN-NATH et al., 2018）。

放牧使高寒草甸的土壤储水量显著提高（图 7-14c 和 d），但使表层土壤水分降低（图 7-11）。这可能是因为与放牧地相比，在禁牧地，更多的水分在地表附近被截留，只有较少的水分可以被过滤到深层土壤中。然而，本书的研究表明，禁牧地和放牧地之间的表层土壤水分差异可能是由于蒸发造成的，而不是截留造成的。例如，在 7 月 28 日，降水量达到 6.6 mm 后，两地土壤表层水分差异非常小。这一现象表明，由于低矮植被的有限截留量，使得禁牧地和放牧地的植被截留效果仅存在微小差异。相比之下，在连续 4 d 无降水之后的 7 月 12 日，两地土壤表层水分差异很大，这可能是由于在放牧地蒸发更强烈导致的。

截留量通常是不同生态系统中影响水循环的因素之一，往往随着叶面积的减小而降低。尽管理论上放牧会导致截留量减少，从而增加土壤水分，但以往的研究表明，放牧通常会导致土壤水分减少（DONG et al., 2015；KRÜMMELBEIN et al., 2009）。因此，可以推断，截留量可能不是该高寒草甸生态系统土壤水分垂直再分配的决定因素。

此外，放牧可以使表层土壤更加坚实，理论上导致截留量增加，这与本书中发现的放牧地具有较高的深层土壤水分不一致（高英志 等，2004）。这可能归因于草毡层的致密结构，其受动物踩踏的影响轻微。因此，动物踩踏不会显著影响土壤水分的垂直再分配。故而，可以推断，影响土壤水分垂直再分配的主导因素可能是草毡层的保水作用，使其在青藏高原强辐射、表层土壤水分（主要用于蒸发）大量流失的情况下，仍能保持较高的深层土壤水分（主要用于蒸腾）。具有较低土壤导水率的草毡层作为土壤和大气之间的屏障，是放牧引起土壤水分增加的生态学基础，并解释了为什么在禁牧地和放牧地中土壤含水量之间的差距随着土壤深度的增加而扩大（图 7-10i~p）。然而，在没有草毡层的生态系统中，放牧通常会降低土壤的保水能力（LI et al.，2017；李胜功 等，1999）。

在雨季，草毡层可以在深层土壤中保存更多的水分，在干旱发生时供给植被利用（LI et al.，2015）。在有草毡层和裸地下的土壤含水量差距的缩小反映了干旱期间土壤对植被的潜在供水能力。放牧通过减少叶面积来减少草毡层以下土壤水分的流失，在生态系统受水分胁迫时可以为植被提供更多的水分。

2017 年全年降水总量比 2014 年减少 5.1 mm。禁牧地和放牧地 2017 年全年蒸散总量比 2014 年分别多 19.4 mm 和 45.2 mm。因此，与 2014 年相比，2017 年禁牧地和放牧地的缺水量分别为 24.5 mm 和 50.3 mm。这种缺水可以通过土壤储水来补充（BRESLOFF et al.，2013）。禁牧地和放牧地 2017 年的年均土壤总储水量分别比 2014 年低 2.3 mm 和 5 mm。这表明 1 mm 的年平均土壤储水量可以提供约 10.4 mm 的生态系统耗水量（禁牧地：24.5/2.3 = 10.7；放牧地：50.3/5 = 10.1）。2017 年土壤总储水量 [（11.7±7.6）mm] 在禁牧地和放牧地上的差距比 2014 年 [（14.3±10.3）mm] 小约 2.6 mm，这意味着放牧为植被提供了额外的土壤水分（约 27.04 mm），以应对 2017 年生长盛季的干旱。

第八章 气候变化背景下的高寒草地生态系统

第一节 概述

全球气候变化导致的温度升高和降水格局改变将对陆地生态系统碳平衡产生深远影响（LUO and WENG，2011）。而极端气候事件更有可能将生产力低的草地生态系统直接由碳汇转为碳源，从而加剧气候变化进程（CRAINE et al.，2012；LIANG et al.，2017）。围绕这一核心问题，学者们陆续开展原位观测、控制实验、遥感、模型模拟等手段分析全球气候变化可能对陆地生态系统生产力产生的各种影响（FELTON et al.，2021；GANJURJAV et al.，2021；TELLO-GARCIA et al.，2020；王蓓 等，2011；吴戈男 等，2016；伍卫星 等，2008；徐玲玲 等，2004）。然而，研究结论表现出了较大的不一致性，甚至对于同一种生态系统类型，不同的研究方法都可能出现不同的结果（FU et al.，2019；JUNG et al.，2017）。原因可能是研究大多直接分析气象因子与生态系统生产力之间的作用关系（CHAI et al.，2020），而忽略了气象因子对生态系统内在过程的影响（ZHANG et al.，2016）。因此，需要进一步明确其中的驱动关系，细化驱动过程，从而准确判断未来气候变化可能对陆地生态系统产生何种影响。

生长季长度（Growing Season Length，GSL）决定了生态系统固碳时长；最大光合生产力（Maximum Photosynthetic Capacity，GPP_{max}）反映了生态系统固碳能力的强弱（ZHANG et al.，2022c）。理论上二者可充分解释 GPP 的年际变异（FU et al.，2019）。前人在温带和寒带的生态系统的研究结果表明 GSL 和 GPP_{max} 可以解释 GPP 年际变异的 90 %（XIA et al.，2015；ZHOU et al.，2016）。而气候变化背景下水热条件的改变正是首先作用于 GSL 和 GPP_{max}（FU et al.，2017a；RICHARDSON et al.，2013），进而决定生态系统年总 GPP（ZHOU et al.，2017）。因此，可以通过研究 GSL 和 GPP_{max} 对气候变化的响应，进而研究气候变化对 GPP 年际变异的影响。

全球变化背景下，科学家们注意到了全球变暖对物候的影响，尤其是春季物候期的开始和秋季物候期的结束（KÖRNER and BASLER，2010；SHEN et al.，2015b），并发现了 GSL 的变化（PIAO et al.，2019）。春季物候期的开始，会受到温度、冬季低温和霜冻过程的影响（CHEN et al.，2011；POPE et al.，2013；YU et al.，2010；ZOU et al.，2020）。而秋季物候期的结束会受到温度、降水、土壤含水量、霜冻等的影响（CONG et al.，2017；LI et al.，2018；LIU et al.，2016），也就说 GSL 受到多种因子的共同影响（SHEN et al.，2015b），但总的看来水热条件是影响 GSL 变化的主要因素（PIAO et al.，2019；

SHEN et al.，2011）。尽管温度对春季和秋季物候均有影响（KÖRNER and BASLER，2010），但对秋季物候的影响相对更弱些（ZHU et al.，2017），水分对秋季物候的控制作用更为突出（LI et al.，2018）。可见气候变化对 GSL 的影响是复杂的，不同类型生态系统的 GSL 对气候变化可能有不同的响应特征（PENG et al.，2021）。

在北半球，GPP$_{max}$ 多出现在夏季，且与夏季的 GPP 正相关（STOY et al.，2014）。生长季内在适宜的水热条件下植被长势会更繁茂，GPP$_{max}$ 也会更高，表示生态系统具有更强的碳汇能力（FLANAGAN et al.，2002）。而高温、干旱等极端气候事件通常是抑制 GPP$_{max}$ 的主要因素（WANG et al.，2021）。相比于 GSL，气候变化对 GPP$_{max}$ 的影响更难以评估（ZHANG et al.，2022c）。因为它不仅受气象因子改变的影响，还受 GSL 变化的影响（RICHARDSON et al.，2013）。比如通常会认为更长的 GSL 会导致更大的 GPP 年总量（PIAO et al.，2007），但返青期的提前也会使得土壤中的水分和养分被提前消耗（WOLF et al.，2016），从而降低生长盛季的 GPP$_{max}$。若该生态系统中是 GPP$_{max}$ 主导 GPP 年总量，反而会使该生态系统的 GPP 年总量下降，直接降低该生态系统的碳汇能力（FU et al.，2019）。因此，充分认识 GSL 和 GPP$_{max}$ 对 GPP 年总量的控制机制将是深刻认知气候变化对生态系统碳汇功能影响的关键环节。

青藏高原高寒生态系统对全球气候变化响应敏感，温度升高和降水格局改变对高寒生态系统影响更为显著（IMMERZEEL et al.，2010）。高寒生态系统长期受低温胁迫，因此温度升高对其影响将更加明显（YANG et al.，2014）。气候变暖背景下，青藏高原草地生态系统的返青期提前（ZHANG et al.，2013），这可能导致更大的 GSL，这对于生长季短暂的高寒生态系统获得更大的 GPP 无疑是有益的。同时气候变暖可使高山积雪融化，水分补给也利于植被返青（KELSEY et al.，2021），同时也给生长季植被生长提供了更多可利用的水分，利于达到更高的 GPP$_{max}$，使碳汇能力增强（GALVAGNO et al.，2013）。然而一些研究却发现高寒生态系统在生长季内频繁遭遇干旱，加之气候变暖带来的高温天气，使长期适应低温环境的高寒生态系统的生产力受到明显抑制（GAO et al.，2014），GPP$_{max}$ 明显降低。同时生长季末的水分匮缺也会使生长季提前结束（LI et al.，2021b），使 GSL 缩短，导致更低的 GPP 年总量，甚至可使高寒生态系统由碳汇转变为碳源（ZHANG et al.，2022c）。可见，目前对于高寒生态系统 GSL 和 GPP$_{max}$ 对全球气候变化的响应特征尚不明确，GSL 和 GPP$_{max}$ 对高寒生态系统 GPP 年总量的控制作用也有待进一步阐明。

第二节　气候变化背景下的藏北高寒草甸生态系统

一、生长季长度和最大光合能力的年际动态

高寒草甸生态系统生长季约开始于 6 月初，结束于 9 月中下旬［DOY：（155±5）-（264±5）］，如图 8-1 所示。2020 年生长季最长，为 118 d。2013 年和 2015 年生长季最短，均为 100 d。2020 年早春水热条件优越，生长季开始最早（DOY：145±7）。2015 年因干旱使得生长季开始时间最晚（DOY：162±4）。然而，2015 年 8 月中下旬相对充沛的降水，使其生长季结束时间（DOY：261±1）相对于其他年份并没有明显提前。然而，降

水过多也有其负面影响，2013 年 9 月上旬就因为连续阴雨天导致断崖式降温，导致其生长季结束时间最早（DOY：255±7）。

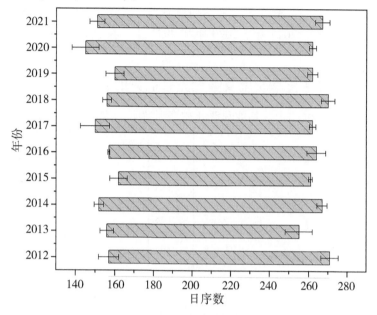

图 8-1 2012—2021 年那曲高寒草甸生长季长度

生长季内，GPP 随 Ta 的升高而升高，当达峰值时，此时对应的 GPP 为 GPP_{max}，Ta 为最适光合温度（图 8-2）。当 Ta 高于最适光合温度，GPP 呈现下降趋势。观测 10 年间，水热条件优越的 2020 年 GPP_{max} 值最大，为 3.5 g C/（m² · d）。而异常干旱的 2015 年

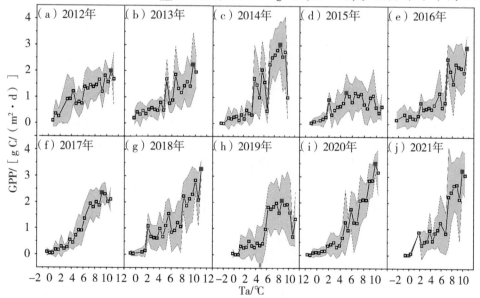

图 8-2 那曲高寒草甸生态系统中 GPP 对温度的响应特征
注：阴影范围代表标准差。实心点代表最大光合能力（GPP_{max}）。

GPP$_{max}$值最小，为 1.2 g C/(m^2·d)。除 2015 年外，GPP$_{max}$均出现在日均温为 10 ℃左右的日子里。2015 年干旱使得温度条件好的时候缺水，GPP 受到抑制，因此 GPP$_{max}$提前发生于温度较低时。此外，在 2015 年，在达到最适光合温度前，GPP 随 Ta 升高缓慢。而在没有水分胁迫的 2014 年、2018 年、2020 年和 2021 年，在达到最适光合温度前，GPP 随 Ta 迅速升高。

二、气象因子对生长季长度及最大光合能力的影响

在年尺度上，GSL 和 GPP$_{max}$均明显受水热条件调控（图 8-3）。GSL 随大于 0 ℃的年

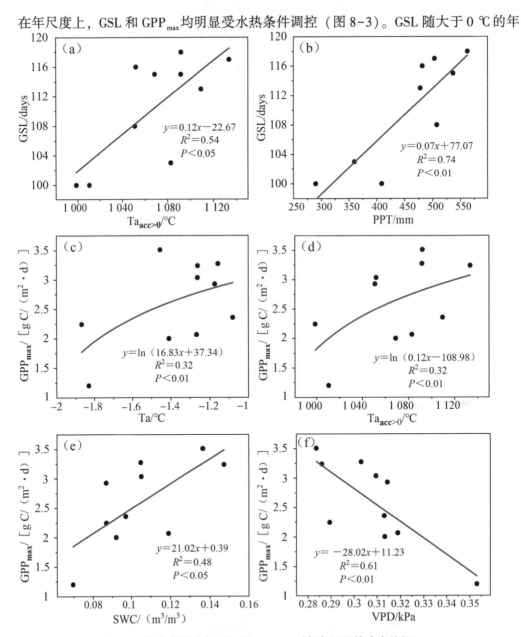

图 8-3 那曲高寒草甸 GSL 和 GPP$_{max}$对气象因子的响应特征

有效积温（$Ta_{acc>0}$）和降水量线性增加（图 8-3a 和 b）。其中，年总降水对 GSL 起主要控制作用，可解释 74 % 的生长季长度的变异。GPP_{max} 随 Ta 和 $Ta_{acc>0}$ 的增加呈对数增加（图 8-3c 和 d），随 SWC 线性增加（图 8-3e），随 VPD 线性递减（图 8-3f）。其中，VPD 主导 GPP_{max}，可解释 GPP_{max} 61 % 的变异。

GSL 受 7 月温度条件和 8 月水分条件调控作用明显（图 8-4a～c）。每年 7 月 $Ta_{acc>0}$，8 月 SWC，8 月 VPD 均对 GSL 有显著影响。7 月 $Ta_{acc>0}$ 越大，GSL 越大（图 8-4a）。8 月 SWC 越大，VPD 越小，GSL 越大（图 8-4b 和 c）。GPP_{max} 同样受生长季内水热条件影响显著（图 8-4d～f）。7 月 $Ta_{acc>0}$ 越大，GPP_{max} 越大（图 8-4d）。7—10 月 SWC 均对 GPP_{max} 有显著的促进作用（图 8-4e）。GPP_{max} 与每年 7 月和 9 月 VPD 显著负相关（图 8-4f）。

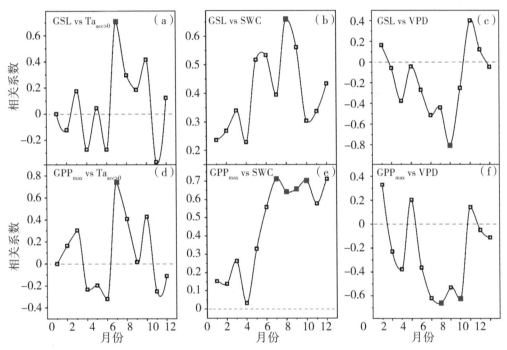

图 8-4 GSL 和 GPP_{max} 与各个月的各气象因子的相关关系

注：实心点表示相关关系显著（$P<0.05$）。

三、生长季长度和最大光合能力对年总 GPP 的贡献率

GSL 和 GPP_{max} 均对年总初级生产力（Annual Cumulative Gross Primary Productivity，GPP_{ann}）有显著影响（图 8-5）。GSL 越长，GPP_{max} 越大，GPP_{ann} 就越大。GPP_{max} 对 GPP_{ann} 的决定系数（0.83）大于 GSL 对 GPP_{ann} 的决定系数（0.67），可见 GPP_{max} 主导 GPP_{ann}（图 8-5a 和 b）。当 GPP_{max} 很低时，GSL 的增加，并不能使 GPP_{ann} 显著增加（图 8-5c）。而当 GSL 很低时，GPP_{max} 的增加可使 GPP_{ann} 有明显升高，再次证明了 GPP_{max} 对 GPP_{ann} 的

主控作用。

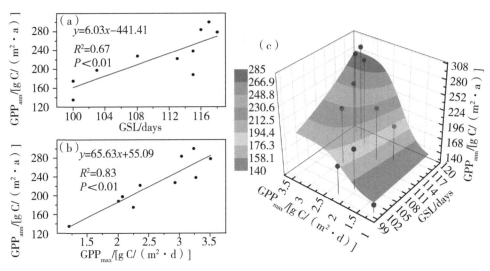

图 8-5　GSL 和 GPP$_{max}$ 对年总初级生产力的贡献

GSL 表征最大固碳时长，GPP$_{max}$ 表征最大固碳能力，二者相乘（GSL×GPP$_{max}$）即可计算理论上最大年总初级生产力 GPP$_{ann}$（图 8-6a）。因此，可考虑用二者乘积构建方程表示 GPP$_{ann}$（图 8-6b），即：GPP$_{ann}$＝a×GSL×GPP$_{max}$＋b，这里，a 表示现实年总初级生产力与理论上最大年总初级生产力的比值，b 为订正项。GSL 和 GPP$_{max}$ 可共同解释 GPP$_{ann}$ 变异的 87 %，大于 GSL 和 GPP$_{max}$ 单独对 GPP$_{ann}$ 的解释度，也大于各气象因子对 GPP$_{ann}$ 的解释度（图 8-7）。

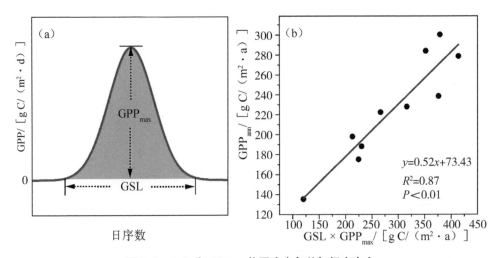

图 8-6　GSL 和 GPP$_{max}$ 共同决定年总初级生产力

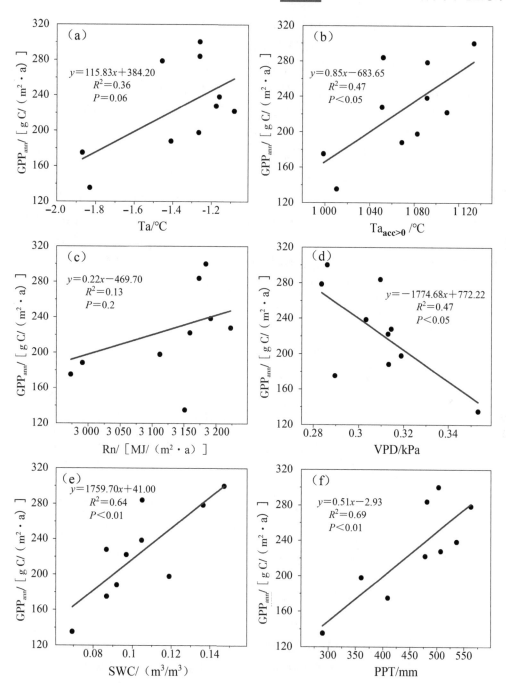

图8-7　年尺度上那曲高寒草甸年总初级生产力对气象因子的响应

四、气候变化对高寒草甸年总 GPP 的驱动路径

气象因子通过影响 GSL 和 GPP_{max} 进而影响 GPP_{ann} 的影响路径如图 8-8 所示。为了评估每个因子对 GPP 年总量的影响，综合分析了每个变量的变异系数（Coefficient of Variation，CV）和每个关键气象因子对 GSL 和 GPP_{max} 的决定系数（Decision Coefficients，R^2）。众多气

象因子中，年降水量对 GSL 的控制作用最强（$R^2 = 0.74$）。年降水量每增加 100 mm，生长季长度增加 7 d。并且降水自身的年际变异也较大（88.54 mm），且具有相对较高的变异系数。因此，PPT 的年际变异主控 GSL 的年际变异。在年尺度上，VPD 对 GPP_{max} 的控制作用最强（$R^2 = 0.61$），这与之前研究结果一致，即 VPD 对青藏高原草地生态系统有越来越重要的影响（DING et al., 2018）。然而 VPD 自身 IAV（0.02）和 CV 值（0.07）都较小，这将限制 VPD 对 GPP_{ann} 的实际影响力。生长季内 8 月 SWC 的 CV 值（0.34）最高，其可能对 GSL 和 GPP_{max} 产生更大的实际影响。8 月土壤含水量每增加 0.1 m^3/m^3，GSL 和 GPP_{max} 分别增加 8.6 d 和 0.86 g C/($m^2 \cdot$ d)。相比于 GSL，GPP_{max} 对 GPP_{ann} 的控制作用更强，GPP_{max} 每增加 1 g C/($m^2 \cdot$ d)，GPP_{ann} 增加 65.63 g C/($m^2 \cdot$ a)，这对于碳汇能力较弱的高寒草甸生态系统，将可能直接改变其碳源汇性质。而 GSL 每增加 1 d，仅能增加 GPP_{ann} 6.03 g C/($m^2 \cdot$ a)。此外，由于受更多气象因子的共同调控，GPP_{max} 的年际变异也较大（IAV = 0.73，CV = 0.28），这更增加了 GPP_{max} 对 GPP_{ann} 的实际影响力。因此，GPP_{ann} 的年际变异主要受到通过如下路径的控制：年总 PPT 和 8 月的 SWC→GPP_{max}→GPP_{ann}。

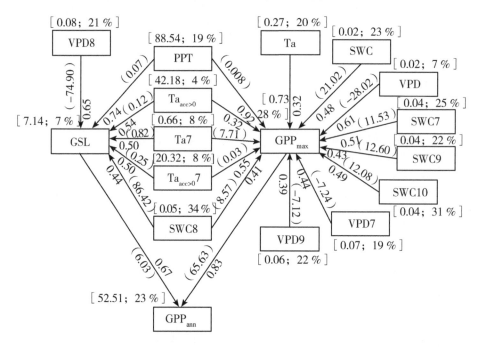

图 8-8　年尺度上主要气象因子通过影响 GSL 和 GPP_{max} 对年总初级生产力的影响路径

注：7 月 $Ta_{acc>0}$ 记为 $Ta_{acc>0}$7；8 月 SWC 记为 SWC8，其余 Ta7、SWC7、SWC9、SWC10、VPD7、VPD8 和 VPD9 以相同的命名规则命名。箭头上的值为决定系数（R^2）；箭头上括号内的数字为斜率；方括号内的数字分别为各变量的年际变异（IAV）和变异系数（CV）。

五、讨论

（一）气象因子决定了 GSL 和 GPP_{max} 的年际变异

气象因子可以通过影响物候期和生理指标最终影响 GPP 的年际变异（FU et al.,

2017b；NIU et al.，2017）。因此，深刻理解气候如何通过影响 GSL 和 GPP$_{max}$，进而影响 GPP 的年际变异，有助于在全球变化背景下准确预测 GPP。

通常情况下，生态系统生长季的开始和结束时间，主要受温度调控（ZHOU et al.，2017；ZOU et al.，2020）。然而那曲高寒草甸生态系统冬季降水较少，导致春季没有足够积雪融水，常受水分胁迫（XU et al.，2021）。因此，春季水分条件对该高寒草甸生态系统生长季开始时间的调控作用明显（SHEN et al.，2015a）。如春季降水相对充沛的 2014 年、2017 年、2020 年和 2021 年，其生长季开始时间明显早于其他年，这与前人在青藏高原开展的研究得到的研究结论一致（LI et al.，2020）。而 2015 年则因干旱使生长季开始晚。该地区 80 % 的降水集中于生长季内，因此在生长季末期，水分条件一般将不再是限制因子，生长季结束时间则主要受温度调控（LI et al.，2018）。如 2013 年生长季末的断崖式降温直接使生长季提前结束。即使是在异常干旱的 2015 年，也因 8 月中下旬的降水使生长季末 SWC 没有降到很低。这也解释了 8 月水分条件（SWC 和 VPD）对 GSL 的显著影响（图 8-4b 和 c），说明 8 月的降水是保证生长季结束时间不受水分条件制约的关键。10 年观测期间，水热条件优越的 2014 年、2018 年、2020 年和 2021 年 GSL 均较长，这主要归因于年内较高的 Ta$_{acc>0}$ 和 PPT（图 8-3a 和 b）。2013 年和 2015 年这 2 年 GSL 最短，但引发的机制不同，前者受温度影响使生长季结束早，后者受水分限制使生长季开始晚。

高寒草甸生态系统 GPP$_{max}$ 受水热条件共同影响，但受水分调控作用更强（图 8-3c~f）。这里的水分调控作用主要指水分胁迫对 GPP 的抑制作用，其可以影响 GPP 对温度的响应特征（ZHANG et al.，2018b）。例如：在没有水分胁迫的 2014 年、2018 年、2020 年和 2021 年，GPP 随 Ta 迅速上升，且能达到更高的 GPP$_{max}$ 值。而生长季初就遭遇干旱的 2019 年，刚开始 GPP 随 Ta 升高上升趋势不明显，直到干旱解除，GPP 随 Ta 迅速上升。而异常干旱的 2015 年，各温度区间内 GPP 均较低，其 GPP$_{max}$ 值也最低（图 8-2d）。

GPP$_{max}$ 一般出现在生长盛季（7 月下旬至 8 月中旬）。生长季内的水热条件直接决定了 GPP$_{max}$ 的值（图 8-4）。高寒草甸生态系统生长季内辐射资源充足，热量资源稳定，仅 7 月 Ta$_{acc>0}$ 表现出了对 GPP$_{max}$ 的显著控制作用（图 8-4a），这是决定能否使 GPP 达到最大值的热量保障。而 7—10 月 SWC 对 GPP$_{max}$ 均有显著的促进作用（图 8-4e），体现了水分条件对高寒草甸固碳能力的主导作用，与前期对该高寒草甸生态系统的研究结果一致（ZHANG et al.，2018b）。基于美国通量网 24 个站点的研究同样发现 GPP$_{max}$ 可以随着夏季降水的增多有一定程度的升高（ZHOU et al.，2017）。本节中 10 月的 SWC 和 GPP$_{max}$ 也显示为正相关关系，很可能是受生长季内情况的影响：生长季内 SWC 高，导致该年 GPP$_{max}$ 高，而高的 SWC 不会立刻消失，持续到 10 月 SWC 仍维持高值，才导致 10 月 SWC 与 GPP$_{max}$ 也正相关。研究表明，该高寒草甸生态系统每年 6 月和 8 月 VPD 出现峰值。而 GPP$_{max}$ 与每年 7 月和 9 月 VPD 显著负相关（图 8-4f），这可能是气象因子时滞效应的体现（ZHANG et al.，2015a），也可能是生态系统对每年 6 月和 8 月高 VPD 已产生适应性，而对 7 月和 9 月的高 VPD 应对策略不足（GAO et al.，2014）。

（二）GSL 和 GPP$_{max}$ 共同控制 GPP$_{ann}$

GSL 和 GPP$_{max}$ 对 GPP$_{ann}$ 年际变异的联合控制作用也表明气象因子可以通过同时影响物候期和植被光合能力来实现对 GPP 年总量的影响（XIA et al.，2015；ZHOU et al.，2016）。以往研究认为植被的物候期和生理活动主要受到温度、降水和太阳辐射影响（FU et al.，2017b；FU et al.，2019）。然而在辐射资源充足的青藏高原，GSL 和 GPP$_{max}$ 主要受水热条件影响，其中水分条件显得更为重要。

本节的研究发现 GPP$_{ann}$ 的变异可以通过生态系统上的表征生态系统生理变化的指标（GPP$_{max}$）和表征物候的指标（GSL）来解释，尤其是 GPP$_{max}$ 对 GPP$_{ann}$ 变化的解释度更高。前人的很多关于陆地碳循环变化的研究也指出了 GPP$_{max}$ 在决定 GPP$_{ann}$ 中的重要作用（GONSAMO et al.，2018；REICHSTEIN et al.，2014）。日 GPP 最大值出现的次数越多，常常也意味着较高的 GPP 年总量（ZHOU et al.，2017），而物候期的转变影响相对较弱（ZSCHEISCHLER et al.，2016）。尽管生长季较早的开始和生长季较晚的结束可以对 GPP 年总量的增加有一定的贡献（DRAGONI et al.，2011），但著者仍认为 GPP$_{max}$ 升高将会是导致高寒草甸生态系统碳汇能力增强的主要因素，这也是高寒草甸生态系统高效利用短暂生长季的适应性体现。

GSL 是 GPP$_{ann}$ 的长度，GPP$_{max}$ 是 GPP$_{ann}$ 的高度。因此用 GSL 和 GPP$_{max}$ 这 2 个生物因子表达 GPP$_{ann}$ 同时具有数学意义和生物学意义，是非常合理的（ZHOU et al.，2016）。公式 GPP$_{ann}$ = a×GSL×GPP$_{max}$+b 可用于估算生态系统的固碳能力，其中 a 值可用来评价一个生态系统的碳汇潜力。同时可以反映在生长季内，碳吸收受到气象因子影响的情况。目前的模型对于全球的 GPP 的模拟应考虑到不同生态系统 GPP 的温度敏感性存在很大的差异（ANAV et al.，2013；PIAO et al.，2013），以及不同的植被的物候以及最大光合能力的差异所带来的模型模拟的不确定性（XIA et al.，2015）。本节的研究结果可为高寒草甸生态系统 GPP 模拟提供理论支持和订正依据。

有研究指出，全球变暖会导致寒冷地区的生长季延长，进而导致该地区的生态系统可以吸收更多的 CO_2（PIAO et al.，2007；SCHWARTZ et al.，2006；XIA et al.，2014）。但是，如果春季融雪减少的话会导致 GPP$_{max}$ 的降低，进而导致 CO_2 吸收的减少（HU et al.，2010；SACKS et al.，2007）。尽管春季融雪是高寒草甸生态系统春季水分的重要收入项，但本节却发现 GPP$_{max}$ 是随着 GSL 的增加而增加的（GPP$_{max}$ = 0.08×GSL−5.78，R^2 = 0.49，$P<0.05$）。然而，这并不代表气候变暖将可能提高高寒草甸的碳汇能力。因为高寒草甸最适光合温度较低，气候变暖将可能以"高温"的形式直接限制 GPP$_{max}$，而 GPP$_{max}$ 主导GPP$_{ann}$（图 8-5），即便气候变暖可能使 GSL 延长，但最终还是可能会降低高寒草甸的碳汇能力。

第三节　气候变化背景下的青藏高原高寒草地

一、青藏高原主要高寒草地类型观测站点信息

本节的研究所选站点包含了青藏高原主要的高寒生态系统类型，各观测站点地理位置

与自然环境条件的基本情况如表 8-1 所示。那曲站的通量和小气候观测数据为第一手观测资料，按中国通量网标准数据处理流程对数据进行剔除、校正、插补（YU et al., 2006），最终整合至日尺度。其他站点日尺度数据主要是从中国陆地生态系统通量观测研究网络数据中心（China FLUX）和中国生态系统研究网络数据中心（CERN）申请的。另外还有来自国家青藏高原科学数据中心（http：//data.tpdc.ac.cn）和国家生态科学数据中心（http：//www.nesdc.org.cn）的数据作为数据补充来源。

表 8-1　6 种类型的高寒草地观测站点信息

项目	那曲草甸（NQmea）	果洛草甸（GLmea）	当雄草甸（DXste）	当雄湿地（DXwet）	海北灌丛（HBshr）	海北湿地（HBwet）
观测时间	2012—2021 年	2010—2012 年	2004—2011 年	2010—2012 年	2003—2010 年	2004—2009 年
地理坐标	92°00.92′E 31°38.51′N	100°55′E 34°35′N	91°03.98′E 30°29.84′N	91°03.74′E 30°28.14′N	101°19.87′E 37°39.91′N	101°19.64′E 37°36.51′N
海拔高度/m	4 598	3 980	4 333	4 286	3 400	3 200
年降水量/mm	430	490	450	450	580	580
年均温/℃	−1.9	−3.9	1.3	1.3	−1.7	−1.7
植被类型	高寒草甸	高寒草甸	草原化嵩草草甸	高寒湿地	灌丛草甸	高寒湿地
主要物种	*Kobresia pygmaea*	*Kobrecia parva*	*Stipa capillacea*、*Kobresia pygmaea*	*Kobresia littledalei*、*Blysmus sinocompressus*	*Potentilla fruticosa*、*Kobresia humilis*	*Carex pamirensis*、*Kobresia tibetica*

二、生长季长度和最大光合能力的估算

生长季长度（GSL）和最大光合能力（GPP_{max}）都是基于 GPP 日值的平滑后的年内变化曲线得出的。使用了奇异谱分析法（Singular Spectrum Analysis, SSA）平滑了原始观测的 GPP 时间序列曲线。SSA 是一种非模型的时间序列处理技术，便于对日 GPP 时间序列进行分解和重构，得到 GPP 平滑曲线（ZHOU et al., 2016）。该方法结果可靠，前人已有研究利用该方法从 GPP 时间序列中提取植被物候（KEENAN et al., 2014）。

GPP_{max} 为一年内日 GPP 平滑曲线的峰值，采用动态阈值法确定 GSL 的长度。在生长季初，当平滑的日 GPP 超过一定的阈值时，定义为生长季开始，当 GPP 将开始低于这一阈值时，定义为生长季的结束，GSL 被定义为生长季开始和结束之间的天数。

在本节的研究中，用那曲站的 2012—2021 年的实测物候数据确定生长季开始和结束时间阈值，进而推广并应用于其他站点，物候观测资料包括生长季的开始时间、结束时间和生长季长度。图 8-9 给出了如何从平滑的日 GPP 中得到生长季开始、结束时间、GSL 和 GPP_{max} 值的示意图。

a 和 b 分别为在那曲站观测到的生长季开始和结束时所对应的 GPP 值。基于 10 年的平均值计算，a 和 b 分别为 GPP_{max} 的 12 % 和 34 %。然后，将二者均值确定为阈值，即 23 %，如图中虚线所示。即一年内当平滑后的日 GPP 大于 GPP_{max} 的 23 % 之内的天数即为 GSL。相较于固定阈值法，例如：定义 GPP 大于 2 g C/($m^2 \cdot$ d) 即为生长季开始，小于 2 g C/($m^2 \cdot$ d) 即为生长季结束（RICHARDSON et al., 2010），动态阈值法可以避免土壤和植被类型的干扰，进而更为准确的判断生长季的开始和结束（WU et al., 2021）。不同于每个站点使用同一阈值的方法（KEENAN et al., 2014），这里使用的动态阈值法对于不同的站点使用各自的阈值判断生长季的开始和结束，这样可以更准确的判断物候期（WU et al., 2013）。

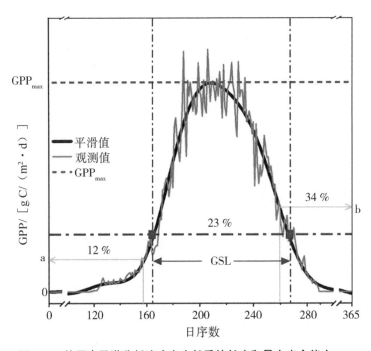

图 8-9　使用奇异谱分析法确定生长季的长度和最大光合能力

三、不同类型高寒草地生长季长度和最大光合能力的变异特征

不同生态系统中 GSL 和 GPP_{max} 存在差异，即使在同一站点相距很近的 2 种不同生态系统的 GSL 和 GPP_{max} 也存在明显差异（图 8-10）。本节内容所涉及的几种高寒生态系统平均 GSL 为（129±17）d。其中海拔最高的那曲草甸 GSL 最短（111±7）d，果洛草甸 GSL 最长（162±12）d。几种高寒生态系统平均 GPP_{max} 为（5.25±2.64）g C/($m^2 \cdot$ d）。其中当雄草原化草甸 GPP_{max} 最小，为（1.85±0.49）g C/($m^2 \cdot$ d），当雄湿地 GPP_{max} 最大，为（9.97±0.61）C/($m^2 \cdot$ d）。湿地灌丛类型（DXwet、HBshr、HBwet）的生态系统的 GPP_{max} 普遍高于草原草甸类型（NQmea、GLmea、DXste）的生态系统。

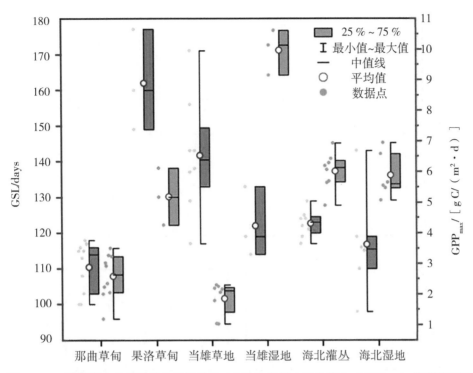

图 8-10　6 种高寒生态系统的生长季长度（GSL）和最大光合能力（GPP$_{max}$）的变异特征

四、生长季长度和最大光合能力的主控气象因子

GSL 主要受年均温度（Ta 和 Ts）的影响（图 8-11a 和 b）。其中 Ts 的控制作用最强，可解释 39 %GSL 的变异。高温年通常也有较高的年均 VPD，因此 VPD 也与 GSL 表现为显著正相关（图 8-11d）。SWC 和 PPT 与 GSL 相关性未达显著水平（图 8-11c 和 e）。

GPP$_{max}$ 主要受生长季内水分调控。其中 SWC 的控制作用最强，可解释 89 %GPP$_{max}$ 的变异（图 8-11h）。因不同水分条件的生态系统 GPP$_{max}$ 对 VPD 的响应不同，导致生长季内 VPD 变异仅可解释 GPP$_{max}$ 变异的 18 %（图 8-11i）。在水分供应充足的生态系统（DXwet、HBshr、HBwet）中，GPP$_{max}$ 与 VPD，Ta 和 Ts 均为显著正相关（图 8-11f、g 和 i）。在水分供应相对不够充足的生态系统（NQmea、GLmea、DXste）中，GPP$_{max}$ 与 VPD，Ta 和 Ts 均为显著负相关（图 8-11f、g 和 i）。

为进一步明确气象因子对 GSL 和 GPP$_{max}$ 的驱动作用，进行了气象因子与 GSL 和 GPP$_{max}$ 的逐月相关分析（图 8-12）。除了 1 月和 2 月全年各月 Ts 均与 GSL 呈显著正相关，其中 5 月和 9 月相关性较高，分别主要作用于生长季的开始和结束（图 8-12a）。非生长季较高的 Ta 和 VPD 通常也会导致更长的 GSL。而各月 SWC 和 PPT 均与 GSL 相关不显著。除了 2 月、3 月和 4 月全年各月 SWC 均与 GPP$_{max}$ 呈显著正相关，高相关主要集中于生长季内，其中 5 月出现最高值，表明植被返青前后 SWC 很关键，决定着一年的植被生长

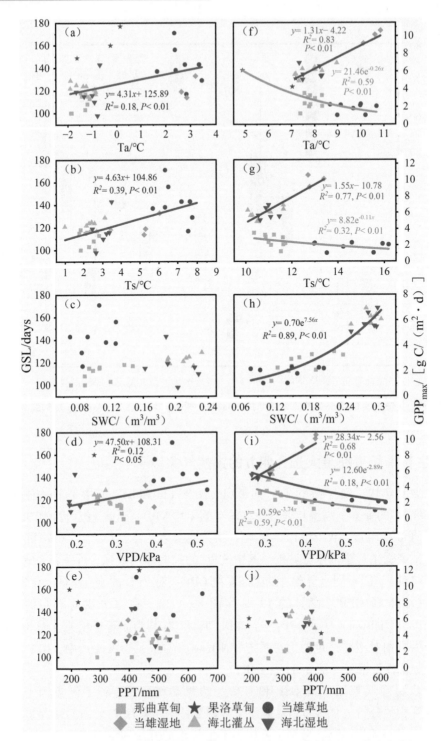

图 8-11　年尺度上 6 种高寒生态系统 GSL 和 GPP$_{max}$对气象因子的响应特征

注：2011—2012 年缺少果洛站的 Ts、SWC、VPD 数据；

2012 年缺少当雄湿地站的 SWC、那曲站的 PPT 数据。

（图8-12b）。而VPD则是从生长盛季的7月开始与GPP_{max}呈显著负相关。尽管在年尺度上PPT与GPP_{max}相关不显著（图8-11j），但4月PPT与GPP_{max}呈显著正相关，此时期是为整个生长季储存水分的关键时期，也是决定5月SWC的关键。

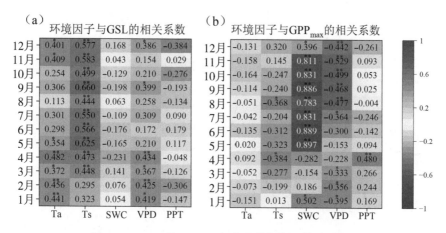

图8-12　GSL和GPP_{max}与各月的气象因子的关系

五、生长季长度和最大光合能力对GPP年际变异的贡献

尽管气象因子变化尤其是温度变化对GSL有显著影响，但由此改变的GSL并不会显著影响GPP年总量（图8-13a）。而生长季内水分条件改变导致的GPP_{max}的变化，则会显著影响GPP年总量，GPP_{max}可解释94%的GPP年总量的变异（图8-13b）。整体看来GPP年总量会随着GSL和GPP_{max}的增加而增加（图8-13c）。但当GPP_{max}处于低值时，GSL再长GPP年总量也没有增加。如2011年DXste的GSL长达171 d，但GPP_{max}仅为1.03 g C/($m^2 \cdot$ d），导致GPP年总量也仅为121.18 g C/($m^2 \cdot$ a）。但只要GPP_{max}值较大，即使GSL较短也会有较高的GPP年总量。如2007年HBwet的GSL在几个生态系统中是最短的，仅为98 d，但其较高的GPP_{max}依然保证了479.8 g C/($m^2 \cdot$ a）的GPP年总量。2012年DXwet的GSL也仅有114 d，但其GPP_{max}在几个生态系统中是最大的，为10.62 g C/($m^2 \cdot$ d），导致其GPP年总量高达796.56 g C/($m^2 \cdot$ a）。

图8-14a中阴影面积S表示GPP年总量。若S1和S2的面积正好能等于S3和S4的面积，那么GPP年总量=0.5×（GSL×GPP_{max}）。当然，实际中因受环境变量的影响，一般来说面积很难相等。所以这里引入斜率和截距修正方程，即GPP年总量=0.69×（GSL×GPP_{max}）+18.42（图8-14b）。尽管GSL对GPP年总量在统计意义上并没有表现出明显的控制作用（图8-13a）。但其毕竟是决定了固碳的时长（图8-14a）。把GSL也考虑进去，可明显提升对GPP年总量的解释度，从94%提升至极高的99%。即GSL和GPP_{max}可共同解释99%的GPP年总量变异（图8-14b）。可见用GSL和GPP_{max}可较为准确地估算青藏高原高寒生态系统的GPP年总量。

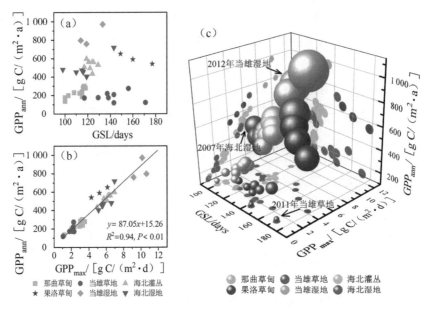

图 8-13　GSL 和 GPP$_{max}$对 GPP 年总量的贡献

注：c 中球体积越大表示 GPP 年总量越大。

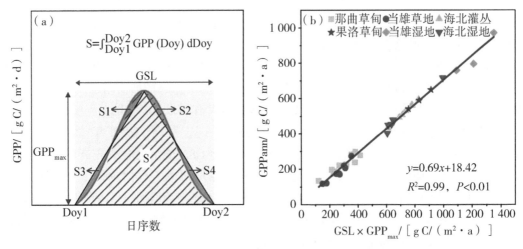

图 8-14　GSL 和 GPP$_{max}$对 GPP 年总量的控制作用

注：a 为 GSL 和 GPP$_{max}$对 GPP 年总量影响的概念图；

b 为 GSL×GPP$_{max}$与 GPP 年总量的关系。

六、气候变化对青藏高原高寒草地年总 GPP 的驱动路径

青藏高原高寒生态系统对气候变化响应敏感，温度升高和降水格局改变将极大影响高寒生态系统的生产力，扰动青藏高原碳平衡。高寒生态系统常受温度和水分的双重限制，

温度条件主控 GSL，水分条件主控 GPP$_{max}$。全球气候变化导致的温度升高会延长青藏高原高寒生态系统的 GSL，但这对青藏高原碳平衡影响并不大。而水分格局的改变将决定GPP$_{max}$，这将直接影响高寒生态系统的碳汇能力。气候变化导致气象因子改变对高寒生态系统生产力影响的主要驱动路径为：SWC→GPP$_{max}$→GPP 年总量。SWC 可解释 89 % 的GPP$_{max}$变异，GPP$_{max}$可解释 94 % GPP 年总量的变异。综合考虑 GSL 和 GPP$_{max}$（GSL×GPP$_{max}$），可解释 GPP 年际变异的 99 %。因此，在模型中利用 GSL 和 GPP$_{max}$估算青藏高原高寒生态系统生产力是非常可靠的。通过研究 GPP$_{max}$的变化来研究青藏高原碳收支的年际变异是非常重要的，这有助于理解青藏高原生态系统对未来气候变化的响应特征。本章的研究表明未来气候变化背景下水分格局的改变将对青藏高原碳汇功能产生巨大影响。

七、讨论

（一）水热条件影响高寒草地的 GSL 和 GPP$_{max}$

高寒生态系统长期受低温胁迫，在全球变化背景下，气温升高得到了很多学者的关注，前人研究大多认为温度升高可能会增强高寒生态系统的碳汇功能（LI and TANG，1988；PIAO et al.，2006）。然而，除了低温，干燥也是青藏高原重要的气候特征，随着学者们对水分格局改变的关注，目前对于气候变化如何影响青藏高原高寒生态系统的碳汇功能仍存在较大不确定性（WANG et al.，2021；XU et al.，2021）。

青藏高原高寒生态系统敏感脆弱，气候变化对其影响比其他生态系统更剧烈（IMMERZEEL et al.，2010；陆晴 等，2017）。为明确全球气候变化对青藏高原高寒生态系统固碳能力的影响，引入了直接受气象因子控制的 GSL 和 GPP$_{max}$作中间环节，以期明晰气候变化对青藏高原高寒生态系统 GPP 年总量的真实驱动过程和驱动路径。

与前人研究结果一致，温度升高可以明显延长高寒生态系统的 GSL，从而延长生态系统的固碳时长（CHAI et al.，2020；ZHANG et al.，2013）。然而，空气温度和土壤温度对GSL 的作用有所不同（MCMASTER and WILHELM，1998）。非生长季的空气温度对 GSL影响较大，意味着暖冬可能会预示着来年的 GSL 更长（LINDERHOLM，2006）。而土壤温度则是几乎全年都对 GSL 有显著的正面影响，说明土壤温度对 GSL 的控制作用更强，可能是由于其直接作用于植被生长（XUE et al.，2014；ZHANG et al.，2018b）。从逐月分析结果来看（图 8-12），年尺度上 GSL 与 VPD 的正相关主要是由于非生长季 VPD 对 GSL的显著正效应导致的，这可能主要是由于 Ta 与 VPD 的正相关关系，Ta 与 GSL 正相关，导致了 VPD 与 GSL 的正相关关系，也再次说明了温度主导 GSL，而水分条件对 GSL 的调控作用并不明显（CONG et al.，2017；KÖRNER and BASLER，2010；ZOU et al.，2020）。

无论从年尺度还是逐月分析来看，SWC 和 PPT 与 GSL 的关系都不显著，其原因可能是 GSL 受生长季开始和结束时间共同影响（ZHOU et al.，2017），而水分条件对生长季开始和结束时间的影响则更为复杂并且存在更大的不确定性（LIU et al.，2016；SHEN et al.，2011）。比如：好的水分条件可能使植被提前返青，但这也会提前消耗土壤水分（CHEN et al.，2022），如果生长季内降水不充沛，则同样可能导致生长季提前结束（LIU et al.，2016）。

GPP$_{max}$主要受生长季内水分条件控制（ZHANG et al.，2023b）。生长季内好的水分条件利于高寒生态系统获得更大的 GPP_{max}（XU et al., 2021）。但生长季内 PPT 与 GPP_{max} 的相关性却不显著，这可能是由于 PPT 只是水分的收入项，而高原地区除了地面径流，强辐射也是导致水分高支出的一个重要原因。加之不同地区下垫面保水能力的差异，例如植被类型（GAO et al., 2016）、土壤类型（LIU et al., 2022）、人类活动所造成的下垫面改变（ZHANG et al., 2019）都会导致下垫面保水能力差异，这些都导致了 PPT 与 GPP_{max} 不相关。但 4 月的 PPT 与 GPP_{max} 相关性达显著水平。可能是由于该时期土壤尚未完全解冻，地表径流不明显，蒸发弱，所以该时期 PPT 可更多储存于土壤中，供植被在后期乃至整个生长季内使用。生长季内 SWC 可解释 GPP_{max} 的 89 % 的变异。然而在生长季结束直到翌年 1 月，SWC 仍与 GPP_{max} 显著相关。原因是生长季内 SWC 高，导致该年 GPP_{max} 高，而高的 SWC 不会立即降低，较高的 SWC 会持续到翌年 1 月，这会导致这段时间 SWC 与 GPP_{max} 保持正相关。因此，这可能是一种"假相关"，故而本章节在分析气象因子影响 GPP_{max} 时只使用生长季数据。

气候变化对 GPP_{max} 的影响相对更为复杂，水热条件的综合调控在影响 GPP_{max} 方面表现得尤为明显（ZHANG et al., 2022c）。对于土壤水分充沛的高寒灌丛和沼泽湿地生态系统，由于水分供应有保障，生长季内温度对 GPP_{max} 有促进作用，生长季内更高的温度往往会带来更高的 GPP_{max}。因土壤水分供应充足，稍高的 VPD 代表蒸散拉力较大，但是由于水分充足，蒸散耗水有保障，此时高 VPD 反而更促进生态系统的碳水循环（CHEN et al., 2021）。因此，GPP_{max} 随 VPD 升高而升高。而对于土壤水分相对匮乏的高寒草原草甸生态系统，生长季内高温使地表水分迅速蒸发，往往会伴随土壤干旱，进而导致 GPP_{max} 下降（XU et al., 2021）。此时 VPD 升高则有可能指示着大气干旱的发生，将对 GPP_{max} 表现出明显的抑制作用（FU et al., 2022）。

（二）GPP_{max} 主导 GPP 年际变异

气象因子的变化直接作用于 GSL 从而改变生态系统的光合固碳时长，同时也将直接作用于 GPP_{max} 从而影响生态系统的光合生产能力（ZHANG et al., 2022c；赵亮 等，2007）。因此，气象因子的变化通过同时影响 GSL 和 GPP_{max} 来影响 GPP 的年际变异（XIA et al., 2015）。然而在不同生态系统中 GSL 和 GPP_{max} 可能起的作用不同（FU et al., 2019）。例如：前人在温带和寒带生态系统的研究表明 GSL 和 GPP_{max} 可以解释 GPP 年际变异的 90 %，并且 GPP_{max} 起主导作用（XIA et al., 2015；ZHOU et al., 2016）。而 ZHOU 等（2017）基于美国通量网 24 个站点的研究发现，尽管 GSL 对 GPP 年总量有很强的控制作用，GSL 对 GPP 年际变异的影响仍然弱于 GPP_{max} 的影响。也有研究表明，GPP 的高值出现的次数越多，GPP 年总量就会越大（ZSCHEISCHLER et al., 2016）。通过本章的研究，在青藏高原同样发现了 GPP_{max} 对 GPP 年总量的主导作用，但与前人研究不同的是：GSL 对 GPP 年总量并没有表现出明显的控制作用。可见，尽管气候变化对敏感脆弱的青藏高原植被物候期的影响可能强于全球其他地区，但由物候期变化产生的对其碳汇能力的影响可能并不像之前预期的那么显著（SHEN et al., 2015b）。原因可能是高寒植被生长季开始和结束时候受低温胁迫影响比其他生态系统大得多，就算 GSL 有延长，延长时段内植被仍极易受到低温胁迫，生产力低下，因而对 GPP 年总量影响贡献不大。

GPP_{max} 对 GPP 年总量的重要作用也得到了广泛的报道（GONSAMO et al., 2018；XIA et al., 2015; ZHOU et al., 2017; ZSCHEISCHLER et al., 2016), 特别是在温度或者太阳辐射成为限制因子的地区 (FU et al., 2019)。而青藏高原辐射资源丰富, 尽管高寒草地不会受辐射资源的限制, 但在生长季初和末可能出现温度的胁迫 (ZHANG et al., 2022c), 虽然这个时间段的低温通常不会直接威胁到 GPP_{max}。但气象因子对生态系统的作用存在滞后效应 (ZHANG et al., 2015a), 低温可能通过时滞效应对后期植被生长产生影响, 甚至对生长盛季的 GPP_{max} 产生一定影响 (MARSH and ZHANG, 2022)。高寒草地生态系统生长季内经常受水分胁迫, 有研究指出在羌塘高原腹地的高寒生态系统, 在其仅近 4 个月的短暂生长季内, 干旱发生概率高达 31.5 % (XU et al., 2021)。发生于生长盛季的干旱强烈抑制 GPP_{max}, 甚至可使生态系统由碳汇转变为碳源。这也再次证明对于青藏高寒生态系统来说, 生长季内水分条件是决定 GPP_{max} 的关键, 这将直接影响 GPP 年总量。综合本章及前人研究结果可推断, 生长季内容易受到资源胁迫 (例如辐射、温度、水分资源受限制) 的生态系统, GPP_{max} 对 GPP 年总量的决定作用往往会更大 (FU et al., 2019; ZHANG et al., 2023b; ZHOU et al., 2017)。而青藏高原高寒生态系统同时受温度和水分限制, 因此, GPP_{max} 对 GPP 年总量的控制作用比其他生态系统要更强。

青藏高原高寒生态系统 GPP_{max} 对 GPP 年总量的解释度高达 94 %, 高于其他生态系统 (GONSAMO et al., 2018; XIA et al., 2015; ZHOU et al., 2017)。而 GSL 与 GPP 年总量相关不显著, 普遍弱于其他生态系统 (FU et al., 2019; ZHOU et al., 2016; ZSCHEISCHLER et al., 2016)。尽管如此, 如果综合考虑 GPP_{max} 和 GSL 对 GPP 年际变异的作用, GSL×GPP_{max} 对 GPP 年总量的解释度可提高到 99 %, 几乎高于所有的同类研究 (FU et al., 2017; XIA et al., 2015; ZHOU et al., 2016)。因此, 尽管 GSL 与 GPP 年总量相关不显著, 但开展研究, 尤其是模型研究的时候, 也要将其考虑在内, 以提高模拟精度。

气候变化会导致在青藏高原的一些地区发生干旱的强度更强, 频率更高 (TELLO-GARCIA et al., 2020; XIE et al., 2010)。这将直接影响高寒生态系统的 GPP_{max}, 进而影响 GPP 年总量。因而, 未来气候变化所伴随的水分格局改变将会通过影响生长季内植被最大光合能力进而影响整个青藏高原的碳汇功能。

主要参考文献

柴曦，李英年，段呈，等，2018. 青藏高原高寒灌丛草甸和草原化草甸 CO_2 通量动态及其限制因子 [J]. 植物生态学报，42（1）：6-19.

常顺利，杨洪晓，葛剑平，2006. 净生态系统生产力研究进展与问题 [J]. 北京师范大学学报（自然科学版），41（5）：517-521.

陈智，于贵瑞，朱先进，等，2014. 北半球陆地生态系统碳交换通量的空间格局及其区域特征 [J]. 第四纪研究，34（4）：710-722.

董全民，赵新全，马玉寿，等，2005. 牦牛放牧率与小嵩草高寒草甸暖季草地地上、地下生物量相关分析 [J]. 草业科学，22（5）：65-71.

范玉枝，张宪洲，石培礼，2009. 散射辐射对西藏高原高寒草甸净生态系统 CO_2 交换的影响 [J]. 地理研究，28（6）：1673-1681.

冯险峰，刘高焕，陈述彭，等，2004. 陆地生态系统净第一性生产力过程模型研究综述 [J]. 自然资源学报，19（3）：369-378.

伏玉玲，于贵瑞，王艳芬，等，2006. 水分胁迫对内蒙古羊草草原生态系统光合和呼吸作用的影响 [J]. 中国科学：D 辑 地球科学，36：183-193.

付刚，沈振西，2015. 藏北高原不同海拔高度高寒草甸蒸散与环境温湿度的关系 [J]. 中国草地学报，37（3）：67-73.

高英志，韩兴国，汪诗平，2004. 放牧对草原土壤的影响 [J]. 生态学报，24（4）：790-797.

耿绍波，鲁绍伟，饶良懿，等，2010. 基于涡度相关技术测算地表碳通量研究进展 [J]. 世界林业研究（3）：24-28.

郭春明，任景全，张铁林，等，2016. 东北地区春玉米生长季农田蒸散量动态变化及其影响因子 [J]. 中国农业气象，37（4）：400-407.

郝彦宾，2006. 内蒙古羊草草原碳通量观测及其驱动机制分析 [D]. 北京：中国科学院研究生院.

贺慧丹，祝景彬，未亚西，等，2017. 牧压梯度下高寒草甸实际蒸散量及植物生产水分有效利用率的研究 [J]. 生态环境学报，26（9）：1488-1493.

贺金生，方精云，马克平，等，2003. 生物多样性与生态系统生产力：为什么野外观测和受控实验结果不一致 [J]. 植物生态学报，27（6）：835-843.

贺俊杰，2014. 典型草原 CO_2 通量变化特征对环境因子的响应 [J]. 中国农学通报，30（34）：107-111.

侯扶江，常生华，于应文，等，2004. 放牧家畜的践踏作用研究评述 [J]. 生态学报，24（4）：784-789.

康绍忠，蔡焕杰，梁银丽，等，1997. 大气 CO_2 浓度增加对春小麦冠层温度、蒸发蒸腾与土壤剖面水分动态影响的试验研究 [J]. 生态学报，17（4）：412-417.

李凤霞，李晓东，周秉荣，等，2015. 放牧强度对三江源典型高寒草甸生物量和土壤理化特征的影响 [J]. 草业科学，32（1）：11-18.

李国栋，张俊华，陈聪，等，2013. 气候变化背景下中国陆地生态系统碳储量及碳通量研究进展 [J]. 生态环境学报，22（5）：873-878.

李林，陈晓光，王振宇，等，2010. 青藏高原区域气候变化及其差异性研究 [J]. 气候变化研究进展，6（3）：181-186.

李胜功，赵哈林，何宗颖，等，1999. 不同放牧压力下草地微气象的变化与草地荒漠化的发生 [J]. 生态学报，19（5）：697-704.

李文华，1980. 小兴安岭谷地云冷杉林群落结构和演替的研究 [J]. 自然资源，4：17-29.

李英年，孙晓敏，赵新全，等，2006. 青藏高原金露梅灌丛草甸净生态系统 CO_2 交换量的季节变异及其环境控制机制 [J]. 中国科学：D 辑　地球科学，36（S1）：163-173.

刘安花，李英年，薛晓娟，等，2010. 高寒草甸蒸散量及作物系数的研究 [J]. 中国农业气象，31（1）：59-64.

刘绍辉，方精云，1997. 土壤呼吸的影响因素及全球尺度下温度的影响 [J]. 生态学报，17（5）：469-476.

刘晓琴，张翔，张立锋，等，2016. 封育年限对高寒草甸群落组分和物种多样性的影响 [J]. 生态学报，36（16）：5150-5162.

刘忠宽，汪诗平，陈佐忠，等，2006. 不同放牧强度草原休牧后土壤养分和植物群落变化特征 [J]. 生态学报，26（6）：2048-2056.

陆晴，吴绍洪，赵东升，2017. 1982-2013 年青藏高原高寒草地覆盖变化及与气候之间的关系 [J]. 地理科学，37（2）：292-300.

马树岐，1987. 内蒙古大针茅、克氏针茅草原植物地上产量的分析 [J]. 干旱区资源与环境，1（2）：95-105.

穆少杰，周可新，陈奕兆，等，2014. 草地生态系统碳循环及其影响因素研究进展 [J]. 草地学报，22（3）：439-447.

潘劲松，2013. Fisher's 判别分析及应用 [J]. 数学的实践与认识，43（5）：155-162.

朴世龙，张新平，陈安平，等，2019. 极端气候事件对陆地生态系统碳循环的影响 [J]. 中国科学：D 辑　地球科学，49（9）：1321-1334.

齐玉春，董云社，耿元波，等，2003. 我国草地生态系统碳循环研究进展 [J]. 地理科学进展，22（4）：342-352.

钱莲文，张新时，杨智杰，等，2009. 几种光合作用光响应典型模型的比较研究 [J]. 植物科学学报，27（2）：197-203.

秦大河，2014. 气候变化科学与人类可持续发展 [J]. 地理科学进展，33（7）：

874-883.

沈振西，付刚，2016. 藏北高原高寒草甸水分利用效率与环境温湿度的关系 [J]. 生态环境学报，25（8）：1259-1263.

苏淑兰，李洋，王立亚，等，2014. 围封与放牧对青藏高原草地生物量与功能群结构的影响 [J]. 西北植物学报，34（8）：1652-1657.

孙殿超，李玉霖，赵学勇，等，2015. 围封和放牧对沙质草地碳水通量的影响 [J]. 植物生态学报，39（6）：565-576.

孙海燕，万书波，李林，等，2015. 放牧对荒漠草原土壤养分及微生物量的影响 [J]. 水土保持通报，35（2）：82-93.

孙睿，朱启疆，1999. 陆地植被净第一性生产力的研究 [J]. 应用生态学报，10（6）：757-760.

汪诗平，李永宏，王艳芬，等，2001. 不同放牧率对内蒙古冷蒿草原植物多样性的影响 [J]. 植物学报（英文版），43（1）：89-96.

王蓓，孙庚，罗鹏，等，2011. 模拟升温和放牧对高寒草甸土壤有机碳氮组分和微生物生物量的影响 [J]. 生态学报，31（6）：1506-1514.

王博轶，冯玉龙，2005. 生长环境光强对两种热带雨林树种幼苗光合作用的影响 [J]. 生态学报，25（1）：23-30.

王常顺，孟凡栋，李新娥，等，2013. 青藏高原草地生态系统对气候变化的响应 [J]. 生态学杂志，32（6）：1587-1595.

王勤学，渡边正孝，欧阳竹，等，2004. 不同类型生态系统水热碳通量的监测与研究 [J]. 地理学报，59（1）：13-24.

王义东，王辉民，马泽清，等，2010. 土壤呼吸对降雨响应的研究进展 [J]. 植物生态学报，34（5）：601-610.

王玉辉，井长青，白洁，等，2014. 亚洲中部干旱区 3 个典型生态系统生长季水碳通量特征 [J]. 植物生态学报，38（8）：795-808.

王玉辉，周广胜，2004. 内蒙古羊草草原植物群落地上初级生产力时间动态对降水变化的响应 [J]. 生态学报，24（6）：1140-1145.

吴戈男，胡中民，李胜功，等，2016. SWH 双源蒸散模型模拟效果验证及不确定性分析 [J]. 地理学报，71（11）：1886-1897.

伍卫星，王绍强，肖向明，等，2008. 利用 MODIS 影像和气候数据模拟中国内蒙古温带草原生态系统总初级生产力 [J]. 中国科学：D 辑　地球科学，38（8）：993-1004.

徐玲玲，张宪洲，石培礼，等，2004. 青藏高原高寒草甸生态系统表观量子产额和表观最大光合速率的确定 [J]. 中国科学：D 辑　地球科学，34（S2）：125-130.

徐玲玲，张宪洲，石培礼，等，2005. 青藏高原高寒草甸生态系统净二氧化碳交换量特征 [J]. 生态学报，25（8）：1948-1952.

徐世晓，赵亮，李英年，等，2007. 青藏高原高寒灌丛暖季 CO_2 地-气交换特征 [J]. 中国环境科学，27（4）：433-436.

徐世晓，赵新全，李英年，等，2004. 青藏高原高寒灌丛生长季和非生长季 CO_2 通量分析 [J]. 中国科学：D 辑　地球科学，34（S2）：118-124..

杨元合，朴世龙，2006. 青藏高原草地植被覆盖变化及其与气候因子的关系 [J]. 植物生态学报，30（1）：1-8.

于贵瑞，高扬，王秋凤，等，2013. 陆地生态系统碳氮水循环的关键耦合过程及其生物调控机制探讨 [J]. 中国生态农业学报，21（1）：1-13.

于贵瑞，孙晓敏，2006. 陆地生态系统通量观测的原理与方法 [M]. 北京：高等教育出版社.

于贵瑞，孙晓敏，2008. 中国陆地生态系统碳通量观测技术及时空变化特征 [M]. 北京：科学出版社.

于海英，许建初，2009. 气候变化对青藏高原植被影响研究综述 [J]. 生态学杂志（4）：747-754.

岳广阳，赵林，赵拥华，等，2010. 青藏高原草地生态系统碳通量研究进展 [J]. 冰川冻土，32（1）：166-174.

张法伟，李英年，赵新全，等，2008. 一次降水过程对青藏高原高寒草甸 CO_2 通量和热量输送的影响 [J]. 生态学杂志，27（10）：1685-1691.

张继义，赵哈林，2010. 短期极端干旱事件干扰下退化沙质草地群落抵抗力稳定性的测度与比较 [J]. 生态学报，30（20）：5456-5465.

张岁岐，李金虎，山仑，2001. 干旱下植物气孔运动的调控 [J]. 西北植物学报，21（6）：1263-1270.

张一平，沙丽清，于贵瑞，等，2006. 热带季节雨林碳通量年变化特征及影响因子初探 [J]. 中国科学：D 辑　地球科学，36（A01）：139-152.

赵亮，古松，徐世晓，等，2007. 青藏高原高寒草甸生态系统碳通量特征及其控制因子 [J]. 西北植物学报，27（5）：1054-1060.

赵亮，古松，周华坤，等，2008. 青海省三江源区人工草地生态系统 CO_2 通量 [J]. 植物生态学报，32（3）：544-554.

郑度，姚檀栋，2006. 青藏高原隆升及其环境效应 [J]. 地球科学进展，21（5）：451-458.

郑涵，王秋凤，李英年，等，2013. 海北高寒灌丛草甸蒸散量特征 [J]. 应用生态学报，24（11）：3221-3228.

郑泽梅，于贵瑞，孙晓敏，等，2008. 涡度相关法和静态箱/气相色谱法在生态系统呼吸观测中的比较 [J]. 应用生态学报，19（2）：290-298.

周广胜，王玉辉，2003. 全球生态学 [M]. 北京：气象出版社.

周华坤，师燕，2002. 放牧干扰对高寒草场的影响 [J]. 中国草地，24（5）：53-61.

周华坤，周立，赵新全，等，2006. 青藏高原高寒草甸生态系统稳定性研究 [J]. 科学通报，51（1）：63-69.

周学雅，王安志，关德新，等，2014. 科尔沁草地棵间土壤蒸发 [J]. 中国草地学报，36（1）：90-97.

ADAMS J M, FAURE H, FAURE-DENARD L, et al., 1990. Increases in terrestrial carbon storage from the Last Glacial Maximum to the present [J]. Nature, 348 (6303): 711-714.

ALEMOHAMMAD S H, FANG B, KONINGS A G, et al., 2017. Water, Energy, and Carbon with Artificial Neural Networks (WECANN): a statistically based estimate of global surface turbulent fluxes and gross primary productivity using solar-induced fluorescence [J]. Biogeosciences, 14 (18): 4101-4124.

AN T T, XU M J, ZHANG T, et al., 2019. Grazing alters environmental control mechanisms of evapotranspiration in an alpine meadow of the Tibetan Plateau [J]. Journal of plant ecology, 12 (5): 834-845.

ANAV A, FRIEDLINGSTEIN P, KIDSTON M, et al., 2013. Evaluating the land and ocean components of the global carbon cycle in the CMIP5 earth system models [J]. Journal of climate, 26 (18): 6801-6843.

ANDERSON J E, MCNAUGHTON S J, 1973. Effects of low soil temperature on transpiration, photosynthesis, leaf relative water content, and growth among elevationally diverse plant populations [J]. Ecology, 54 (6): 1220-1233.

ANGERT A, BIRAUD S, BONFILS C, et al., 2005. Drier summers cancel out the CO_2 uptake enhancement induced by warmer springs [J]. Proceedings of the national academy of sciences of the United States of America, 102 (31): 10823-10827.

AREND M, SEVER K, PFLUG E, et al., 2016. Seasonal photosynthetic response of European beech to severe summer drought: Limitation, recovery and post-drought stimulation [J]. Agricultural and forest meteorology, 220: 83-89.

BALDOCCHI D, FALGE E, GU L H, et al., 2001. FLUXNET: A new tool to study the temporal and spatial variability of ecosystem-scale carbon dioxide, water vapor, and energy flux densities [J]. Bulletin of the American meteorological society, 82 (11): 2415-2434.

BALDOCCHI D, VALENTINI R, RUNNING S, et al., 1996. Strategies for measuring and modelling carbon dioxide and water vapour fluxes over terrestrial ecosystems [J]. Global change biology, 2 (3): 159-168.

BARFORD C C, WOFSY S C, GOULDEN M L, et al., 2001. Factors controlling long- and short-term sequestration of atmospheric CO_2 in a mid-latitude forest [J]. Science, 294: 1688-1691.

BARRON-GAFFORD G A, SCOTT R L, JENERETTE G D, et al., 2012. Temperature and precipitation controls over leaf-and ecosystem-level CO_2 flux along a woody plant encroachment gradient [J]. Global change biology, 18 (4): 1389-1400.

BEIER C, BEIERKUHNLEIN C, WOHLGEMUTH T, et al., 2012. Precipitation manipulation experiments-challenges and recommendations for the future [J]. Ecology letters, 15 (8): 899-911.

BERRY J A, BJRKMAN O, 1980. Photosynthetic temperature response and adaptation to temperature in higher plants [J]. Annual review of plant physiology, 31: 491-543.

BOTHE O, FRAEDRICH K, ZHU X, 2011. Large-scale circulations and Tibetan Plateau summer drought and wetness in a high - resolution climate model [J]. International journal of climatology, 31 (6): 832-846.

BOTTA A, VIOVY N, CIAIS P, et al., 2000. A global prognostic scheme of leaf onset using satellite data [J]. Global change biology, 6: 709-725.

BRASWELL B H, SCHIMEL D S, LINDER E, et al., 1997. The response of global terrestrial ecosystems to interannual temperature variability [J]. Science, 278: 870-872.

BREMER D J, AUEN L M, HAM J M, et al., 2001. Evapotranspiration in a prairie ecosystem: effects of grazing by cattle [J]. Agronomy journal, 93 (2): 338-348.

BREMER D J, HAM J M, OWENSBY C E, et al., 1998. Responses of soil respiration to clipping and grazing in a tallgrass prairie [J]. Journal of environmental quality, 27 (6): 1539-1548.

BRESHEARS D D, COBB N S, RICH P M, et al., 2005. Regional vegetation die-off in response to global-change-type drought [J]. Proceedings of the national academy of sciences of the United States of America, 102 (42): 15144-15148.

BRESLOFF C J, NGUYEN U, GLENN E P, et al., 2013. Effects of grazing on leaf area index, fractional cover and evapotranspiration by a desert phreatophyte community at a former uranium mill site on the Colorado Plateau [J]. Journal of environmental management, 114 (2): 92-104.

BRYLA D R, BOUMA T J, HARTMOND U, et al., 2001. Influence of temperature and soil drying on respiration of individual roots in citrus: integrating greenhouse observations into a predictive model for the field [J]. Plant, cell and environment, 24 (8): 781-790.

CAMPBELL J E, BERRY J A, SEIBT U, et al., 2017. Large historical growth in global terrestrial gross primary production [J]. Nature, 544 (7648): 84-87.

CHAI X, SHI P, SONG M, et al., 2020. The relative controls of temperature and soil moisture on the start of carbon flux phenology and net ecosystem production in two alpine meadows on the Qinghai-Tibetan Plateau [J]. Journal of plant ecology, 13 (2): 247-255.

CHANG Q, XIAO X, DOUGHTY R, et al., 2021. Assessing variability of optimum air temperature for photosynthesis across site-years, sites and biomes and their effects on photosynthesis estimation [J]. Agricultural and forest meteorology, 298-299: 108277.

CHANG Q, XIAO X, WU X, et al., 2020. Estimating site-specific optimum air temperature and assessing its effect on the photosynthesis of grasslands in mid-to high-latitudes [J]. Environmental research letters, 15 (3): 034064.

CHEN B, KE Y, CIAIS P, et al., 2022. Inhibitive effects of recent exceeding air temperature optima of vegetation productivity and increasing water limitation on photosynthesis reversed global greening [J]. Earth's future, 10 (11): e2022EF002788.

CHEN H, ZHU Q, WU N, et al., 2011. Delayed spring phenology on the Tibetan Plateau may also be attributable to other factors than winter and spring warming [J]. Proceedings of the national academy of sciences of the United States of America, 108 (19): E93.

CHEN N, SONG C, XU X, et al., 2021. Divergent impacts of atmospheric water demand on gross primary productivity in three typical ecosystems in China [J]. Agricultural and forest meteorology , 307: 108527.

CHEN N, ZHANG Y, ZU J, et al., 2020. The compensation effects of post-drought regrowth on earlier drought loss across the Tibetan Plateau grasslands [J]. Agricultural and forest meteorology, 281: 107822.

CIAIS P, REICHSTEIN M, VIOVY N, et al., 2005. Europe-wide reduction in primary productivity caused by the heat and drought in 2003 [J]. Nature, 437 (7058): 529-33.

COLEMAN D C, 1973. Soil carbon balance in a successional grassland [J]. Oikos, 24: 195-199.

CONG N, SHEN M, PIAO S, 2017. Spatial variations in responses of vegetation autumn phenology to climate change on the Tibetan Plateau [J]. Journal of plant ecology, 10 (5): 744-752.

CRAINE J M, NIPPERT J B, ELMORE A J, et al., 2012. Timing of climate variability and grassland productivity [J]. Proceedings of the national academy of sciences of the United States of America , 109 (9): 3401-3405.

CRAINE J M, WEDIN D A, CHAPIN III F S, 1999. Predominance of ecophysiological controls on soil CO_2 flux in a Minnesota grassland [J]. Plant and soil, 207 (1): 77-86.

CUI X, TANG Y, GU S, et al., 2003. Photosynthetic depression in relation to plant architecture in two alpine herbaceous species [J]. Environmental and experimental botany, 50 (2): 125-135.

DAI A, 2013. Increasing drought under global warming in observations and models [J]. Nature climate change, 3 (2): 52-58.

DEFOREST J L, NOORMETS A, MCNULTY S G, et al., 2006. Phenophases alter the soil respiration-temperature relationship in an oak-dominated forest [J]. International journal of biometeorology, 51 (2): 135-144.

DÍAZ S, CABIDO M, 2001. Vive la difference: plant functional diversity matters to ecosystem processes [J]. Trends in ecology and evolution, 16 (11): 646-655.

DIJKSTRA F A, MORGAN J A, VON FISCHER J C, et al., 2011. Elevated CO_2 and warming effects on CH_4 uptake in a semiarid grassland below optimum soil moisture [J]. Journal of geophysical research: biogeosciences, 116: G01007.

DING J, YANG T, ZHAO Y, et al., 2018. Increasingly important role of atmospheric aridity on Tibetan alpine grasslands [J]. Geophysical research letters, 45 (6): 2852-2859.

DIXON R K, BROWN S, HOUGHTON R A, et al., 1994. Carbon pools and flux of global forest ecosystems [J]. Science in China series D: earth sciences, 263: 185-189.

DONG W, YU L, WU G L, et al., 2015. Effect of rest-grazing management on soil water and carbon storage in an arid grassland (China) [J]. Journal of hydrology, 527: 754-760.

DRAGONI D, SCHMID H P, WAYSON C A, et al., 2011. Evidence of increased net e-cosystem productivity associated with a longer vegetated season in a deciduous forest in south-central Indiana, USA [J]. Global change biology, 17 (2): 886-897.

DUURSMA R A, BARTON C V, LIN Y-S, et al., 2014. The peaked response of transpi-ration rate to vapour pressure deficit in field conditions can be explained by the temperature optimum of photosynthesis [J]. Agricultural and forest meteorology, 189-190: 2-10.

ESKELINEN A, HARRISON S P, 2015. Resource colimitation governs plant community re-sponses to altered precipitation [J]. Proceedings of the national academy of sciences of the United States of America, 112 (42): 13009-13014.

EVANS S E, BYRNE K M, LAUENROTH W K, et al., 2011. Defining the limit to resist-ance in a drought-tolerant grassland: long-term severe drought significantly reduces the dominant species and increases ruderals [J]. Journal of ecology, 99 (6): 1500-1507.

FALGE E, BALDOCCHI D, TENHUNEN J, et al., 2002. Seasonality of ecosystem respi-ration and gross primary production as derived from FLUXNET measurements [J]. Agri-cultural and forest meteorology, 113 (1-4): 53-74.

FANG B, KANSARA P, DANDRIDGE C, et al., 2021. Drought monitoring using high spatial resolution soil moisture data over Australia in 2015-2019 [J]. Journal of hydrolo-gy, 594 (1): 125960.

FARQUHAR G D, SCHULZE E D, KUPPERS M, 1980. Responses to humidity by stomata of *Nicotiana glauca* L. and *Corylus avellana* L. are consistent with the optimization of carbon dioxide uptake with respect to water loss [J]. Functional plant biology, 7 (3): 315-327.

FELTON A J, SHRIVER R K, BRADFORD J B, et al., 2021. Biotic vs abiotic controls on temporal sensitivity of primary production to precipitation across North American drylands [J]. New phytologist, 231 (6): 2150-2161.

FLANAGAN L B, WEVER L A, CARLSON P J, 2002. Seasonal and interannual variation in carbon dioxide exchange and carbon balance in a northern temperate grassland [J]. Global change biology, 8 (7): 599-615.

FRANK A B, 2002. Carbon dioxide fluxes over a grazed prairie and seeded pasture in the Northern Great Plains [J]. Environmental pollution, 116 (3): 397-403.

FRANK A B, 2003. Evapotranspiration from northern semiarid grasslands [J]. Agronomy journal, 95 (6): 1504-1509.

FRANK A B, DUGAS W A, 2001. Carbon dioxide fluxes over a northern, semiarid, mixed-grass prairie [J]. Agricultural and forest meteorology, 108 (4): 317-326.

FRANK D, REICHSTEIN M, BAHN M, et al., 2015. Effects of climate extremes on the terrestrial carbon cycle: concepts, processes and potential future impacts [J]. Global change biology, 21 (8): 2861-2880.

FU G, SHEN Z, ZHANG X, 2018. Increased precipitation has stronger effects on plant production of an alpine meadow than does experimental warming in the northern Tibetan Plateau [J]. Agricultural and forest meteorology, 249: 11-21.

FU Y L, YU G R, SUN X M, et al., 2006. Depression of net ecosystem CO_2 exchange in semi-arid *Leymus chinensis* steppe and alpine shrub [J]. Agricultural and forest meteorology, 137 (3-4): 234-244.

FU Y L, ZHENG Z, YU G R, et al., 2009. Environmental influences on carbon dioxide fluxes over three grassland ecosystems in China [J]. Biogeosciences, 6 (12): 2879-2893.

FU Z, CIAIS P, PRENTICE I C, et al., 2022. Atmospheric dryness reduces photosynthesis along a large range of soil water deficits [J]. Nature communications, 13 (1): 989.

FU Z, DONG J, ZHOU Y, et al., 2017a. Long term trend and interannual variability of land carbon uptake-the attribution and processes [J]. Environmental research letters, 12 (1): 014018.

FU Z, STOY P C, LUO Y, et al., 2017b. Climate controls over the net carbon uptake period and amplitude of net ecosystem production in temperate and boreal ecosystems [J]. Agricultural and forest meteorology, 243: 9-18.

FU Z, STOY P C, POULTER B, et al., 2019. Maximum carbon uptake rate dominates the interannual variability of global net ecosystem exchange [J]. Global change biology, 25 (10): 3381-3394.

GALVAGNO M, WOHLFAHRT G, CREMONESE E, et al., 2013. Phenology and carbon dioxide source/sink strength of a subalpine grassland in response to an exceptionally short snow season [J]. Environmental research letters, 8 (2): 025008.

GANG C, WANG Z, CHEN Y, et al., 2016. Drought-induced dynamics of carbon and water use efficiency of global grasslands from 2000 to 2011 [J]. Ecological indicators, 67: 788-797.

GANJURJAV H, GAO Q, GORNISH E S, et al., 2016. Differential response of alpine steppe and alpine meadow to climate warming in the central Qinghai-Tibetan Plateau

［J］. Agricultural and forest meteorology, 223: 233-240.

GANJURJAV H, GORNISH E, HU G, et al., 2021. Phenological changes offset the warming effects on biomass production in an alpine meadow on the Qinghai-Tibetan Plateau ［J］. Journal of ecology, 109 (2): 1014-1025.

GAO Q, GUO Y, XU H, et al., 2016. Climate change and its impacts on vegetation distribution and net primary productivity of the alpine ecosystem in the Qinghai-Tibetan Plateau ［J］. Science of the total environment, 554: 34-41.

GAO Q Z, LI Y, XU H M, et al., 2014. Adaptation strategies of climate variability impacts on alpine grassland ecosystems in Tibetan Plateau ［J］. Mitigation and adaptation strategies for global change, 19 (2): 199-209.

GAO Q Z, YUE L, WAN Y F, et al., 2009. Dynamics of alpine grassland NPP and its response to climate change in Northern Tibet ［J］. Climatic change, 97 (3): 515-528.

GONSAMO A, CHEN J M, OOI Y W, 2018. Peak season plant activity shift towards spring is reflected by increasing carbon uptake by extratropical ecosystems ［J］. Global change biology, 24 (5): 2117-2128.

GOODRICH J P, CAMPBELL D I, CLEARWATER M J, et al., 2015. High vapor pressure deficit constrains GPP and the light response of NEE at a Southern Hemisphere bog ［J］. Agricultural and forest meteorology, 203: 54-63.

GRANIER A, REICHSTEIN M, BRÉDA N, et al., 2007. Evidence for soil water control on carbon and water dynamics in European forests during the extremely dry year: 2003 ［J］. Agricultural and forest meteorology, 143 (1): 123-145.

GRIFFIS T J, ROUSE W R, WADDINGTON J M, 2000. Interannual variability of net ecosystem CO_2 exchange at a subarctic fen ［J］. Global biogeochemical cycles, 14: 1109-1121.

GROENENDIJK M, MOLEN M K V D, DOLMAN A J, 2009. Seasonal variation in ecosystem parameters derived from FLUXNET data ［J］. Biogeosciences discussions, 6 (2): 2863-2912.

GROSSIORD C, BUCKLEY T N, CERNUSAK L A, et al., 2020. Plant responses to rising vapor pressure deficit ［J］. New phytologist, 226 (6): 1550-1566.

GU L, MEYERS T, PALLARDY S G, et al., 2006. Direct and indirect effects of atmospheric conditions and soil moisture on surface energy partitioning revealed by a prolonged drought at a temperate forest site ［J］. Journal of geophysical research: atmospheres, 111 (D16): D16102.

GUO Q, HU Z, LI S, et al., 2012. Spatial variations in aboveground net primary productivity along a climate gradient in Eurasian temperate grassland: effects of mean annual precipitation and its seasonal distribution ［J］. Global change biology, 18 (12): 3624-3631.

GUO Q, HU Z, LI S, et al., 2015. Contrasting responses of gross primary productivity to precipitation events in a water-limited and a temperature-limited grassland ecosystem [J]. Agricultural and forest meteorology, 214-215 (3): 169-177.

HALLETT L M, HSU J S, CLELAND E E, et al., 2014. Biotic mechanisms of community stability shift along a precipitation gradient [J]. Ecology, 95 (6): 1693-1700.

HAO Y, WANG Y, MEI X, et al., 2008. CO_2, H_2O and energy exchange of an Inner Mongolia steppe ecosystem during a dry and wet year [J]. Acta oecologica, 33 (2): 133-143.

HAO Y, ZHANG H, BIEDERMAN J A, et al., 2018. Seasonal timing regulates extreme drought impacts on CO_2 and H_2O exchanges over semiarid steppes in Inner Mongolia, China [J]. Agriculture, ecosystems and environment, 266: 153-166.

HEATHMAN G C, COSH M H, MERWADE V, et al., 2012. Multi-scale temporal stability analysis of surface and subsurface soil moisture within the Upper Cedar Creek Watershed, Indiana [J]. Catena, 95: 91-103.

HILLEBRAND H, BENNETT D M, CADOTTE M W, 2008. Consequences of dominance: a review of evenness effects on local and regional ecosystem processes [J]. Ecology, 89 (6): 1510-1520.

HOLLINGER D Y, ABER J, DAIL B, et al., 2004. Spatial and temporal variability in forest-atmosphere CO_2 exchange [J]. Global change biology, 10 (10): 1689-1706.

HOOVER D L, KNAPP A K, SMITH M D, 2014. Resistance and resilience of a grassland ecosystem to climate extremes [J]. Ecology, 95 (9): 2646-2656.

HU J, MOORE D J P, BURNS S P, et al., 2010. Longer growing seasons lead to less carbon sequestration by a subalpine forest [J]. Global change biology, 16 (2): 771-783.

HU Y, JIANG L, WANG S, et al., 2016. The temperature sensitivity of ecosystem respiration to climate change in an alpine meadow on the Tibet Plateau: a reciprocal translocation experiment [J]. Agricultural and forest meteorology, 216: 93-104.

HU Z, YU G, ZHOU Y, et al., 2009. Partitioning of evapotranspiration and its controls in four grassland ecosystems: application of a two-source model [J]. Agricultural and forest meteorology, 149 (9): 1410-1420.

HUANG M, PIAO S, CIAIS P, et al., 2019. Air temperature optima of vegetation productivity across global biomes [J]. Nature ecology and evolution, 3 (5): 772-779.

HUDSON J M G, HENRY G H R, CORNWELL W K, 2011. Taller and larger: shifts in Arctic tundra leaf traits after 16 years of experimental warming [J]. Global change biology, 17 (2): 1013-1021.

HUI D, LUO Y, KATUL G, 2003. Partitioning interannual variability in net ecosystem exchange between climatic variability and functional change [J]. Tree physiology, 23: 433-442.

HUSSAIN M Z, GRÜNWALD T, TENHUNEN J D, et al., 2011. Summer drought influence on CO_2 and water fluxes of extensively managed grassland in Germany [J]. Agriculture, ecosystems and environment, 141 (1-2): 67-76.

HUXMAN T E, SMITH M D, FAY P A, et al., 2004. Convergence across biomes to a common rain-use efficiency [J]. Nature, 429 (6992): 651-654.

IMMERZEEL W W, BEEK L P H V, BIERKENS M F P, 2010. Climate change will affect the Asian water towers [J]. Science, 328 (5984): 1382-1385.

IVITS E, HORION S, ERHARD M, et al., 2016. Assessing European ecosystem stability to drought in the vegetation growing season [J]. Global ecology and biogeography, 25 (9): 1131-1143.

JUNG M, REICHSTEIN M, SCHWALM C R, et al., 2017. Compensatory water effects link yearly global land CO_2 sink changes to temperature [J]. Nature, 541 (7638): 516-520.

KATO T, TANG Y, GU S, et al., 2004. Carbon dioxide exchange between the atmosphere and an alpine meadow ecosystem on the Qinghai–Tibetan Plateau, China [J]. Agricultural and forest meteorology, 124 (1): 121-134.

KATO T, TANG Y H, GU S, et al., 2006. Temperature and biomass influences on interannual changes in CO_2 exchange in an alpine meadow on the Qinghai–Tibetan Plateau [J]. Global change biology, 12 (7): 1285-1298.

KATTGE J, KNORR W, 2007. Temperature acclimation in a biochemical model of photosynthesis: a reanalysis of data from 36 species [J]. Plant, cell and environment, 30 · (9): 1176-1190.

KEENAN T F, GRAY J, FRIEDL M A, et al., 2014. Net carbon uptake has increased through warming–induced changes in temperate forest phenology [J]. Nature climate change, 4 (7): 598-604.

KELSEY K C, PEDERSEN S H, LEFFLER A J, et al., 2021. Winter snow and spring temperature have differential effects on vegetation phenology and productivity across Arctic plant communities [J]. Global change biology, 27 (8): 1572-1586.

KHALIFA M, ELAGIB N A, RIBBE L, et al., 2018. Spatio–temporal variations in climate, primary productivity and efficiency of water and carbon use of the land cover types in Sudan and Ethiopia [J]. Science of the total environment, 624: 790-806.

KIM J, VERMA S B, 1990. Carbon dioxide exchange in a temperate grassland ecosystem [J]. Boundary-layer meteorology, 52 (1): 135-149.

KNAPP A K, CARROLL C J W, DENTON E M, et al., 2015. Differential sensitivity to regional – scale drought in six central US grasslands [J]. Oecologia, 177 (4): 949-957.

KÖRNER C, BASLER D, 2010. Phenology under global warming [J]. Science, 327 (5972): 1461-1462.

KRÜMMELBEIN J, PETH S, ZHAO Y, et al., 2009. Grazing-induced alterations of soil hydraulic properties and functions in Inner Mongolia, PR China [J]. Journal of plant nutrition and soil science, 172 (6): 769-776.

KUCERA C L, KIRKHAM D R, 1971. Soil respiration studies in tallgrass prairie in Missouri [J]. Ecology, 52: 912-915.

LARSEN K S, IBROM A, JONASSON S, et al., 2007. Significance of cold-season respiration and photosynthesis in a subarctic heath ecosystem in Northern Sweden [J]. Global change biology, 13 (7): 1498-1508.

LECAIN D R, MORGAN J A, SCHUMAN G E, et al., 2002. Carbon exchange and species composition of grazed pastures and exclosures in the shortgrass steppe of Colorado [J]. Agriculture, ecosystems and environment, 93 (1): 421-435.

LI C Q, TANG M C, 1988. The climate change of Qinghai-Xizang plateau and its neighborhood in the recent 30 years [J]. Plateau meteorology, 4: 332-341.

LI H, WANG C, ZHANG F, et al., 2021a. Atmospheric water vapor and soil moisture jointly determine the spatiotemporal variations of CO_2 fluxes and evapotranspiration across the Qinghai - Tibetan Plateau grasslands [J]. Science of the total environment, 791: 148379.

LI J, LIU D, WANG T, et al., 2017. Grassland restoration reduces water yield in the headstream region of Yangtze River [J]. Scientific reports, 7: 2162.

LI J, WANG G, MAYES M A, et al., 2019. Reduced carbon use efficiency and increased microbial turnover with soil warming [J]. Global change biology, 25 (3): 900-910.

LI J, ZHANG F, LIN L, et al., 2015. Response of the plant community and soil water status to alpine *Kobresia* meadow degradation gradients on the Qinghai-Tibetan Plateau, China [J]. Ecological research, 30 (4): 589-596.

LI P, LIU Z, ZHOU X, et al., 2021b. Combined control of multiple extreme climate stressors on autumn vegetation phenology on the Tibetan Plateau under past and future climate change [J]. Agricultural and forest meteorology, 308-309: 108571.

LI P, PENG C, WANG M, et al., 2018. Dynamics of vegetation autumn phenology and its response to multiple environmental factors from 1982 to 2012 on Qinghai-Tibetan Plateau in China [J]. Science of the total environment, 637-638: 855-864.

LI X, ZHANG L, LUO T, 2020. Rainy season onset mainly drives the spatiotemporal variability of spring vegetation green-up across alpine dry ecosystems on the Tibetan Plateau [J]. Scientific reports, 10 (1): 18797.

LI X Y, ZHANG S Y, PENG H Y, et al., 2013. Soil water and temperature dynamics in shrub - encroached grasslands and climatic implications: results from Inner Mongolia steppe ecosystem of north China [J]. Agricultural and forest meteorology, 171 - 172 (8): 20-30.

LI Y N, SUN X M, ZHAO X Q, et al., 2006. Seasonal variations and mechanism for environmental control of NEE of CO_2 concerning the *Potentilla fruticosa* in alpine shrub meadow of Qinghai-Tibet Plateau [J]. Science in China series D: earth sciences, 49:

174-185.

LIANG W, LU Y, ZHANG W, et al., 2017. Grassland gross carbon dioxide uptake based on an improved model tree ensemble approach considering human interventions: global estimation and covariation with climate [J]. Global change biology, 23 (7): 2720-2742.

LIN Y, HONG M, HAN G, et al., 2010. Grazing intensity affected spatial patterns of vegetation and soil fertility in a desert steppe [J]. Agriculture, ecosystems and environment, 138 (3): 282-292.

LINDERHOLM H W, 2006. Growing season changes in the last century [J]. Agricultural and forest meteorology, 137 (1-2): 1-14.

LIU J, WANG L, WANG D, et al., 2012. Plants can benefit from herbivory: stimulatory effects of sheep saliva on growth of *Leymus chinensis* [J]. Plos one, 7 (1): e29259.

LIU L, GUDMUNDSSON L, HAUSER M, et al., 2020. Soil moisture dominates dryness stress on ecosystem production globally [J]. Nature communications, 11 (1): 4892.

LIU Q, FU Y H, ZENG Z, et al., 2016. Temperature, precipitation, and insolation effects on autumn vegetation phenology in temperate China [J]. Global change biology, 22 (2): 644-655.

LIU Y, WU X, WU T, et al., 2022. Soil texture and its relationship with environmental factors on the Qinghai-Tibet Plateau [J]. Remote sensing, 14 (15): 3797.

LIU Y, XIAO J, JU W, et al., 2015. Water use efficiency of China's terrestrial ecosystems and responses to drought [J]. Scientific reports, 5: 13799.

LIU Y W, 2020. Optimum temperature for photosynthesis: from leaf-to ecosystem-scale [J]. Science bulletin, 65 (8): 601-604.

LUAN J, SONG H, XIANG C, et al., 2016. Soil moisture, species composition interact to regulate CO_2 and CH_4 fluxes in dry meadows on the Tibetan Plateau [J]. Ecological engineering, 91: 101-112.

LUO Y, WENG E, 2011. Dynamic disequilibrium of the terrestrial carbon cycle under global change [J]. Trends in ecology and evolution, 26 (2): 96-104.

LUYSSAERT S, INGLIMA I, JUNG M, et al., 2007. CO_2 balance of boreal, temperate, and tropical forests derived from a global database [J]. Global change biology, 13 (12): 2509-2537.

MA J, JIA X, ZHA T, et al., 2019. Ecosystem water use efficiency in a young plantation in Northern China and its relationship to drought [J]. Agricultural and forest meteorology, 275: 1-10.

MA S, OSUNA J L, VERFAILLIE J, et al., 2017. Photosynthetic responses to temperature across leaf-canopy-ecosystem scales: a 15-year study in a Californian oak-grass savanna [J]. Photosynthesis research, 132 (3): 277-291.

MA Y M, 2003. Remote sensing parameterization of regional net radiation over heterogeneous land surface of Tibetan Plateau and arid area [J]. International journal of remote sensing, 24 (15): 3137-3148.

MALONE S L, TULBURE M G, PEREZ-LUQUE A J, et al., 2016. Drought resistance across California ecosystems: evaluating changes in carbon dynamics using satellite imagery [J]. Ecosphere, 7 (11): e01561.

MARCOLLA B, CESCATTI A, MANCA G, et al., 2011. Climatic controls and ecosystem responses drive the inter-annual variability of the net ecosystem exchange of an alpine meadow [J]. Agricultural and forest meteorology, 151 (9): 1233-1243.

MARSH H, ZHANG W, 2022. Direct and legacy effects of spring temperature anomalies on seasonal productivity in northern ecosystems [J]. Remote sensing, 14 (9): 2007.

MCMASTER G S, WILHELM W W, 1998. Is soil temperature better than air temperature for predicting winter wheat phenology [J]. Agronomy journal, 90 (5): 602-607.

MCSHERRY M E, RITCHIE M E, 2013. Effects of grazing on grassland soil carbon: a global review [J]. Global change biology, 19 (5): 1347-1357.

MEDLYN B E, DREYER E, ELLSWORTH D, et al., 2002. Temperature response of parameters of a biochemically based model of photosynthesis. II. a review of experimental data [J]. Plant, cell and environment, 25 (9): 1167-1179.

MEINZER F C, GRANTZ D A, 1990. Stomatal and hydraulic conductance in growing sugarcane: stomatal adjustment to water transport capacity [J]. Plant, cell and environment, 13 (4): 383-388.

MIAO H X, CHEN S P, CHEN J Q, et al., 2009. Cultivation and grazing altered evapotranspiration and dynamics in Inner Mongolia steppes [J]. Agricultural and forest meteorology, 149 (11): 1810-1819.

MISSON L, ROCHETEAU A, RAMBAL S, et al., 2010. Functional changes in the control of carbon fluxes after 3 years of increased drought in a Mediterranean evergreen forest [J]. Global change biology, 16 (9): 2461-2475.

MIYASHITA K, TANAKAMARU S, MAITANI T, et al., 2005. Recovery responses of photosynthesis, transpiration, and stomatal conductance in kidney bean following drought stress [J]. Environmental and experimental botany, 53 (2): 205-214.

MU Q, ZHAO M, HEINSCH F A, et al., 2007. Evaluating water stress controls on primary production in biogeochemical and remote sensing based models [J]. Journal of geophysical research: biogeosciences, 112: G01012.

NIU S, FU Z, LUO Y, et al., 2017. Interannual variability of ecosystem carbon exchange: from observation to prediction [J]. Global ecology and biogeography, 26 (11): 1225-1237.

NIU S, LUO Y, FEI S, et al., 2012. Thermal optimality of net ecosystem exchange of carbon dioxide and underlying mechanisms [J]. New phytologist, 194 (3): 775-783.

NOVICK K A, FICKLIN D L, STOY P C, et al., 2016. The increasing importance of atmospheric demand for ecosystem water and carbon fluxes [J]. Nature climate change, 6 (11): 1023-1027.

NOVICK K A, STOY P C, KATUL G G, et al., 2004. Carbon dioxide and water vapor exchange in a warm temperate grassland [J]. Oecologia, 138 (2): 259-274.

ODUM E P, 1969. Strategy of ecosystem development [J]. Science, 164 (3877): 262-270.

OWENSBY C E, HAM J M, AUEN L M, 2006. Fluxes of CO_2 from grazed and ungrazed tallgrass prairie [J]. Rangeland ecology and management, 59 (2): 111-127.

PARTON W, MORGAN J, SMITH D, et al., 2012. Impact of precipitation dynamics on net ecosystem productivity [J]. Global change biology, 18 (3): 915-927.

PATANÈ C, 2011. Leaf area index, leaf transpiration and stomatal conductance as affected by soil water deficit and VPD in processing tomato in semi arid mediterranean climate [J]. Journal of agronomy and crop science, 197 (3): 165-176.

PEICHL M, CARTON O, KIELY G, 2012. Management and climate effects on carbon dioxide and energy exchanges in a maritime grassland [J]. Agriculture, ecosystems and environment, 158: 132-146.

PENG J, WU C, WANG X, et al., 2021. Spring phenology outweighed climate change in determining autumn phenology on the Tibetan Plateau [J]. International journal of climatology, 41 (6): 3725-3742.

PENG S, PIAO S, CIAIS P, et al., 2013. Asymmetric effects of daytime and night-time warming on Northern Hemisphere vegetation [J]. Nature, 501 (7465): 88-92.

PIAO S, CIAIS P, FRIEDLINGSTEIN P, et al., 2008. Net carbon dioxide losses of northern ecosystems in response to autumn warming [J]. Nature, 451 (7174): 49-53.

PIAO S, FANG J, HE J, 2006. Variations in vegetation net primary production in the Qinghai-Xizang Plateau, China, from 1982 to 1999 [J]. Climatic change, 74 (1): 253-267.

PIAO S, FRIEDLINGSTEIN P, CIAIS P, et al., 2007. Growing season extension and its impact on terrestrial carbon cycle in the Northern Hemisphere over the past 2 decades [J]. Global biogeochemical cycles, 21 (3): GB3018.

PIAO S, LIU Q, CHEN A, et al., 2019. Plant phenology and global climate change: current progresses and challenges [J]. Global change biology, 25 (6): 1922-1940.

PIAO S, SITCH S, CIAIS P, et al., 2013. Evaluation of terrestrial carbon cycle models for their response to climate variability and to CO_2 trends [J]. Global change biology, 19 (7): 2117-2132.

POLLEY H W, EMMERICH W, BRADFORD J A, et al., 2010. Physiological and environmental regulation of interannual variability in CO_2 exchange on rangelands in the western United States [J]. Global change biology, 16 (3): 990-1002.

POLLEY H W, FRANK A B, SANABRIA J, et al., 2008. Interannual variability in carbon dioxide fluxes and flux–climate relationships on grazed and ungrazed northern mixed–grass prairie [J]. Global change biology, 14 (7): 1620–1632.

POPE K S, DOSE V, DA SILVA D, et al., 2013. Detecting nonlinear response of spring phenology to climate change by B ayesian analysis [J]. Global change biology, 19 (5): 1518–1525.

POTTER C, KLOOSTER S, DE CARVALHO C R, et al., 2001. Modeling seasonal and interannual variability in ecosystem carbon cycling for the Brazilian Amazon region [J]. Journal of geophysical research, 106: 10423–10446.

POWELL T L, BRACHO R, LI J, et al., 2006. Environmental controls over net ecosystem carbon exchange of scrub oak in central Florida [J]. Agricultural and forest meteorology, 141: 19–34.

RAJKAI K, KABOS S, GENUCHTEN M T V, 2004. Estimating the water retention curve from soil properties: comparison of linear, nonlinear and concomitant variable methods [J]. Soil and tillage research, 79 (2): 145–152.

REICHSTEIN M, BAHN M, CIAIS P, et al., 2013. Climate extremes and the carbon cycle [J]. Nature, 500 (7462): 287–295.

REICHSTEIN M, BAHN M, MAHECHA M D, et al., 2014. Linking plant and ecosystem functional biogeography [J]. Proceedings of the national academy of sciences of the United States of America , 111 (38): 13697–13702.

RICHARDSON A D, ANDY BLACK T, CIAIS P, et al., 2010. Influence of spring and autumn phenological transitions on forest ecosystem productivity [J]. Philosophical transactions of the royal society B: biological sciences, 365 (1555): 3227–3246.

RICHARDSON A D, HOLLINGER D Y, ABER J D, et al., 2007. Environmental variation is directly responsible for short– but not long–term variation in forest–atmosphere carbon exchange [J]. Global change biology, 13 (4): 788–803.

RICHARDSON A D, TOOMEY M, MIGLIAVACCA M, et al., 2013. Climate change, phenology, and phenological control of vegetation feedbacks to the climate system [J]. Agricultural and forest meteorology, 169: 156–173.

RIVEROS–IREGUI D A, EMANUEL R E, MUTH D J, et al., 2007. Diurnal hysteresis between soil CO_2 and soil temperature is controlled by soil water content [J]. Geophysical research letters, 34: L17404.

RODEGHIERO M, CESCATTI A, 2005. Main determinants of forest soil respiration along an elevation/temperature gradient in the Italian Alps [J]. Global change biology, 11 (7): 1024–1041.

ROGERS A, MEDLYN B E, DUKES J S, et al., 2017. A roadmap for improving the representation of photosynthesis in Earth system models [J]. New phytologist, 213 (1): 22–42.

SACKS W J, SCHIMEL D S, MONSON R K, 2007. Coupling between carbon cycling and climate in a high-elevation, subalpine forest: a model-data fusion analysis [J]. Oecologia, 151 (1): 54-68.

SAGE R F, KUBIEN D S, 2007. The temperature response of C3 and C4 photosynthesis [J]. Plant, cell and environment, 30 (9): 1086-1106.

SALA O E, GHERARDI L A, PETERS D P C, 2015. Enhanced precipitation variability effects on water losses and ecosystem functioning: differential response of arid and mesic regions [J]. Climatic change, 131 (2): 213-227.

SCHIMEL D S, HOUSE J I, HIBBARD K A, et al., 2001. Recent patterns and mechanisms of carbon exchange by terrestrial ecosystems [J]. Nature, 414: 169-172.

SCHÜTZ H, HOLZAPFEL - PSCHORN A, CONRAD R, et al., 1989. A 3 - year continuous record on the influence of daytime, season, and fertilizer treatment on methane emission rates from an Italian rice paddy [J]. Journal of geophysical research, 94: 16405-16416.

SCHWALM C R, ANDEREGG W R L, MICHALAK A M, et al., 2017. Global patterns of drought recovery [J]. Nature, 548 (7666): 202-205.

SCHWARTZ M D, AHAS R, AASA A, 2006. Onset of spring starting earlier across the Northern Hemisphere [J]. Global change biology, 12 (2): 343-351.

SENDALL K M, REICH P B, ZHAO C, et al., 2015. Acclimation of photosynthetic temperature optima of temperate and boreal tree species in response to experimental forest warming [J]. Global change biology, 21 (3): 1342-1357.

SHAMSHIRI R R, JONES J W, THORP K R, et al., 2018. Review of optimum temperature, humidity, and vapour pressure deficit for microclimate evaluation and control in greenhouse cultivation of tomato: a review [J]. International agrophysics, 32 (2): 287-302.

SHANG L, ZHANG Y, LU S, et al., 2015. Energy exchange of an alpine grassland on the eastern Qinghai-Tibetan Plateau [J]. Science bulletin, 60 (4): 435-446.

SHAO C, CHEN J, LI L, 2013. Grazing alters the biophysical regulation of carbon fluxes in a desert steppe [J]. Environmental research letters, 8 (2): 025012.

SHAO C, CHEN J, LI L, et al., 2012. Ecosystem responses to mowing manipulations in an arid Inner Mongolia steppe: an energy perspective [J]. Journal of arid environments, 82: 1-10.

SHAO J, ZHOU X, HE H, et al., 2014. Partitioning climatic and biotic effects on interannual variability of ecosystem carbon exchange in three ecosystems [J]. Ecosystems, 17 (7): 1186-1201.

SHAO J, ZHOU X, LUO Y, et al., 2015. Biotic and climatic controls on interannual variability in carbon fluxes across terrestrial ecosystems [J]. Agricultural and forest meteorology, 205: 11-22.

SHEFFIELD J, WOOD E F, RODERICK M L, 2012. Little change in global drought over the past 60 years [J]. Nature, 491 (7424): 435-438.

SHEN M, PIAO S, CONG N, et al., 2015a. Precipitation impacts on vegetation spring phenology on the Tibetan Plateau [J]. Global change biology, 21 (10): 3647-3656.

SHEN M, PIAO S, DORJI T, et al., 2015b. Plant phenological responses to climate change on the Tibetan Plateau: research status and challenges [J]. National science review, 2 (4): 454-467.

SHEN M G, TANG Y H, CHEN J, et al., 2011. Influences of temperature and precipitation before the growing season on spring phenology in grasslands of the central and eastern Qinghai-Tibetan Plateau [J]. Agricultural and forest meteorology, 151 (12): 1711-1722.

SHI P L, SUN X M, XU L L, et al., 2006. Net ecosystem CO_2 exchange and controlling factors in a steppe – *Kobresia* meadow on the Tibetan Plateau [J]. Science in China series D: earth sciences, 49: 207-218.

SONG G, TANG Y, CUI X, et al., 2008. Characterizing evapotranspiration over a meadow ecosystem on the Qinghai-Tibetan Plateau [J]. Journal of geophysical research, 113: D08118.

SONG L, LI Y, REN Y, et al., 2019. Divergent vegetation responses to extreme spring and summer droughts in Southwestern China [J]. Agricultural and forest meteorology, 279: 107703.

SONNENTAG O, VAN DER KAMP G, BARR A G, et al., 2010. On the relationship between water table depth and water vapor and carbon dioxide fluxes in a minerotrophic fen [J]. Global change biology, 16 (6): 1762-1776.

STOCKER B D, ZSCHEISCHLER J, KEENAN T F, et al., 2018. Quantifying soil moisture impacts on light use efficiency across biomes [J]. New phytologist, 218 (4): 1430-1449.

STOY P C, KATUL G G, SIQUEIRA M B S, et al., 2006. Separating the effects of climate and vegetation on evapotranspiration along a successional chronosequence in the southeastern U. S [J]. Global change biology, 12 (11): 2115-2135.

STOY P C, RICHARDSON A D, BALDOCCHI D D, et al., 2009. Biosphere-atmosphere exchange of CO_2 in relation to climate: a cross-biome analysis across multiple time scales [J]. Biogeosciences, 6 (10): 2297-2312.

STOY P C, TROWBRIDGE A M, BAUERLE W L, 2014. Controls on seasonal patterns of maximum ecosystem carbon uptake and canopy-scale photosynthetic light response: contributions from both temperature and photoperiod [J]. Photosynthesis research, 119 (1): 49-64.

STPAUL N K M, LIMOUSIN J-M, RODRIGUEZ-CALCERRADA J, et al., 2012. Photosynthetic sensitivity to drought varies among populations of *Quercus ilex* along a rainfall gradient [J]. Functional plant biology, 39 (1): 25-37.

STUART-HAENTJENS E, DE BOECK H J, LEMOINE N P, et al., 2018. Mean annual precipitation predicts primary production resistance and resilience to extreme drought [J]. Science of the total environment, 636: 360-366.

SU Z, WEN J, DENTE L, et al., 2011. The Tibetan Plateau observatory of plateau scale soil moisture and soil temperature (Tibet-Obs) for quantifying uncertainties in coarse resolution satellite and model products [J]. Hydrology and earth system sciences, 15 (7): 2303-2316.

SULMAN B N, ROMAN D T, KOONG Y, et al., 2016. High atmospheric demand for water can limit forest carbon uptake and transpiration as severely as dry soil [J]. Geophysical research letters, 43 (18): 9686-9695.

SUN S, CHE T, LI H, et al., 2019. Water and carbon dioxide exchange of an alpine meadow ecosystem in the northeastern Tibetan Plateau is energy-limited [J]. Agricultural and forest meteorology, 275: 283-295.

TAN J, PIAO S, CHEN A, et al., 2015. Seasonally different response of photosynthetic activity to daytime and night-time warming in the Northern Hemisphere [J]. Global change biology, 21 (1): 377-387.

TAN Z, ZENG J, ZHANG Y, et al., 2017. Optimum air temperature for tropical forest photosynthesis: mechanisms involved and implications for climate warming [J]. Environmental research letters, 12 (5): 054022.

TEKLEMARIAM T A, LAFLEUR P M, MOORE T R, et al., 2010. The direct and indirect effects of inter-annual meteorological variability on ecosystem carbon dioxide exchange at a temperate ombrotrophic bog [J]. Agricultural and forest meteorology, 150 (11): 1402-1411.

TELLO-GARCIA E, HUBER L, LEITINGER G, et al., 2020. Drought and heat-induced shifts in vegetation composition impact biomass production and water use of alpine grasslands [J]. Environmental and experimental botany, 169: 103921.

TUZET A, PERRIER A, LEUNING R, 2003. A coupled model of stomatal conductance, photosynthesis and transpiration [J]. Plant, cell and environment, 26 (7): 1097-1116.

TYREE M T, DIXON M A, 1986. Water stress induced cavitation and embolism in some woody plants [J]. Physiologia plantarum, 66 (3): 397-405.

VALAYAMKUNNATH P, SRIDHAR V, ZHAO W, et al., 2018. Intercomparison of surface energy fluxes, soil moisture, and evapotranspiration from eddy covariance, large-aperture scintillometer, and modeling across three ecosystems in a semiarid climate [J]. Agricultural and forest meteorology, 248: 22-47.

VANDERLINDEN K, VEREECKEN H, HARDELAUF H, et al., 2012. Temporal stability of soil water contents: a review of data and analyses [J]. Vadose zone journal, 11 (4): 1-19.

VERGOPOLAN N, FISHER J B, 2016. The impact of deforestation on the hydrological cycle in Amazonia as observed from remote sensing [J]. International journal of remote sensing, 37 (22): 5412-5430.

VON BUTTLAR J, ZSCHEISCHLER J, RAMMIG A, et al., 2018. Impacts of droughts and extreme-temperature events on gross primary production and ecosystem respiration: a systematic assessment across ecosystems and climate zones [J]. Biogeosciences, 15 (5): 1293-1318.

WAGG C, O'BRIEN M J, VOGEL A, et al., 2017. Plant diversity maintains long-term ecosystem productivity under frequent drought by increasing short-term variation [J]. Ecology, 98 (11): 2952-2961.

WANG C P, HUANG M T, ZHAI P M, 2021. Change in drought conditions and its impacts on vegetation growth over the Tibetan Plateau [J]. Advances in climate change research, 12 (3): 333-341.

WANG Y, ZHU Z, MA Y, et al., 2020. Carbon and water fluxes in an alpine steppe ecosystem in the Nam Co area of the Tibetan Plateau during two years with contrasting amounts of precipitation [J]. International journal of biometeorology, 64 (7): 1183-1196.

WASSMANN R, NEUE H U, LANTIN R S, et al., 1994. Temporal patterns of methane emissions from wetland rice fields treated by different modes of N application [J]. Journal of geophysical research, 99: 16457-16462.

WEHR R, MUNGER J W, MCMANUS J B, et al., 2016. Seasonality of temperate forest photosynthesis and daytime respiration [J]. Nature, 534 (7609): 680-683.

WEN X F, WANG H M, WANG J L, et al., 2010. Ecosystem carbon exchanges of a subtropical evergreen coniferous plantation subjected to seasonal drought, 2003-2007 [J]. Biogeosciences, 7 (1): 357-369.

WEN X F, YU G R, SUN X M, et al., 2006. Soil moisture effect on the temperature dependence of ecosystem respiration in a subtropical *Pinus* plantation of southeastern China [J]. Agricultural and forest meteorology, 137 (3-4): 166-175.

WHITLEY R, TAYLOR D, MACINNIS-NG C, et al., 2013. Developing an empirical model of canopy water flux describing the common response of transpiration to solar radiation and VPD across five contrasting woodlands and forests [J]. Hydrological processes, 27 (8): 1133-1146.

WILLIAMS A P, ALLEN C D, MACALADY A K, et al., 2013. Temperature as a potent driver of regional forest drought stress and tree mortality [J]. Nature climate change, 3 (3): 292-297.

WOHLFAHRT G, ANDERSON-DUNN M, BAHN M, et al., 2008. Biotic, abiotic, and management controls on the net ecosystem CO_2 exchange of European mountain grassland ecosystems [J]. Ecosystems, 11 (8): 1338-1351.

WOLF S, KEENAN T F, FISHER J B, et al., 2016. Warm spring reduced carbon cycle impact of the 2012 US summer drought [J]. Proceedings of the national academy of sciences of the United States of America, 113 (21): 5880-5885.

WU C, CHEN J M, BLACK T, et al., 2013. Interannual variability of net ecosystem productivity in forests is explained by carbon flux phenology in autumn [J]. Global ecology and biogeography, 22 (8): 994-1006.

WU J, GUAN K, HAYEK M, et al., 2017. Partitioning controls on Amazon forest photosynthesis between environmental and biotic factors at hourly to interannual timescales [J]. Global change biology, 23 (3): 1240-1257.

WU J, VAN DER LINDEN L, LASSLOP G, et al., 2012. Effects of climate variability and functional changes on the interannual variation of the carbon balance in a temperate deciduous forest [J]. Biogeosciences, 9 (1): 13-28.

WU L, MA X, DOU X, et al., 2021. Impacts of climate change on vegetation phenology and net primary productivity in arid Central Asia [J]. Science of the total environment, 796: 149055.

WYLIE B K, FOSNIGHT E A, GILMANOV T G, et al., 2007. Adaptive data-driven models for estimating carbon fluxes in the Northern Great Plains [J]. Remote sensing of environment, 106 (4): 399-413.

XI Y, ZHANG T, ZHANG Y J, et al., 2015. Nitrogen addition alters the phenology of a dominant alpine plant in northern Tibet [J]. Arctic, antarctic, and alpine research, 47 (3): 511-518.

XIA J, CHEN J, PIAO S, et al., 2014. Terrestrial carbon cycle affected by non-uniform climate warming [J]. Nature geoscience, 7 (3): 173-180.

XIA J, NIU S, CIAIS P, et al., 2015. Joint control of terrestrial gross primary productivity by plant phenology and physiology [J]. Proceedings of the national academy of sciences of the United States of America, 112 (9): 2788-2793.

XIE H, YE J, LIU X, et al., 2010. Warming and drying trends on the Tibetan Plateau (1971-2005) [J]. Theoretical and applied climatology, 101 (3-4): 241-253.

XU L K, BALDOCCHI D D, 2004. Seasonal variation in carbon dioxide exchange over a Mediterranean annual grassland in California [J]. Agricultural and forest meteorology, 123 (1-2): 79-96.

XU M J, WEN X F, WANG H M, et al., 2014. Effects of climatic factors and ecosystem responses on the inter-annual variability of evapotranspiration in a coniferous plantation in subtropical China [J]. Plos one, 9 (1): e85593.

XU M J, AN T T, ZHENG Z T, et al., 2022a. Variability in evapotranspiration shifts from meteorological to biological control under wet versus drought conditions in an alpine meadow [J]. Journal of plant ecology, 15 (5): 921-932.

XU M J, MA Q H, LI S T, et al., 2023. The estimation and partitioning of evapotranspiration in a coniferous plantation in subtropical China [J]. Frontiers in plant science, 14: 1120202.

XU M J, SUN Y, ZHANG T, et al., 2022b. Biotic effects dominate the inter-annual variability in ecosystem carbon exchange in a Tibetan alpine meadow [J]. Journal of plant ecology, 15 (5): 882–896.

XU M J, ZHANG T, ZHANG Y J, et al., 2021. Drought limits alpine meadow productivity in northern Tibet [J]. Agricultural and forest meteorology, 303: 108371.

XU Z, ZHOU G, 2008. Responses of leaf stomatal density to water status and its relationship with photosynthesis in a grass [J]. Journal of experimental botany, 59 (12): 3317–3325.

XUE H X, QI L I, HUANG Y, et al., 2014. The effect of soil environmental factors on the carbon flux over *Stipa krylovii* ecosystem [J]. Scientia geographica sinica, 34 (11): 1385–1390.

YANG K, WU H, QIN J, et al., 2014. Recent climate changes over the Tibetan Plateau and their impacts on energy and water cycle: a review [J]. Global and planetary change, 112: 79–91.

YAO J, ZHAO L, DING Y, et al., 2008. The surface energy budget and evapotranspiration in the Tanggula region on the Tibetan Plateau [J]. Cold regions science and technology, 52 (3): 326–340.

YATES C J, NORTON D A, HOBBS R J, 2000. Grazing effects on plant cover, soil and microclimate in fragmented woodlands in south-western Australia: implications for restoration [J]. Austral ecology, 25 (1): 36–47.

YIN D, RODERICK M L, LEECH G, et al., 2014. The contribution of reduction in evaporative cooling to higher surface air temperatures during drought [J]. Geophysical research letters, 41 (22): 7891–7897.

YU G, SONG X, WANG Q, et al., 2008. Water-use efficiency of forest ecosystems in eastern China and its relations to climatic variables [J]. New phytologist, 177 (4): 927–937.

YU G R, FU Y L, SUN X M, et al., 2006. Recent progress and future directions of China FLUX [J]. Science in China series D: earth sciences, 49: 1–23.

YU G R, ZHU X J, FU Y L, et al., 2013. Spatial patterns and climate drivers of carbon fluxes in terrestrial ecosystems of China [J]. Global change biology, 19 (3): 798–810.

YU H, LUEDELING E, XU J, 2010. Winter and spring warming result in delayed spring phenology on the Tibetan Plateau [J]. Proceedings of the national academy of sciences of the United States of America, 107 (51): 22151–22156.

YU Z, WANG J, LIU S, et al., 2017. Global gross primary productivity and water use efficiency changes under drought stress [J]. Environmental research letters, 12

（1）：014016.

YUAN W, ZHENG Y, PIAO S, et al., 2019. Increased atmospheric vapor pressure deficit reduces global vegetation growth [J]. Science advances, 5 (8)：eaax1396.

YUAN W P, LIU S G, YU G R, et al., 2010. Global estimates of evapotranspiration and gross primary production based on MODIS and global meteorology data [J]. Remote sensing of environment, 114 (7)：1416-1431.

YUE P, ZHANG Q, ZHAO W, et al., 2013. Effects of clouds and precipitation disturbance on the surface radiation budget and energy balance over loess plateau semi-arid grassland in China [J]. Acta physica sinica, 62 (20)：209201.

ZENG Z, WU W, GE Q, et al., 2021. Legacy effects of spring phenology on vegetation growth under preseason meteorological drought in the Northern Hemisphere [J]. Agricultural and forest meteorology, 310：108630.

ZHANG F, LI H, WANG W, et al., 2018a. Net radiation rather than surface moisture limits evapotranspiration over a humid alpine meadow on the northeastern Qinghai-Tibetan Plateau [J]. Ecohydrology, 11 (2)：e1925.

ZHANG F W, LI H Q, LI Y N, et al., 2007. "Turning point air temperature" for alpine meadow ecosystem CO_2 exchange on the Qinghai-Tibetan Plateau [J]. Pratacultural science, 24 (9)：20-28.

ZHANG G, ZHANG Y, DONG J, et al., 2013. Green-up dates in the Tibetan Plateau have continuously advanced from 1982 to 2011 [J]. Proceedings of the national academy of sciences of the United States of America, 110 (11)：4309-4314.

ZHANG L, DAWES W R, WALKER G R, 2001. Response of mean annual evapotranspiration to vegetation changes at catchment scale [J]. Water resources research, 37 (3)：701-708.

ZHANG M, YU G R, ZHUANG J, et al., 2011. Effects of cloudiness change on net ecosystem exchange, light use efficiency, and water use efficiency in typical ecosystems of China [J]. Agricultural and forest meteorology, 151 (7)：803-816.

ZHANG T, JI X M, TANG Y Y, et al., 2022a. Fisher discriminant analysis method applied in drought detection：an instance in an alpine meadow ecosystem [J]. Journal of plant ecology, 15 (5)：911-920.

ZHANG T, JI X M, XU M J, et al., 2022b. Influences of drought on the stability of an alpine meadow ecosystem [J]. Ecosystem health and sustainability, 8 (1)：2110523.

ZHANG T, TANG Y Y, SHAN B X, et al., 2023a. Drought-induced resource use efficiency responses in an alpine meadow ecosystem of northern Tibet [J]. Agricultural and forest meteorology, 342：109745.

ZHANG T, TANG Y Y, XU M J, et al., 2022c. Joint control of alpine meadow productivity by plant phenology and photosynthetic capacity [J]. Agricultural and forest meteorology, 325：109135.

ZHANG T, TANG Y Y, XU M J, et al., 2023b. Soil moisture dominates the interannual variability in alpine ecosystem productivity by regulating maximum photosynthetic capacity across the Qinghai-Tibetan Plateau [J]. Global and planetary change, 228: 104191.

ZHANG T, WANG D F, XU M J, et al., 2023c. Analysis of the optimal photosynthetic environment for an alpine meadow ecosystem [J]. Agricultural and forest meteorology, 341: 109651.

ZHANG T, XU M J, XI Y, et al., 2015a. Lagged climatic effects on carbon fluxes over three grassland ecosystems in China [J]. Journal of plant ecology, 8 (3): 291-302.

ZHANG T, XU M J, ZHANG Y J, et al., 2019. Grazing–induced increases in soil moisture maintain higher productivity during droughts in alpine meadows on the Tibetan Plateau [J]. Agricultural and forest meteorology, 269-270: 249-256.

ZHANG T, ZHANG Y J, XU M J, et al., 2016. Ecosystem response more than climate variability drives the inter-annual variability of carbon fluxes in three Chinese grasslands [J]. Agricultural and forest meteorology, 225: 48-56.

ZHANG T, ZHANG Y J, XU M J, et al., 2018b. Water availability is more important than temperature in driving the carbon fluxes of an alpine meadow on the Tibetan Plateau [J]. Agricultural and forest meteorology, 256-257: 22-31.

ZHANG T, ZHANG Y J, XU M J, et al., 2015b. Light-intensity grazing improves alpine meadow productivity and adaption to climate change on the Tibetan Plateau [J]. Scientific reports, 5: 15949.

ZHAO J, LUO T, LI R, et al., 2016. Grazing effect on growing season ecosystem respiration and its temperature sensitivity in alpine grasslands along a large altitudinal gradient on the central Tibetan Plateau [J]. Agricultural and forest meteorology, 218: 114-121.

ZHAO L, LI Y N, XU S X, et al., 2006. Diurnal, seasonal and annual variation in net ecosystem CO_2 exchange of an alpine shrubland on Qinghai-Tibetan plateau [J]. Global change biology, 12 (10): 1940-1953.

ZHAO S, QIN M, YANG X, et al., 2023. Freeze-thaw cycles have more of an effect on greenhouse gas fluxes than soil water content on the eastern edge of the Qinghai-Tibet Plateau [J]. Sustainability, 15 (2): 928.

ZHAO T T, ZHANG Y J, ZHANG T, et al., 2022. Drought occurrence and time-dominated variations in water use efficiency in an alpine meadow on the Tibetan Plateau [J]. Ecohydrology, 15 (1): e2360.

ZHOU S, ZHANG Y, CAYLOR K K, et al., 2016. Explaining inter-annual variability of gross primary productivity from plant phenology and physiology [J]. Agricultural and forest meteorology, 226-227: 246-256.

ZHOU S, ZHANG Y, CIAIS P, et al., 2017. Dominant role of plant physiology in trend and variability of gross primary productivity in North America [J]. Scientific reports, 7: 41366.

ZHOU X, WAN S Q, LUO Y Q, 2007. Source components and interannual variability of soil CO_2 efflux under experimental warming and clipping in a grassland ecosystem [J]. Global change biology, 13 (4): 761-775.

ZHU W, JIANG N, CHEN G, et al., 2017. Divergent shifts and responses of plant autumn phenology to climate change on the Qinghai-Tibetan Plateau [J]. Agricultural and forest meteorology, 239: 166-175.

ZHU X, LIU T, LIU Y, et al., 2021. Impacts of heat and drought on gross primary productivity in China [J]. Remote sensing, 13 (3): 378.

ZOU F, LI H, HU Q, 2020. Responses of vegetation greening and land surface temperature variations to global warming on the Qinghai - Tibetan Plateau, 2001 - 2016 [J]. Ecological indicators, 119: 106867.

ZSCHEISCHLER J, FATICHI S, WOLF S, et al., 2016. Short-term favorable weather conditions are an important control of interannual variability in carbon and water fluxes [J]. Journal of geophysical research: biogeosciences, 121 (8): 2186-2198.